谨以此书
献给我亲爱的父母
郝文森、郭秀珍

本研究得到教育部人文社会科学研究基金新疆项目"'后李约瑟时代'中国科学史的方法论研究"（13XJJC720001）、中国博士后科学基金面上资助项目"当代文化相对主义科学观研究"（2014M562483）、新疆大学优秀学术著作出版基金、新疆维吾尔自治区2011协同创新中心"新疆区域发展协同创新中心"资助

当代中国科学史的
方法论研究

METHODOLOGICAL RESEARCH
ON THE CONTEMPORARY HISTORY STUDIES
OF CHINESE SCIENCE

郝新鸿◎著

社会科学文献出版社
SOCIAL SCIENCES ACADEMIC PRESS (CHINA)

序

　　在给郝新鸿的新书《当代中国科学史的方法论研究》写序之时，正值党的十九大召开，社会各界对此次大会反响强烈。在具有划时代意义的十九大报告中，习近平总书记特别指出要推动中华优秀传统文化的创造性转化、创新性发展，不忘本来、吸收外来、面向未来，坚定文化自信，推动社会主义文化繁荣昌盛。郝新鸿的著作正是在科学史研究的论域中思索中国传统文化现代重建，恰好契合这一时代主题，反映出她的理论自觉和问题意识。

　　事实上，对中国科学史的当代书写不仅是一个史学问题，也是一个文化问题、科学观的问题。特别是在现代西方科学已然普遍化的今天，如何书写非西方文明的科学的历史，这一问题让我们深切地与吉尔瑞所提出的"空间与真理的矛盾"不期而遇。与我们密切相关的中国话题，则是"李约瑟问题"及由其所引导的一系列研究工作，以及此后和当下的一系列新的认识与突破。

　　毋庸置疑，关于科学史的书写问题，也是一个方法论的问题，国际 STS 界从未停止过对它的理论探索。在逻辑实证论那里，科学的普遍性是一个既成事实，毫无生成性与历史性，科学与文化无关，如此写就的科学史，则是没有生命的历史；而在社会建构论看来，科学家生活于共同体之中，这种共同体中的社会权力建构了科学知识与对象，普遍性的论证被文化的权力所取代，科学史成为人类利益博弈的历史。前者通过"全球性"的某些普遍特征去界定"地方性"，后者却把"地方性"永久地囚禁在其自身文化的牢笼之中。

上述这些方法论选择在当代中国科学史的研究中同样被我们遭遇着，如何从方法论视角对李约瑟及其之后的科学史研究进行批判性分析，并与国际STS的相关理论成果积极互动，探索有益的方法论路径，是一个值得尝试的研究课题。

1992年，皮克林主编的《作为实践与文化的科学》出版后，科学哲学出现了"实践转向"，标志是拉图尔等人提出的"行动者网络理论"、皮克林的"冲撞理论"、劳斯的"研究实践的动力学"、哈拉维的"赛博体技科学观"等。上述研究进路的共同特征是，清楚认识到主流科学实在论与社会建构论的基本立场的极端性，力图通过对"科学实践"的突出强调，达到两者的适当整合，以实现对两者的超越。随着科学实践哲学的兴起，对普遍性的思考和研究领域开始从"理论"转向"实践"，研究视角开始从孤立的"自然"或"社会"转向自然与社会的相聚、西方科学与非西方知识之间的碰撞。

郝新鸿的这本书便是在中国语境中综合性地运用上述理论成果，从方法论的角度审视当代科学史研究的编史学问题的一次学术努力。此书是在她博士学位论文的基础上修改而成的，我还记得她的论文答辩当时获得了答辩委员会几位专家的一致好评，认为论文的主要理论贡献是对科学史研究中的两种不同思维模式进行了较为深入系统的研究，并尝试探索当代中国科学史研究方法论的路径选择。如今，郝新鸿的著作即将付梓问世，作为她的导师，我由衷地感到欣慰，并为她的成长和进步高兴。毕业之后，郝新鸿选择了回到家乡，在新疆从事科学技术哲学的教学与研究工作，为祖国边疆科技文化事业的发展尽心尽力。这部著作是一部"未竟的工程",还有许多不足和有待推进之处,希望她在祖国的西部继续深入思考,不断探索,为推动富有时代气息和中国特色的 STS 研究贡献一份自己的力量。

蔡 仲

2017 年 10 月 18 日

目录
contents

导论

　　文化是民族的血脉。面对中国传统文化现代重建的时代主题，立足于自身传统，吸收借鉴其他文明的优秀成果，实现中国传统文化的创造性转化和发展，为中华民族实现伟大复兴，乃至为人类文明发展提供多元思路，是今天中国科学史研究的一项重要使命。著名科学史家吴文俊先生对中国传统数学的史学实践和当代创新有力表明，具有丰富内涵的中国传统科学能够为文化强国建设提供有力支撑，为世界科学发展提供中国智慧。我们应认真发掘与梳理我国历史悠久的传统科学文化遗产，同时，面对全球化和多元文化的大潮，中国科学史的研究更须从方法论层面深入思考科学观、历史观、文化观等基本问题，使丰富的科学文化遗产成为实现中华民族伟大复兴的重要动力，为世界科学、世界文化及其多样性发展做出应有的贡献。

　　学科的发展离不开方法论自觉，中国科学史的研究亦需要从前置性的方法论层面去总结、反思与创新。相对于真实发生的科学的历史，科学史的书写是一种史学重建，它往往预设了对"什么是科学"、"什么是历史"、"什么是文化"等基本问题的回答，而这些预设既受到彼时学术思潮的影响，又在很大程度上决定了科学史研究的方法、策略与视角。被称为 20 世纪学术里程碑的李约瑟（Joseph Needham）的工作，及后李约瑟时代那些意义深远的编史学变化，使中国科学史研究超出了"中国"与"科学"的范围，使其成为涉及科学观念、历史叙事、文明进程等一系列的编史学问题。本研究以科学哲学及科学、技术与社会（STS）的人类主义与后人类主义为方法论工具，追问并反思李约瑟及其之后相关学者对中国科学史研究的发问方式、思考方式与书写方式，及与此有关的编史学问题，以期为分析和反思当代中国科学史研究的相关问题、开拓未来中国科学史的研究提供可能的方法论启示。

一 问题的提出

20 世纪 50 年代，以李约瑟为代表的实证主义科学史研究一方面采用西方科学的学科范畴对中国科学进行分类和解读，发掘其中的近代科学因素；另一方面则努力寻找中国未出现近代科学的社会"病因"，其认为中国缺少欧洲的资本主义革命，封建官僚制度阻碍了科学革命在中国的发生。20 世纪 70 年代，这种研究进路受到了一些西方学者的批评，其中最为重要且现在被普遍接受的观点是由美国的科学史家席文（Nathan Sivin）提出的。他从李约瑟科学史研究的方法论出发，批判其利用现代科学的学科范畴进行分类的做法，以及文化比较研究中隐含的西方中心论，这极大地影响了学界对"李约瑟问题"的态度。从 80 年代起，国内一些学者沿着席文的思路对李约瑟的研究进路进行反思与批判，至 21 世纪初，"李约瑟问题"几近沦为"伪问题"。不过，与这种编史学批判形成对照的是，中国科学史的研究主流上仍然以内在的思想史为主。在这种情况下，如何认识并开拓中国科学史的编史路径成为迫切的问题。李约瑟之后，科学史学界亟待出现新的研究范式。

事实上，作为李约瑟早年的助手、《中国的科学与文明》（*Science and Civilization in China*，简称 SCC）的合作者之一，席文早在批判李约瑟之时，就已拿出了研究方案，并被认为开启了中国科技史研究的新范式。20 世纪 70 年代起，席文便力劝历史学家应转向不同的研究路径，辨明中国科学的本土成分，识别社会根源。80 年代，席文运用社会学、文化人类学等理论和方法对中国科学进行多元化解释，在 1987 年发表的《当代中国的传统医学》一文中，提出了研究中国医学史的全新视角。在他 2000 年负责编辑出版的 SCC 第六卷第 6 分册中，席文明确表达了与李约瑟大异其趣的编史学观点，彰显了两代中国科学史家意味深长的分野。在同年出版的著作《道与名：早期中国和希腊的科学与医学》（*The Way and the Word: Science and Medicine in Early China and Greece*）中，席文与合作者劳埃德（G. E. R. Lloyd）提出了"文化整体"（cultural manifolds）的研究方法，主张把科学与当时具体的文化、社会、政治等因素作为不可分割的整体来研究。不过，通过分析可发现，席文所谓的"文化整体"并非"整体"，而主要强调的是社会因素，突出了中国封建官僚体制与中国传统科学的相互关联，并将社会、政治渗透到对科学的解释中。席文将"文化整体"运用于《授时历》、《九章算术》、《神农本草》等科学经典中，在编史学上表现出明显的社会建构论倾向。2009 年，席文在北京的讲习班中总结了科学史发展的历史与现状，介绍并示范了"文化整体"方法论的内涵及运用，倡导中国科学史的研究应使用社会学、人类学等新的多样性分析方法以带来新的见解。

编史学立场的转变反映了科学观的变化。如果说李约瑟持有的是"百川归海"的科学与文化观念，即各民族的科学与文化犹如涓涓河流，最终汇入近代科学的大海，那么，席文则更加主张深入到历史情境中，领略"河岸风光"，探讨中国文明之河中的知识之水是如何在中国的社会与文化土壤中产生的。[①] 相对于李约瑟式的普遍主义的、一元的科学

---

① 江河"朝宗于海"的比喻来自李约瑟（李约瑟，2010：xxv，484；李约瑟，1986b：195），潘吉星先生据此概括为"百川归海"（潘吉星，1986：18）；欣赏"河岸风光"的比喻来自孙小淳教授对李约瑟之后编史学变化的生动总结（孙小淳，2004）。

观，席文则更倾向于一种相对主义的、多元的科学观。

随着时代的变化，今天的科学史家正在逐渐摆脱李约瑟式的传统科学观和科学史观的束缚，以更加自由的思考和多样的方法来推动科学史研究。20世纪90年代以来，随着中国学术研究的开放与深入，西方学界中科学的文化与社会研究成果进入中国。其中，国外的科学知识社会学（SSK）以强有力的发展趋势冲击着中国学术界。西方相关研究的大量引介、讨论也触发了众多学者对中国科学史研究的方法论思考，许多研究者在多元文化科学观的旗帜下，强调科学的地方性和差异性特征，在方法上倡导以社会学、人类学、女性主义等视角对中国科学史进行研究，加之席文在科学史上的践行与呼吁，在当前中国科学史的研究中，各种具有社会建构论倾向的研究主张逐渐合流，其强调地方性知识，主张多元文化，并逐渐走向文化相对主义的科学观。

新的研究方法必然带来新的视野与成果。不过，科学史作为专业化的学科，在西方的起步与发展都早于包括中国在内的其他国家和地区，中西不同的历史与现状，使同一事物拥有不同的内涵与发展。在西方的科学史研究中，从科学史的"理性重建"到"社会学重构"的过程中经历过什么，出现了哪些理论困境，对科学与社会的发展有何影响，其中的经验与教训有哪些，这些都是我们必须深入研究并引以为戒的。

事实上，由于"科学大战"（Science Wars）等问题，西方自身也没有停止对社会建构论及由此所带来的文化相对主义的反思与批判，并在此基础上努力实现对实证论和建构论的超越，形成了当代STS学界的本体论研究。那么，当代STS对社会建构论是如何批判的？对其又有怎样的超越？中国科学史研究可否以此为鉴？又如何借鉴？以席文为代表的编史学立场与西方的社会建构论具有怎样的关系？这种编史学在中国科学史研究中的运用中意味着什么？效果又会怎样？更进一步，怎样的研究路径对于中国科学史是适宜的？如何使我们的研究既展现中国传统科学的原貌，又有利于从历史文化遗产中发掘当代中国乃至世界科学研究的资源，以进行科学创新？这些都是中国科学史研究面临的重要问题，也构成了本研究的出发点。

围绕以上问题，一对不可回避的范畴——地方性与普遍性亦日渐凸显出来。在全球化浪潮中，各种地方性知识与现代科技的冲突不断呈现。面对这种冲突，是用现代科学来取代各种地方性知识，从而建立一种超越时空的"普遍性"科学，还是以捍卫各种文化的特殊性为借口，去划定相互隔阂的"地方性"科学界线？这不仅涉及在历史维度中地方性知识与现代科技的相互关系，也关涉在文化空间上不同地方性知识之间的相互关系。传统与现代、多元与一元不仅是当代国内外学界关注的焦点问题，也是关系到中国社会发展的现实问题。在实证论科学观逐渐淡出的后李约瑟时代，中国科学史研究有必要在建构主义的热潮中做必要的"冷"思考，积极调整研究路径，吸纳优秀的研究成果，通过当代 STS 研究中的新发展进行方法论上的整合，提升学术境界，为中国的现代化发展提供有益的方法论启示。在此过程中，中国传统文化和思想，以及基于当代史学家对中国传统科学的继承和创新，也为开拓新的研究路径提供了宝贵而重要的资源。

基于以上，本研究试图以科学哲学、STS 理论为方法论工具，特别以二元论框架下的社会建构论和后人类主义科学观为视角，对李约瑟及其之后具有代表性的科学史研究工作进行深入解读，通过分析社会建构论自身的理论困境在西方社会文化界所引发的现实问题，反思科学史中过度强调地方性的研究路径和由此形成的文化相对主义科学观，通过借鉴当代 STS 的本体论研究，尝试性地提出中国科学史研究的方法论建议。

二　研究现状

对科学史相关问题的研究，尽管国内的研究起步较晚，但在许多学者的不懈努力下，取得了一些标志性的成果。其中，《克里奥眼中的科学：科学编史学初论》（刘兵，2009）是这方面最具代表性的重要成果，它是国内最早系统介绍并研究科学编史学基本理论与相关问题的重要著作；《科学史的向度》（袁江洋，2003）则是对科学史基本问题重要探索的另一部专著，该书基于对科学史研究的不同向度的深入研究，倡导一种综合性的科学史研究；《中国科学史学史概论》（詹志华，2010）是国内第一部以中国科学史为历史考察对象的学术专著，该书细致考察了中国科学史的编史问题、基本情况与发展趋势，内容颇为丰富。除学术专著外，还有许多学者深入探讨了与科学史有关的重要理论问题（郭贵春，1992；林德宏，2000；等等）。此外，学者们还积极引介国外科学史学的理论专著，由任定成先生翻译的《科学史学导论》（克拉夫，2005）便是其中一本重要的理论工具书。这些对科学史学基本理论的研究与探索为本研究提供了基本的理论准备和重要的资料来源。

除对科学史相关编史问题的总体性研究外，还有大量对科学史家、科学史的流派或取向的研究，成果也颇为丰富。《科学思想史指南》（吴国盛编，1994）选编了国际科学史界极有影响的科学史家的名作，是深入理解科学史方法论的演变，特别是思想史学派与社会史学派的编史特点与差异的重要文献。《科学思想史：一种基于语境论编史学的探讨》（魏屹东编著，2017）则从语境论编史学视角系统考察了古今中外的科学思想史。聚焦于具体的科学史家、科学哲学家的史学研究，则有从以拉卡托斯为代表的西方历史主义学派的编史学研究（刘凤朝，2003；陈炜，2006；等等），到研究思想史纲领代表人物的专著（范莉，2017；苏玉娟，2016），再到对科学知识社会学及其史学实践的理论探讨（杜严勇，2004；赵万里，2004；刘海霞，2014）等。随着研究视域的拓展，一些依据特定理论的研究逐渐增加，例如，女性主义的科学编史学专著（章梅芳，2015）、人类学理论及方法在科学史研究中的应用（卢卫红，2014）、后殖民理论的科学编史学（邢冬梅，2013），以及不同编史学之间的比较研究（章梅芳，2008）等。随着研究的推进，科学实践哲学及 STS 学界的编史问题也开始受到相当关注（董丽丽，2014；章梅芳，2016；肖雷波，2010；等等）。这些具体的编史学研究对本研究具有重要的参考价值。

综上，国内对科学编史问题的研究可谓各有特色，成果颇丰，在此无法一一列举。这些研究成果在很大程度上反映了学界对科学哲学、STS 发展的思考与认识。其中，比较有代表性的观点是，社会建构论的编史学路径为科学史研究开拓了新的视角和理论（王哲、刘兵，2007；王哲，2008），SSK（以及同样持有社会建构论的女性主义编史学）将科学知识本身视为是社会建构的，内外史的界限由此将被消解（刘兵、章梅芳，2006；刘兵等，2015；等等）。

对李约瑟及其之后的科学史相关问题的研究，国内最为集中反映该领域重要研究成果的文献是刘钝、王扬宗编著的《中国科学与科学革命——李约瑟难题及其相关问题研究论著选》（2002），该文选汇集了任鸿隽、竺可桢等一些国内学者的早期论述，及包括李约瑟、席文本人在内的诸多国外知名科学史家在该领域富有启发性的研究成果，为本研究提供了重要的学术线索和理论资源。国内学者对中国科学史研究一直以来保持着较高的学术热情，围绕"李约瑟问题"，产生了一批中国科学史研究的成果。其中许多研究在吸收席文观点的基础上，集中讨论并反思了李约瑟隐含的欧洲中心论（叶晓青，1986；刘祖慰，2002；张祖林，2003；等等），进而将该问题质疑为"伪问题"而将其解构（江晓原，2001 等）。还有不少学者注意到了李约瑟之后以席文为代表的科学编史学的重要变化，如从特定的学科比较两代科学史家的编史立场（包婷，2008；刘巍，2006），或对李约瑟之后的编史学做深入探索（卜风贤，2005）等。

近年来，对中国科学编史问题的焦点集中在李约瑟之后的变化上，尤其是当席文、美国科学史家白馥兰（Francesca Bray）和费侠莉（Charlotte Furth）等人的工作逐渐为人们所了解时，将中国科学史与西方现代的编史学思想相结合的思考便逐渐出现。在这方面做出重要工作的是以刘兵教授为代表的诸多学者。作为国内研究科学编史学的重要代表，刘兵教授培养了一批该领域的研究人才，形成国内影响较大的研究力量。刘兵教授不仅对SSK、女性主义的编史学有着持续深入的研究，也对以李约瑟为代表的中国科学编史学十分关注（刘兵，2003），并将西方新的编史路径与中国科学史的研究结合起来，对后李约瑟时代的编史学问题做了许多有益探索；在与其他学者的合作中，刘兵教授对后殖民主义、女性主义、人类学视角在科学史研究中的相关问题也进行了深入探讨（章梅芳、刘兵，2005，2006；章梅芳，2007）；通过分析费侠莉等人对中国科学史的研究，阐述了女性主义对中国科学史研究的积极影响和重要意义（刘兵，2009；刘兵、章梅芳，2005；等等）。这些研究对后殖民主义、女性主义、人类学等研究视角与方法在中国科学史研究中的运用及其学术前景给予了较高评价。

此外，还有许多学者结合各自的研究背景对李约瑟之后的西方科学史家的作品进行研究分析，也构成了对当代中国科学史具有方法论特色的研究。如通过编史学的个案研究，学者们认为人类学、女性主义等视角打开了中国科学史研究的视野，具有重要的意义（刘巍，2005；陈静梅，2007；徐竹，2006；胡桂香，2006；陈瑶，2007；孙小淳，2007；万笑男，2011；等等）。中国科学史家孙小淳教授基于对李约瑟和席文两代科学史家的编史学纲领的深入比较与富有洞见的总结，呼吁中国科学史的研究向"社会学转向"，并采用多种方法对其进行研究（孙小淳，2004）。

在编史学主张上，上述大部分研究在吸收席文观点的基础上，通过反思李约瑟的普遍主义科学观和目的论下的辉格史风格，以及对席文、白馥兰、费侠莉等学者倡导和示范的多元科学观及情境主义编史立场进行分析和倡导，认为这种研究应当也正在成为中国科学史研究的发展潮流。在对新的编史方案研究并呼吁的同时，一些学者还深入探讨了这种编史方案的理论依据，通过对"地方性知识"的强调和对多元文化的推崇，进而支持一种文化相对主义的科学观（刘兵、卢卫红，2006；刘兵，2009，2014；刘兵等，2015；等等）。这些对后李约瑟时代新的研究方案的基本态度、观点和立场在中国科学编史学研究中产生了一定的影响。

对此，也有学者有不同的思考。例如，何凯文从系统科学"生成整体论"的视角指出了席文的"文化整体"是一种非生成性的构成整体论，它实质是一种社会建构论（何凯文，2010）；廖育群针对费侠莉的《繁盛之阴：中国医学史中的性（960—1665）》指出，过于强调性别视角难免会割裂中国传统科技领域的整体，陷入"无聊之论"（廖育群，2010）；郝书翠从哲学—文化学角度将二者的差异视为理性与价值的分裂，并从马克思的唯物史观出发提出了超越这种分裂的理论途径（郝书翠，2010）；蔡仲、郝新鸿指出，席文的"文化整体"编史方法的基本取向是社会建构论，他与李约瑟的实证主义编史立场都是基于自然与社会的二分，应从科学实践哲学的历史生成演化的编史学思想去把握中国科学史（蔡仲、郝新鸿，2012）；刘胜利也从不同角度阐述了相同的观点，即认为李约瑟和席文的两种编史模式预设了内史／外史、思想史／社会史、实在论／建构论、辉格史／语境史等二元论框架，主张基于现象学科技哲学来推进中国科学史研究的新综合（刘胜利，2017）；郝新鸿认为社会建构论框架下的女性主义和后殖民主义的科学史研究将科技还原为社会与文化，消解了中国科技的客观性和普遍性（郝新鸿，2013，2014）；等等。这些反思性的研究构成了对当代中国科学史方法论研究的进一步探索。

国外科学史界，研究中国科学的史学家较研究西方科学的史学家要少，但由于李约瑟跨文化比较工作的意义深远，引发了科学史家的高度关注与深入思考，学者们在世界史研究、文明史比较研究、科学编史学等领域中或涉及李约瑟及其相关问题，或对此进行专门探讨，产生了许多研究成果。专题论文集《定位科学史：与李约瑟的对话》（Habib and Raina，1999）收录了对李约瑟等相关问题研究的文章，其中，李约瑟的前合作者卜鲁（Gregory Blue）对李约瑟的工作及其他学者对此的评论和批评做了准确概括，并认为李约瑟采用实证主义框架分析中国科学的编史学存在不足，与他追求科学的普遍主义、平等主义、跨文化性的编史学优点在某些主要方面是相辅相成的（卜鲁，1999）；STS学者埃岑加（Aant Elzinga）基于一种新的看法与立场，对后李约瑟时代的研究进行了方法论思考，指出席文工作与SSK的一致性，以及这种文化倾向所隐藏的某些问题，认为李约瑟的工作对此仍有重要的借鉴和矫正作用（埃岑加，1999）。此外，科学史家科恩（H. Floris Cohen）在其编史学专著中的部分章节探讨了欧洲之外的科学问题，其中包括对李约瑟及相关问题的分析与评价，认为李约瑟作为跨文化科学史的先驱，其先入为主的概念框架牺牲了历史事实，但宏大视角仍是科学史必不可少的研究视角，目前需要提出更好的综合性方案（Cohen，1994）。科学史家哈特（Roger Hart）借用民族主义研究的"想象的共同体"概念，从跨文化比较的视角剖析了中国科学史研究的编史学问题，认为李约瑟对中国科学恢复名誉的研究实则是对近代科学为西方独有论点的再确认，同时他也批评席文的中国科学革命的论点是将科学革命重新分配给不同文明，二者及后李约瑟的许多研究都未逃脱"西方"与"中国"文化分界线的框架（哈特，1999）。哈特富有洞察力的研究具有重要的方法论启示，在学界亦受到相当的关注。哈特该文的另一版本《关于中国科学的问题》也被迈克·林奇（Michael Lynch）主编的《科学技术论》"全球化的科学、技术与医学"栏目再次收录（Lynch，2012）。国外这些研究对李约瑟及其后的科学史研究进行综合性评价，较为中肯地反思了其中的问题，为本研究提供了重要的方法论启示和理论养分。

对实证主义之后科学编史学的新变化，西方科学史界、科学哲学界也做出了总结与回应。格林斯基对科学史研究中建构主义研究范式的产生、发展与理论进行了系统总结，对 SSK 以来西方科学史的发展和相关议题进行了通论性的评介，将其纳入"建构主义"的范畴并对其做出方法论定位（Golinski，1998）；福瑞塔斯将以夏平（Steven Shapin）为代表的社会建构论的史学研究概括为"实用主义"的编史学，并反思了这种被学界强烈推荐的以"实用主义"为导向的科学编史学路径存在的问题及造成的困境（Freitas，2002）；阿伽西是较早探索科学编史学问题的学者，在最近的著作中，他批判了社会建构论把科学完全视为社会建构的产物，反对相对主义的科学史立场，倡导基于文化交流对话的多元论的科学文化观（Agassi，2008）。相近的反思性观点在科学史界也有诸多表现，并展现出对新的研究方案的积极探索。科学史家斯科德指出，近年来科学史研究过于强调"情境"和"地方性"，使得科学史几乎走向破碎而失去了方向，他呼吁在保持情境主义的优点下，跳出文化、国家的边界，多关注知识在时空中的移动，以形成一种聚焦科学而又具备大尺度的科学史（Secord，2004）；科学史家范发迪在分析李约瑟的工作的基础上，认为新近的全球科学史研究不可能如李约瑟的工作那样以中华文明、东亚文明为历史分析单位，而是更加重视知识、技能与实物在时空中的传递、交换与流通（Fan，2012）。这些主张也得到了科学史研究的呼应。2015 年 7 月举办的主题为"史料、在地和全球史：东亚的科学、技术与医学"的第 14 届国际东亚科技史会议（14th ICHSEA）便倡导研究者关注并重视东亚的全球史和全球化视野，在科学史研究中进一步审视科学和文明史的本土性与全球性的关系。

从研究趋势来看，国际 STS 学界通过反思并超越传统自然与社会、西方与非西方的二分框架，摆脱社会建构论的羁绊，将"科学"、"技术"与"社会"视为一个综合体——"技科学"（Technoscience）加以分析，即技科学考察在具体的实践中各种异质性要素相互交织冲撞的生成过程，特别关注了科学和文化中地域性文化与普遍性文化的关系。其中具有代表性的皮克林（Andrew Pickering）的"冲撞理论"、拉图尔（Bruno Latour）的"行动者网络理论"（ANT）、安德森（Warwick Anderson）的"后殖民技科学"等理论主张，既是一种后人类主义的实践生成论，又是一套特色鲜明的编史方案。这种方案在皮克林那里被称为"操作性的历史编史学"，在拉图尔那里则是对"物的历史"的高度关注，对安德森来说则是追踪"地方性身份全球塑造"的历史。后人类主义的科学史研究立场也体现在以德国柏林马克斯·普朗克科学史研究所（MPIWG）及其他主张实践史的科学史研究工作中。MPIWG代表人物达斯顿（Lorraine Daston）、瑞恩（Jürgen Renn）和莱恩伯格（Hans-Jörg Rheinberger）从历史生成的视角致力于研究诸如电子、DNA、燃素等认识客体的历史轨迹，其中莱恩伯格颇有影响力的著作《朝向认知物的历史：在试管中合成蛋白质》（Rheinberger，1997）自出版以来，"认识之物"这一术语已经进入科学史家们的研究视野；基于历史和哲学的综合旨趣，MPIWG所长达斯顿与哈佛大学伽里森（Peter Galison）合著的科学史著作《客观性》追溯了客观性在科学实践中的生成和发展史，其既摆脱了客观性在传统实证主义科学哲学中的先验形象，又挽救了客观性在社会建构论中被牺牲的境遇（Daston and Galison，2007）。随着以人类为中心的社会建构论逐渐被科学史界所放弃，国际STS学界已倾向于将这种技科学视角和后人类主义理论成果运用于不同文明的科学史研究中，不仅对西方科学实践进行考察，也开始对中医、韩医、印度等非西方科学文化进行研究，且取得了富有启发性的成果（Kim，2006；Scheid，2008；Anderson，2008；等等），这成为目前国际科学史学界颇有前景的研究趋势。这些研究构成了分析与探索中国科学史研究方案的重要理论资源。

综上所述，随着研究的深入与学术的不断开放，国内对科学史研究的学术互动逐渐增加，综合性逐渐凸显，中国科学史及其编史问题与西方科学史、西方的科技哲学、科学论、STS 等研究逐渐呈现交织融合的态势。学者们以更加开放包容的姿态研究李约瑟及其之后编史模式的变化，社会学、女性主义、人类学等新的研究路径得到充分关注，多元文化的科学观基本成为共识。一部分研究的多元文化立场很大程度上来自社会建构论的研究框架，文化相对主义成为这种研究的哲学立场。尽管对李约瑟及其之后的编史变化有一些反思的声音，但方法论自觉仍须继续加强，结合 STS 学界的理论资源，对中国科学的编史问题做进一步的深入研究仍有较大的理论空间。国外方面，随着社会建构论的编史方案在国际学术界逐渐式微，科学哲学的实践转向在科学史研究中引起了重要的方法论效应，科学史的研究视角从研究理论转向研究活生生的科学实践，考察科学在真实的历史中生成的过程，其编史理论与史学实践为走出自然与社会的二分框架及由此导致的文化相对主义提供了新的思路。不过，对这种基于实践的编史方案的吸收借鉴仍然需要充分结合中国科学和文化自身的规范与特点，以及包括李约瑟等研究中国科学史的前辈们的探索工作，形成一种反思性借鉴，方能探索出一条可行的中国科学史的研究路径。

三　思路与结构

本研究的基本思路是，将以李约瑟和席文为代表的两代科学史家的编史立场纳入西方科学史的变化发展中，以实证主义的科学哲学，包括科学论在内的 STS 作为理论依据，对二者进行分析。以此为基础，聚焦于后李约瑟时代实证主义科学观逐渐淡出的现状，对目前中国科学史研究中日渐趋热的社会建构论框架下的社会学、女性主义、人类学等研究路径进行分析与审视，对由此所产生的文化相对主义科学观进行反思。在此基础上，从中国自身的科学传统出发，借鉴 STS 中的后人类主义的相关研究成果，尝试性提出中国科学史研究的可能思路，以期真正超越传统内史和外史、西方与本土、传统与现代等二元论的认识论框架。

本研究的具体内容分为以下四章展开。第一章分析李约瑟对科学史的理性重建，即李约瑟是如何在中国科学史的分析中恪守和践行劳丹的"不合理性假定"，如何践行科学史的"理性重建"，将内史与外史兼容不悖地融入中国科学史的研究中的。第二章探讨席文对科学史的社会学重构，分析席文如何从社会情境入手践行反辉格史的立场，在解释模式上，如何将中国古代科学解读为社会政治的建构物，从而与 SSK 的研究旨趣和路径取得了一致。第三章阐释后李约瑟时代文化相对主义立场科学观，厘清在社会建构论框架下，各种"地方性"路径如何在科学史研究中采取不同的情境主义路线，又如何体现出文化相对主义科学观，而这种科学观的理论缺陷和现实危害又是什么。第四章讨论 STS 研究中后人类主义史学立场及其启示，分析科学建构论如何在理论内省中走向科学实践，分析这种超越二元论框架的本体论研究如何对科学史的研究构成方法论启示，并通过一些案例展示这种研究可能带给中国科学史研究的新视野。

四 对相关理论的说明

本研究将李约瑟及其之后的中国科学史研究纳入西方科学哲学以及 STS 发展的范围，尤其是对后李约瑟科学史研究的分析，是以包括科学知识社会学在内的西方的科学论及当代 STS 为理论资源对其加以分析。在这里有必要先对相关理论的名称与内涵做一交代。

（一）科学论与科学技术论

"科学论"（Science Studies）在国内又被译作"科学元勘"，其基本意思是指从不同维度来研究科学，从广义上讲，包括哲学、社会学、历史、文化学等（刘华杰，2000），这样，传统的科学哲学也包括在广义的科学论中。从狭义上讲，科学论是在社会建构论框架下对科学进行社会学、女性主义、后殖民主义等文化学研究，这种跨学科的研究路径是与传统持实证论立场的科学哲学相区别的。因此，也有学者（Ullica Segerstrale 及蔡仲教授等）曾将 Science Studies 译为"科学的社会与文化研究"（舍格斯特尔编，2006；蔡仲，2004：126）。

科学论的诞生与科学知识社会学（Sociology of Scientific Knowledge，简称 SSK）的出现密切相关。当爱丁堡学派于 1968 年成立时，对自己的命名便是 Science Studies Unit，亦即"科学论小组"（或"科学元勘小组"），其名称便预示了"科学论"时代的开始。作为科学论的先锋，强纲领 SSK 打破了传统科学哲学的合理性标准，持有科学的社会建构论立场，其"对称性原则"为女性主义、后殖民主义、人类学等取向的科学论研究路径提供了方法论依据。在 SSK 的影响下，科学论在 20 世纪 70~80 年代不断拓展壮大，各路研究都持有一个基本共同的立场，即科学是社会文化建构的产物。鉴于此，本研究将以 SSK 为代表的科学论（包括女性主义、后殖民主义等）都纳入社会建构论的框架内进行分析和讨论。

STS 是对科学技术进行跨学科研究的领域，其内涵并不统一，在中国的译法也不尽相同。STS 可以视为以下两种研究的缩写：（1）Science, Technology and Society；（2）Science and Technology Studies（S&TS）。前者被译为"科学、技术与社会"，与默顿（Robert K. Merton）1938 年的论文所使用的是同一个词组，因此被老一辈的学者视为 STS 的原初意义（舍格斯特尔编，2006：48）。在这个内涵下，默顿、巴伯等人的科学社会学也应当被纳入 STS 的标题下；也有将 Science, Technology and Society 意义上的 STS 与科学论交换使用，将二者视为一体（克瑞杰，2003：3）；当然，这种"科学，技术与社会"的 STS 也被后来的学者赋予了新的含义，例如，皮克林将 Science, Technology and Society 理解为"物质、概念和社会的共同进化"（郝新鸿，2011），这样的 STS 便与传统的"作为知识的科学"进行了区分。而对第二种，Science and Technology Studies 通常被译为"科学技术论"，目前通常是指科学论之后，SSK、女性主义、后殖民主义等研究路径通过对社会建构论的自我批判后的新发展，强调科学中的物质因素和实践品质，对科学与技术进行统一分析等。在这种理解下，STS 便构成了科学论之后的新发展，以 S&TS 做区分。正因如此，《科学技术论手册》（*Handbook of Science and Technology Studies*）的编者贾萨诺夫认为，Science and Technology Studies（S&TS）是 STS 的新形式（贾撒诺夫等，2004：1）。皮克林采取了类似但又有所差异的解释，他将 STS（Science and Technology Studies）的发展分为"人类主义"（humanism）与"后人类主义"（posthumanism）两个阶段，虽然与贾萨诺夫所采用的名称不同，但共同点都是将社会建构论下的科学论视为 STS 范畴下的早期阶段，而目前 STS 则在其基础上又有新的发展和突破。

综上所述，从广义上说，STS 是西方对科学技术研究的跨学科领域，既包括传统的科学哲学、科学史，也包括社会建构论框架下的科学论；从狭义上说，由于理论的不断发展，STS 也被视为超越科学论的二元论框架、从认识论框架走向本体论的研究。本研究在广义上使用 STS 的术语，将科学论视为 STS 的一个重要部分，并关注其新近发展出的"本体论研究"。

（二）人类主义与后人类主义

对科学论和 STS 的探讨，我们不妨借鉴一些学者对该问题的深入思考。STS 代表人物皮克林的"人类主义"和"后人类主义"便是很好的概括。这一对术语可以看作是对 STS 发展变化的特征进行的概括，它有助于我们理解社会建构论下的科学论与走向本体论研究的 STS 之间的区别和关系。

按照皮克林的说法，STS 的发展有两个阶段，他用"人类主义"和

"后人类主义"加以标记。皮克林认为，20 世纪 90 年代以前，STS 主要是"人类主义"的研究，即在社会建构论下，以强纲领 SSK 为代表的各种社会学、女性主义、人类学研究。这种研究把科学技术归因于社会利益、性别、地域文化等"人类社会"因素，取代了以自然为中心的传统科学哲学，这实际上是前面所提到的科学论；20 世纪 90 年代之后，STS 研究通过批判社会建构论，以皮克林主编的《作为实践与文化的科学》一书为标志，从 SSK 转向后 SSK，从社会建构论走向科学实践，去除了"人类社会"这个中心解释话语，同时继续反对传统科学哲学以"自然"为中心的做法，强调科学、技术、自然、人、社会等不可分割地交织在一起（Pickering，2008a：297），这样，STS 便从"人类主义"走到了"后人类主义"。"后人类主义"最大的特点是摆脱了以往二元论的认识论框架，走向了去中心的生成本体论（Ontology of Becoming）研究。除了 SSK 的自我批判与超越，女性主义、后殖民主义等研究路径也各自通过理论内省走向一种后人类主义的立场，超越了自然 / 社会、男人 / 女人、本土 / 西方、传统 / 现代的二元论框架，摆脱了历史解释的预成论和还原论，走向一种生成本体论。由此，女性主义、后殖民主义等便从科学论框架走向了后人类主义框架下的女性主义技科学（feminist technoscience）、后殖民主义技科学（postcolonial technoscience）。"后人类主义"的内涵是各种异质性要素内在于科学实践中，人与物、自然与社会、人类与非人类彼此塑造、相互生成。在此过程中，并不存在诸如"自然"或"社会"这样预先的解释框架。

　　本研究在对科学史进行方法论讨论时，分别涉及传统科学哲学、科学论、走向本体论研究的 STS，"人类主义"和"后人类主义"为本研究提供了分析相关问题的有益框架。

第一章

李约瑟对科学史的理性重建

本章提要：20世纪80年代以前，科学哲学家一直拒绝社会学对科学知识领域直接介入，拉卡托斯对内外史的区分、劳丹对社会学"不合理性假定"的再限定，都主张在合理性原则下对科学史进行"理性重建"。萨顿的综合科学史研究纲领、柯瓦雷的科学观念论、默顿范式下的科学史在内外史二分的格局下对科学史进行"理性重建"。这种编史立场也体现在李约瑟的中国科学史的研究中。在"百川归海"的普遍主义科学观下，内史方面，李约瑟按照实证主义科学标准对中国科技进行清理分类，以精致的合理性标准仔细甄别，将处于前科学状态的中国古代科技依次"显影"，在此基础上，寻找包括儒释道在内的中国思想观念对科技的促进与阻碍作用，认为中国科学并未迈进与数学和实验相结合的"精确世界"，而是处于原始理论的"模糊世界"。不过在他看来，这些内部思想因素的阻碍与近代科学的产生并不必然构成因果关系。按照劳丹的"不合理性假定"，当内部主义的合理性标准无法充分解释历史时，社会学便可进入解释范围。李约瑟认为，一旦具备有利的社会经济条件，思想的各种限制因素都可以克服，从而在中国引发科学革命。中国未产生近代科学的"病因"是缺少欧洲的资本主义革命，这一解释从外部维护了合理性标准下的科学普遍性。

第一节　西方科学史的理性重建

1969 年，库恩《科学革命的结构》一书的出版标志着历史主义打开了科学哲学与科学史研究相结合的大门。作为一部兼具科学哲学和科学史研究的论著，这本书不仅否定了逻辑经验主义，也批判了波普尔的证伪主义，提出了一种崭新的科学观，但也显示出非理性主义和相对主义的色彩，并引发了一场旷日持久的热烈讨论。许多学者通过讨论与回应，提出了自己的科学进步性、合理性的主张，并在编史学方面形成了一条旨在反对非理性的编史学立场。这种理性的编史学传统关心的核心问题是科学的合理性问题，主张科学史的理性重建。在 20 世纪 80 年代以前，科学哲学家一直拒绝社会学对科学知识领域的直接介入，禁止在社会学的领域中解释科学知识的理性起源，认为社会学充其量只能做一些外围性工作，科学史学家应践行一种"理性的编史学"。

一　规范编史学研究纲领

现代科学哲学"历史学派"的主要代表人物之一拉卡托斯（Imre Lakatos）在上述争论中，希望通过发展波普尔的证伪主义避免库恩理论的缺陷，在科学发现的逻辑内把科学的发展重建为合理的。在其《科学史及其合理重建》一文中，拉卡托斯对科学史做了影响深远的重要分界工作，提出了"规范的编史学研究纲领"。

（一）合理性：对非理性主义的批判

逻辑经验主义和批判理性主义区分了发现的范围和辩护的范围，认为科学哲学仅和理论的辩护有关，而理论的发现属于认识心理学、科学社会学和科学史的研究领域；科学哲学的中心任务是对科学理论进行评价，这些评价只涉及理论的逻辑的、认识论的和方法论的关系，而不涉及科学家的心理状况。库恩对此进行了挑战，主张科学的发展应不受客观规则的支配，而取决于科学家的心理转换，它属于科学的社会学、心理学的范围。

拉卡托斯认为，如果放弃逻辑经验主义和波普尔的评价标准，采用库恩的社会学和心理学取而代之，就会将科学哲学降低为科学社会学和科学心理学，陷入一种"非理性主义"。在拉卡托斯看来，科学知识是波普尔所说的关于客观世界真实可靠的知识，"经合理重建的科学增长本质上发生在观念世界中，发生在柏拉图和波普尔的'第三世界'中，发生在明确表达出来的知识的世界中，而这个世界是独立于认识主体的"（拉卡托斯，2005：116）。为了克服波普尔和库恩等人的理论缺陷，拉卡托斯的中心任务是要说明科学的合理性问题。他提出了一种能合理地辩护科学发展的科学合理性的理论——科学研究纲领方法论，并主张以科学史来检验科学方法论的历史方法。

（二）内史与外史的划分

鉴于以上考虑，拉卡托斯的方案是构建"规范的编史学研究纲领"。他认为，科学哲学的首要原则是选择一些方法论原则，以构成全部科学研究的解释性框架。在这种哲学的指导下，历史学家就可以把科学史展示成具体体现这些方法论原则的过程，对知识的增长做出合理说明。拉卡托斯把那些确立在科学方法论原则上的历史称为"理性重建"或"内在的历史"。在此基础上，他也为社会心理学家预留了一个补充性的角色。据此，拉卡托斯对科学史做了极为重要的划界工作——"规范的——内部的东西"和"经验的——外部的东西"，二者对应于"内部编史理论"和"外部编史理论"。按照他的观点，"内部史"被定义为知识史，"外部历史"被定义为社会史，这一定义被拉卡托斯赋予了编史学研究纲领之硬核的重要地位。

对于内外史的重要程度，拉卡托斯有着与其科学哲学立场相一致的明确主张。他认为，内史是首要的，外史只是次要的；内部历史具有自主性，外部历史对于理解科学是则是无关紧要的；外部历史的重要问题都是由内部历史限定的；外部历史只是对理性主义无法说明的非理性的残余物进行补充性的说明；实验、证据、问题转换等，这些都丝毫不依赖于科学家的信念、个性和权威（拉卡托斯，2005：130，150）。在拉卡托斯看来，合理性历史的内部框架完全决定了外部问题。

（三）规范指导下的科学史工作

在规范的编史学纲领下，拉卡托斯为科学史家提出了明确的要求。他认为，科学史家在进行历史工作之前，必须首先重建客观科学知识增长的有关部分，也即"内部历史"的有关部分，内部历史学家不应该也不会在科学家的信念、个性和权威等主观因素的问题上浪费时间，他可以在脚注中把某些科学家的"错误的信念"用外部主义的方案加以解决。历史学家在构造内部历史时是具有高度选择性的，他要删去一切按他的合理性重建看来是非理性的东西（拉卡托斯，2005：151~152）。

对于如何进行"选择性删除"，拉卡托斯提出了一条判定原则——"事后明鉴"，即根据历史后来的发展来对过去进行判断和选择。"内部历史不仅仅要选择从方法论上予以解释的事实，有时能还要选择根本改进了的事实。"（拉卡托斯，2005：152）拉卡托斯"事后明鉴"的历史选择原则为科学史的辉格史说明提供了辩护。

（四）方法论与编史学的同一性

拉卡托斯认为，科学史和科学哲学有着密切的关系，一方面，科学哲学为科学史家提供了重建历史的规范；另一方面，科学史也可被看成是对合理重建的一种"检验"，以比较各种相互竞争的合理性理论。

这样，科学史的合理重建便提供了一种评价方法论的作用，这便是他所称的"规范的——编史学的科学研究纲领方法论"。

按照这种编史学，在面对科学的历史时，科学史家首先要根据某种规范的科学哲学对"什么是科学"做出清晰的定义。对于李约瑟这样的问题，即"科学是否（以及为什么）只是在欧洲出现"，在拉卡托斯看来，即便是外部历史也要涉及某种方法论的理论，要规定出使科学有可能进步的必要的社会、心理条件。因此，在这种规范的科学编史学纲领中，方法论与编史学具有同一性的关系，"所有的方法论都起编史学的（或元历史的）理论（或研究纲领）的作用"（拉卡托斯，2005：152）。

（五）小结

拉卡托斯的编史学纲领具有内外二分的结构，内史与外史各司其职。不过，拉卡托斯也指出，从内史和外史的角度说，任何一种编史学研究纲领都处于动态的竞争当中。当出现一个更好的合理性理论时，内部历史就可能扩大，从外部历史中开拓新的领地；反之，若内部历史把过多的实际历史交给外部历史来说明，那么它就是相对虚弱的、退化的编史学纲领（拉卡托斯，2005：173）。换言之，好的合理性理论能确保更多的内部历史的实现。在拉卡托斯看来，尽管合理重建中的"反常"最终只能由某个更好的合理重建或者某个"外部的"经验理论做出说明，但"只要内部主义的编史学研究纲领在进步，或假如一个补充性的、经验的、外部主义编史学纲领能够进步地吸收反常，那么，内部主义者就大可不必理会'反常'，而把'反常'交给外部历史去处理"（拉卡托斯，2005：172）。

拉卡托斯所提出的这种"历史方法"凸显了科学史作为评价方法论的标准的重要地位。尽管他主张内史与外史的结合，但这种结合是在突出内史和外史之间独特而鲜明分界的前提下的补充式结合。如此写就的历史文本深刻地蕴含了实际历史与其合理重建之间的分裂，即历史学家"在文本中叙述内部历史，而在脚注中按历史合理重建的观点指出实际历史是怎样'举止不端的'"（拉卡托斯，2005：153）。在这种内外二分的合理重建格局中，内史的规范评价处于这个编史学方法论的硬核之中，而外史的社会、心理说明则构成了保护带，社会学被划定在理性的范围之外，只做一些修补工作。

二　科学合理性的编史学

新历史主义的代表人物劳丹（Larry Laudan）在继续坚持科学合理性的前提下，对以拉卡托斯为代表的科学史的合理重建主义进行了批判和修正。在《进步及其问题》一书中，劳丹提出了更具工具主义色彩的科学合理性模型；在科学史的研究方面，特别针对当时已有相当影响的科学社会学提出了如何坚持和贯彻合理信念的问题，试图从合理性的角度对科学社会学的说明范围予以严格限定。

（一）两种社会学的区分

与拉卡托斯不同，劳丹反对把社会学的作用完全看成是非认识的，试图为涉及科学认识的社会学提供合理的研究地位。劳丹区分了两种截然不同的科学社会学——"科学的非认识社会学"和"科学的认识社会学"。前者解释科学组织方式和组织结构，而不涉及科学家对自然的信念；后者则试图根据社会或经济原因来说明理论的发现及科学家对其的态度，以表明某些社会结构对理论形成的影响。在劳丹看来，这两种科学社会学与科学思想史的关系是完全不同的。前者与科学思想史讨论的问题截然不同，二者既不重叠也不冲突；而后者则与科学思想编史学（或科学合理性编史学）存在巨大的冲突。它们都试图解决科学家信仰的问题，不过解决方式迥然不同，以至二者几乎是不可通约的。对这两种社会学来说，劳丹认为亟须进行探讨的就是科学的认识社会学，而对于"安分守己"的科学的非认识社会学来说，则可以不予讨论。劳丹的主要目标是制定相关的标准，对"科学思想编史学"和"科学的认识社会学"对历史叙述之间的相互冲突"做出仲裁"。

以此为目标，劳丹对科学认识社会学的性质、范围进行了考察，并对社会学家提出了具体的要求，以确保其根本主张——科学合理性的贯彻。在对当时的科学社会学的现状进行考察，并着重批判了知识的认识社会学家的三条方法论原则（尤其是"不合理性假定"）的基础上，劳丹完成了对科学史的合理说明和社会说明的区分，为社会学划定了条件严苛的研究范围。

（二）"不合理性假定"

实际上，对于合理性概念的问题，知识社会学家这个学术共同体已有充分的自我认识，并主动对自己的研究范围进行了划分。以 K. 曼海姆（Karl Mannheim）为代表的知识社会学家在 20 世纪 30 年代已经对思想区域做了区分：内在的思想领域和非内在的（或由存在决定的）思想领域。内在的思想是与其他思想合理相连的思想，而非内在的思想却无法用理性进行说明。曼海姆的这一方法论原则得到了当时大部分知识社会学家的认同，并渗透在他们的工作当中。在这一原则下，知识社会学家为自己的工作范围划定了区域，即只有那些与理性无关的非内在的思想才是社会学所要说明的合适对象。这一原则实际上是与拉卡托斯规范编史学纲领下的外史规范相一致的。

劳丹把这种分界标准称为"不合理性假定"（arationality assumption），即"当且仅当信念不能用它们的合理性来说明时，知识社会学才可以插手对信念的说明"（劳丹，1998：207）。他认为，这一假定充当了一种对信念的合理说明和非合理说明的分界标准，它实质上为思想家和知识社会学家做了分工，规定了社会学家在遵循一定的划界原则的前提条件下能够进入对认识论的说明。因此，在原则上，劳丹是认可

"不合理性假定"的。但与拉卡托斯不同的是，面对当时科学社会学研究的上升之势，劳丹对这一假定又是不满的。在他看来，这一假定中所蕴含的合理性概念的理解是很成问题的。在"不合理性假定"当中，最为重要的是关于什么是合理信念的理论，故而他一再强调，对科学的社会学研究的前提是先懂得合理性的含义，否则将会导致对该假定的不当应用。

（三）对"不合理性假定"的再限定：选择最佳合理性理论

鉴于此，劳丹对"不合理性假定"中的合理性问题进行了清理与追问。他认为，合理性理论不止一个，存在各种各样的关于合理信念的理论，传统的被社会学家所接受的如归纳主义的合理性理论或经验主义的合理性理论，都是素朴的合理性理论，这些理论限制了合理信念的范围，因而使不合理信念的范围（即社会学的范围）过大。劳丹指出，如果我们接受一个更为丰富的合理性理论，那么很多信念就可以变成"内在的"，从而不会容许社会学对其进行分析。例如，哲学或神学等因素已经在更为完善的合理性理论中获得了合法性，从而无须借助社会环境来说明某些发展。在劳丹看来，确定一个合适的合理性概念是极为重要的，它决定着社会学分析的范围，决定着"不合理性假定"的正确应用。鉴于此，劳丹进一步将合理性问题深入社会学家团体的考察中，对社会学家提出了明确的、更具前提性的要求："任何合适的知识的认识社会学首先要做的一点是选择一个合理性理论"（劳丹，1998：210），以确保对历史事实最大限度地进行合理说明。

正是在这样的立场上，劳丹严厉地指出，M. 里克特、B. 巴伯以及库恩等史学家所做的研究在面对看似不合理的科学的历史事实时，由于其采纳的是素朴的合理性理论，因而将很多问题推到了社会学的论域，他们对合理性这个问题没有做仔细的考虑，对"不合理性假定"的求助太仓促，使用太武断，致使太多看似不合理的历史事实进入社会学研究范围。他对"不合理性假定"进行的再限定实际上对社会学家提出了更为苛刻的条件，不仅要求"他们在对特殊事例的合理性做出判断时应该更为谨慎，而且是要强调：认识社会学若要应用于历史事件，必须等到思想史的方法应用于这些事例获得成功之后"（劳丹，1998：213~214）。

这样，针对"不合理性假定"，劳丹进一步区分了"合理说明"和"社会说明"，这相当于对社会学家的进一步要求——必须选择最优的合理性理论，即"仅当历史任务对信念的接受或对问题重要性的评估与合理评价所表明的不一致时，这些信念才能接受社会学分析"（劳丹，1998：214）。这对社会学家来说，无异于又提高了社会学说明进入科学史研究的门槛。

（四）合理说明对社会说明的优先权

劳丹指出，在对信念的说明中，当合理的说明和社会的说明同时存在时，正如"不合理性假定"所建议的那样，人们应该推崇前者对后者的优先权。在他看来，社会学本身还有许多的理论工作有待发展，现有的社会学分析工具还不足以把握科学的信念问题，将之急于用于历史说明是缺乏前景的；且以往对科学的认识，社会学研究是"缺乏注释力"、"过于拙劣"、"似乎全都遭到了失败"的（劳丹，1998：225）。因此，劳丹明确地提出了合理说明的绝对优先地位："社会学分析之应用于科学思想史必须等到发展出科学的理性史或智力史之后才能进行，同样应该明白的是，知识的认识社会学在通史中的出现也必须等到发展出某些全新的社会学分析工具和概念之后。在这两项逻辑上在先的任务有个眉目之前，任何关于科学信念是由社会决定的虔诚断言只能是毫无根据的信念"（劳丹，1998：228）。

通过这样的修正，劳丹为科学的认识社会学争取了合法的研究空间，不过由于他仍坚持合理／不合理的二分，关于科学认识的社会学被限制在了更加严苛的"不合理性假定"的框架之内，实际效果是社会学进入科学史的可能空间被进一步挤压了。这样，合理信念理论进一步扩大了理性的范围，缩小了社会学解释的可能空间，社会学选择仅是各种合理模型优先尝试而失效后的最后选择。

（五）小结

如果说拉卡托斯编史学的对应关系是内史—经验的、外史—社会学的，前者是首要的，那么劳丹则进一步发展为合理—合理性编史学，不合理—社会学，前者是优先的。劳丹无疑扩大了合理性的概念，扩展了合理说明的范围，包容了拉卡托斯的经验范围。尽管劳丹认为认识／非认识的二分法是一个更好的划分角度，但他仍与拉卡托斯同样遵循了科学理性的编史学路线，坚持科学史研究的二分法。这样的编史学进路既是对当时科学史研究现状的一种现实反映，同时也深刻影响了当时科学史家的史学实践。

较之于拉卡托斯，劳丹对从事外史工作的群体——社会学家——给予了更多的关注、批评和要求，尤其是对那些不安分的社会学家给予了警告，其最终的目的仍指向科学的合理性问题。劳丹认为曼海姆社会学纲领下的"不合理性假定"太过粗糙，落实在科学史中，致使社会学大行其道。因此他主张社会学应是穷尽各种合理解释之后的最后选择。社会学家要更加谨慎使用"不合理性假定"，因为该假定作为合理／不合理的界碑，划定得是否合适，直接影响着科学合理性的问题，也影响着社会学的范围，否则将造成科学不合理、非理性的假象。

实际上，劳丹的做法相当于把一大部分拉卡托斯抛给社会学的外史的领域，用修正过的"不合理性假定""抢夺"了回来，这样，合理性的掌控的范围更大了，理性重建的纲领也更加坚韧了，而社会学的空间则更小了。不仅如此，由于合理性说明具有绝对的优先权，社会学作为非理性的代表，只能在合理性所规定的框架内工作，进入科学史研究的手续更为苛刻繁杂，这实际上相当于禁止社会学家涉及科学信念的问题，将其推向最为稳妥的地带——非认识社会学——去做一些外围性的工作。因此，尽管劳丹与拉卡托斯的编史学主张存在一些重要差别，但二者都极力保卫科学的合理性，主张科学史的理性重建，在内史/外史、主要/次要、优先/滞后的框架内思考科学编史学的问题。在这种科学史的理性重建的影响下，思想史家和社会学家都要在合理性的框架内工作，各司其职，共同塑造科学合理、进步、作为理想事业的形象。

三　科学史的理性重建

内史论以萨顿的实证主义的综合科学史研究纲领和柯瓦雷的科学观念论的编史学纲领为代表。尽管柯瓦雷派对萨顿派的编史学进行了严肃批评，二者在某些方面也颇为不同，甚至看似不相容，但他们都以科学的进步为共同的研究出发点，相信科学是在合理的发展中不断进步的，并把作为知识和思想的科学视为理所当然的研究对象，而对外部解释采取忽略或排斥的态度。因此二者都是在科学史的理性重建的框架内进行了科学史的研究实践。

（一）萨顿：综合科学史研究纲领

乔治·萨顿（George Sarton）被誉为"科学史之父"，他以自己的行动示范并开创了科学史事业，推动了科学史的建制化。在编史学上，萨顿深受孔德实证主义哲学的影响，立志要编写全面综合的科学史。他的鸿篇巨制《科学史导论》便是这一编史纲领的产物。萨顿主张一种新人文主义的科学观，四条指导思想始终贯穿于他的著作中，即统一性的思想、科学的人性、东方思想的巨大价值、对宽容和仁爱的极度需要（萨顿，2007a：3）。其中，统一性思想最为基本，它包括自然界、科学知识、人类三位一体的统一，科学是不同民族的、不同国籍的、不同信仰的、不同语言的人们共同完成的事业。

1. 科学的进步史观

萨顿的科学编史学反映在他对科学的理解中。萨顿持有一种普遍主义的、实证主义的科学观，他以"定义"、"定理"、"推论"这样的科学形式阐述自己对科学以及科学史的理解。他认为，科学是系统化的实证知识，这种超越了时代、地区、民族的差异，体现出一种统一性；而在人类所有活动中，科学活动是唯一一种具有无可怀疑的积累性和进步性的活动，是最具理性的传统，这一特点作为关于科学的一条"定理"而被萨顿确定下来。在他看来，科学的进步是明确无疑的。在这样一种科学观下，萨顿得到了一条关于科学史的"推论"：科学史是唯一能够说明人类进步的历史（萨顿，1984：60），它记录了体系化了的实证知识的发展过程，是科学这一人类最宝贵遗产全部进化的过程。

在萨顿统一性思想主导下的科学史作品中，常常充满"仁爱"、"进步"、"光荣"、"伟大"等这样对科学的赞美之词，科学史成为人类档案中的"光荣历史"。他认为，由于科学反对任何形式的非理性或疯狂混乱，因此，科学史便是一部同迷信和谬误不断进行斗争的历史；对人们逐渐从谬误、怀疑、迷信以及恐惧中解放出来的记事，便构成了人类档案中"最美好的记录"，历史学家能够对此进行记录是如此的"幸福而骄傲"（萨顿，2007a：146，165）。

2. 编年史的编史方案

实证主义的科学观、进步论的历史观，以及贯穿始终的统一性思想，使萨顿形成了一种综合性的编史学纲领。萨顿认为，科学史应研究所有科学的发展，此是其一；其二，根据这一要求，"划分科学史的唯一合理方法不是按国家和按学科而是按照年代分期"（萨顿，2007b：32）。萨顿的科学史目标是要从一种综合的观点出发，包含所有学科，遍布世界范围，展现科学在空间和时间上的连续性和进步性。在这样的要求下，他形成了一种编年史的编史方案。

> 我们必须按照一定的顺序掌握全部科学事实和科学思想；这就意味着必须设法尽可能准确地确定每项科学事实和思想发生的时间——不是确定它们产生或发表的时间，而要确定它们实际上进入知识总体的时间。同样，为要把它们按年代顺序排列整理，传记作家们要尽量弄清什么时候伟大科学家的影响最为明显。……这类学术性的工作是所有历史著作赖以建立的基础。（萨顿，2007a：33）

萨顿的这种综合性的编年史方案最重要的体现便是他的《科学史导论》。这部著作总计三卷五册，共 4243 页，将公元前 9 世纪到 14 世纪末的每个文明分门别类，阐述文化和科学的贡献，其中每一章都专门讲述一个时期，先对主要事实进行概括，再说明那个时期科学的发展。这样的科学史著作由于其独特的实证主义风格而成为一部百科全书式的参考书，成为一种能查出答案来的编年史参考书。萨顿的《科学史导论》成为实证主义编史学里程碑式的著作，但其"鱼形"结构（萨顿语）也使得编史工作难以为继。随着年代的推进，科学思想和事实成几何级数式的急速增加，最终使该著作不得不在 14 世纪末的研究分期无奈搁笔。

3. 辉格史下的科学谬误：进步史的背景

萨顿的进步史观使得他在编年史的工作中倾向于采取一种辉格史的立场，以当代的科学标准评价和判断历史，在进步史观下考量科学错误和谬见。在萨顿看来，科学史是与各种错误与偏见英勇斗争的光荣历史，但错误的历史不会在科学史中占据主要内容。例如，对于占星术等其他谬见，萨顿将其"留在它们适合的背景之中了。事实上，它们从来也不代表人类努力的主流，倒是很像海洋底层的潜流"（萨顿，

2007a：174）。为了追溯真理的历史，必须为错误的历史确定人为的界限，在错误和迷信之间进行恰当的选择，而最简单的办法就是进行错误分类（萨顿，2007b：43）。在萨顿的编史学中，进步论构成了萨顿对历史的选择标准。

萨顿坚定而执着的普遍主义科学观和进步史观，使他急切地渴望展示科学的进步，以达成人类最高的文明，有时对科学已然发生的事实表达出无尽的惋惜与悲哀，甚至怒其不争以至到了埋怨历史的地步。例如，对于中世纪的科学成就，尽管萨顿持有一种与其他人不同的肯定态度，但他仍不无懊恼地指出，中世纪"相当多的精力浪费在徒劳无功的努力和没有希望的途径上"；在科学传播中，哈维对人体血液循环的理论"花去了将近半个世纪"，"一直拖到17世纪才被完成"，而"它可以在许多世纪以前做出：正是偏见妨碍了它的产生"；对于十进制的发现到初步的普遍接受历经一千多年，他感慨"十几代人的工作仍然不能使他们正视这个最为简单、最为客观的真理"；在他看来，对思想的传播来说，高山、大洋、沙漠都微不足道，最大的障碍就是人们毫无道理的顽冥不化；正因如此，即便是像达·芬奇这样"充满智慧和创造力的人"都没能发现这一科学真理，而萨顿坚信，历史中的无数天才"只要下定决心是肯定能够发现这一秘密的"，但他们都不敢靠前，"羞愧地"围着禁锢真理的箱子，面对偏见的阻碍"被吓得无能为力"，致使这些真理"被无理的偏见推延了一千多年"，使我们惊奇这些发明"这么晚才被提出"（萨顿，2007b：5~9，11，132；2007c：21）。

4. 外部解释的次要地位

萨顿的新人文主义科学观内在地要求他的综合科学史需要一种百科全书式的眼界，对于所谓的外部因素，萨顿也并不排斥，他认为"科学史大体上可以看作是心理学—社会学的研究"，以"发现人类智力进化的普遍规律"（萨顿，2007b：51~52）。不过，萨克雷和默顿对此评论道，萨顿的"学术著作表明，他对社会学和心理学实际是什么没有多少认识，也没怎么意识到它们的方法有可能会对他自己的进步观构成根本性的挑战"（默顿，2004：84）。

正如萨顿在其他地方明确指出的，科学的内在逻辑规定了自身问题，作为进步的事业，外部环境只能提供很小的一部分解释。萨顿将科学的整个机构比作一棵生长的树，他认为，虽然科学之树对外部环境的依赖是明显的，但它生长的动力是来自这棵树的内部。尽管科学从来不是在政治真空中发展的，重大的社会事件会影响科学活动，但科学创造活动及其国际合作在很大程度上和政治环境无关（萨顿，2007c：21，144~145）。

5. 小结

正如默顿多年后追忆萨顿时所说的，萨顿所建立的科学史观是一种"既跨越国界又跨越学科界限的普遍的科学史观"（默顿，2004b：83）。这种科学观使萨顿将科学史看作是思想史的范围。当然，由于萨顿怀有一种人文主义的情怀，认为科学史能够消除民族的、时代的偏见，促进和平和人类的仁爱之心，因此使得萨顿的科学史与其说是历史，毋宁说是实现其新人文主义的方式，是新人文主义的科学观在史学上的实践。他对《科学史导论》这样评价道，"我的这部著作由于它的真正的综合性，将是对这种基本同一性的一种连续不断的说明，尤其是对知识的统一性和人类的统一性"（萨顿，2007a：181）。

值得注意的是，基于对统一性的理解和证明，萨顿特别强调"东方思想的巨大价值"，强调印度、埃及、阿拉伯、中国等对科学的贡献，以证明人类本质上是统一的，从国际主义的观点强调科学是全人类共同的事业，这和李约瑟的历史研究存在一致。同时，二者都出于消除偏见的目的而最终又使用了西方的科学框架对不同文明的科学加以研究，这种带有理想主义和浪漫主义色彩的普遍主义科学观是值得深思的。

（二）柯瓦雷：科学观念论编史学纲领

在科学思想史的另一条路径上，以俄籍法裔科学史家亚历山大·柯瓦雷（Alexandre Koyre）为代表的观念论编史学以一种看似极为不同的方式逐渐发展起来。这个研究纲领源于哲学史研究的传统，其代表人物有伯特（E. A. Burtt）、斯诺、拉夫乔伊（A. O. Lovejoy）、怀特海（A. N. Whitehead）、柯林伍德（R. G. Collingwood）等，直接的来源是法国哲学研究的历史传统，由坦纳里（Paul Tannery）和迪昂（Pierre Duhem）等多位学者于两次世界大战之间将其推向新的繁荣（萨克雷，1994：44）。在这个传统中，历史学家赫伯特·巴特菲尔德（Herbert Butterfield）的著作《近代科学的起源》（*The Origins of Modern Science*）（1949）给人留下深刻印象，而真正将这个传统传播并影响世界（特别是美国）的人物则是柯瓦雷。

作为国际科学史界的大师级人物，柯瓦雷是观念论编史学的一个极为重要的标志性和开创性人物，其法文著作在20世纪50~60年代被大量翻译成英文，对英语世界的科学史研究产生了极大影响。他的历史研究主要集中于中世纪和近代科学思想，主要著作包括《伽利略研究》（1939）、《从封闭世界到无限宇宙》（1957）、《牛顿研究》（1965）、《论天体运行》（1961）等。其中，《伽利略研究》是开创观念论编史学的经典之作。

1. 进步史观中的观念及其哲学背景

正是在对萨顿的积累性、实证性科学史研究的批判中，柯瓦雷的观念论的编史学方案开始形成。观念论编史学的另一位代表人物、柯瓦雷的忠实追随者霍尔（A.R.Hall）批评萨顿的实证主义编史学注重时间次序，却完全忽视了科学中的主观性和理论负载等特性。他指出，"真正的历史不只是关于过去事实的记载，或者甚至追溯到原始材料并记下他们实际所说的，而是传统的再现。甚至简单记事的历史也应该提高到这一水平之上"（霍尔，1994a：217~218）。

柯瓦雷认为科学的思想观念是最重要的，科学史就是科学思想史，旨在把握科学思想在创造性活动过程中的历程。柯瓦雷的研究便是受到人类的思想——尤其是最高形式的人类思想——的统一性的信念所激励（柯瓦雷，1994a：127，131）。在强调观念的基础上，柯瓦雷将科学思想与哲学紧密地联系起来，将科学观念所隐含的哲学背景置于一种极为重要的历史地位，重视哲学与科学之间的相互影响。正是在这样的意义上，他指出，17世纪的科学革命实际上是一场"科学—哲学革命"，并将这场思想的革命归因于"最伟大的头脑的创造"。他认为，16世纪、17世纪的科学和哲学思想导致了人们的心灵经历了一场深层的革命，从而改变了人们思维的框架和模式（柯瓦雷，2003：1，3，1994a：132）。

2. 科学思想的历史性理解与概念分析法

对于科学思想史的研究，柯瓦雷发展出了一种"概念分析"的科学史研究方法，强调在历史中思想和概念的密切相关性。柯瓦雷指出，思想史的历史研究"关键是要把所研究的著作置于其思想和精神氛围之中，并依据其作者的思维方式和好恶偏向去解释它们"，"要在科学思想的历史中纳入该思想理解自身以及它与先前思想和同时代思想之关系的方式"（柯瓦雷，1994a：131）。这种在后来启发了库恩的研究方法要求将研究的科学内容放入当时的思想环境中，具有明显反辉格史的品质，因而使科学史作为历史的特质得到了阐发。运用这种方法，柯瓦雷看到亚里士多德的物理学"是一个非常深思熟虑和融贯的理论知识体系"，人们"大可不必讥笑"它关于运动的论证；正因如此，伽利略花费了大量力气去改变作为整体的这个体系，并逐渐发展出一个关于运动的全新概念（柯瓦雷，1994b：149~151）。

柯瓦雷将概念置于其历史的氛围中，也置于一整套观念体系中，由此梳理、挖掘、展现思想概念的来龙去脉，抽丝剥茧地展现科学概念和思想的发展历程。例如，在柯瓦雷看来，17 世纪的科学是一个不折不扣的革命。

> 所有这些形成近代科学基础的"明显"和"简单"的观念，就本身而言并不"明显"、"简单"，仅当它们作为某一特定的概念和公理集合的一部分时才是如此，……最深刻最伟大的头脑……不是去"发现"或"建立"这些简单而明显的定律，而是必须去设计并建造出使这些发现成为可能的框架本身。他们必须从塑造和再形成我们的理智本身开始，给予它一系列新概念，发展出一条通向存在的新途径、一个自然的新概念、科学的新概念，换言之，发展出一种新哲学。（柯瓦雷，1994b：147）

通过将自己置于历史氛围中，柯瓦雷发现，近代科学是与人类思想的公理框架的突变、对理性知识与感觉知识的评价的变化、无限观念的发现等相伴随而诞生的，这场科学革命可以概括为"cosmos 的解体"和"空间的几何化"（柯瓦雷，1994c：134，137）。

相比于萨顿宏大、实证的科学史研究范式，柯瓦雷的科学史研究将概念的由来和变化逐级追溯层层拨开，展示出科学史发展成更为精细美妙、更具历史感和思想深度的历程。概念分析技术给人留下极为深刻的印象和独特的韵味，深深吸引了新一代的科学史研究者。到 20 世纪 50 年代，柯瓦雷的研究范式提供了一个可供参考的模板，曾聚集了一大批专业的研究，造就了激动人心的科学史的时代，极大地促进了科学史学科的形成。

3. 细腻而惊人的科学进步

与萨顿一致的是，柯瓦雷对科学的进步深信不疑。在他看来，科学就是思想对真理的探求和进步，而科学史则从历史的角度对科学进行赞颂，对思想的力量、"最深刻最伟大的头脑"的力量发出由衷的赞美，这也是科学史本身的意义所在。科学的进步体现在它与那些权威、偏见进行艰苦卓绝斗争的努力，这样，科学史便成为一部展示进步的历史。他认为，对于科学思想的演化和革命的研究来说，只有历史才能对科学前进中辉煌的思想和受人轻视的思想予以说明；才能为我们展示人类对付现实的过程，揭示其中的胜利和挫折；才能展示出人类在获得现实知识的道路上迈出的每一步都是超乎寻常的努力（柯瓦雷，2002：3）。

因此，柯瓦雷的科学革命研究格外突出了进步意义。作为历史学家，他认为，"研究这场努力的历史，写出人的心灵顽强地对付同一个旷日持久的问题，遭遇同样的困难，不知疲倦地与同样的障碍做斗争，缓慢而逐渐地为自身锻造出能够克服这些困难和障碍的装备和工具，塑造出新的概念和新的思维方法的故事，没有比这更有兴味、更有教益和更激动人心的事情了"（柯瓦雷，1994b：144）。以伽利略为例，柯瓦雷以进步观展示了现代人看似平常、当时却足够惊人的"革命"。

如果说萨顿将传统的 17 世纪科学革命和发展看作是阶梯状的，并尽可能将这种阶梯"微分处理"，将突兀的科学进步平缓化，甚至在漫长的中世纪中寻找缓慢的积累，那么，柯瓦雷则在这个科学进步的图景中，将历史尽可能地展现其当时的惊人面貌，力图还原 17 世纪科学革命中那些进步的不可思议之处，将我们熟悉的东西放置在历史的思想情境中，展现其令人惊异的一面。尽管柯瓦雷和萨顿采取不同的分析策略、编史方案，但他们都持进步论的科学史观，绘出了截然不同但用意相同的科学图景。正是在此意义上，不论二者是否取得彼此的学术认同，他们都是可以被看作注重科学思想的内史学派。

4. 绝对纯粹的科学观念论

同为内在主义的科学史家，将柯瓦雷与萨顿再次比较仍是有益的。就科学思想在编史学中的位置而言，如果说萨顿持有一种综合的视野，不仅在其编史学中为不同的研究策略留有位置，而且关注科学的不同方面（如理论、科学实验方法等）的话，那么柯瓦雷的编史学则更追求纯粹思想的力量。在柯瓦雷的编史学中，科学史被过滤掉了其他因素，只剩下被提纯过的思想（尽管它与一些超科学的思想、哲学、形而上学、宗教的思想有着紧密联系）。例如，在对伽利略的研究中，柯瓦雷比萨顿走得更加纯粹和极致，他将思想提升至极高的位置，以致将科学经验主义的一面——科学实验——推至边缘化，甚至将之完全否定（虽然他非常谨慎地说明这仅就他所研究内容的那段时期而言）。通过一番历史分析，柯瓦雷指出，"至此为止，是思想，纯粹未有掺杂的思想而不是经验或感知觉为伽利略·伽利莱的'新科学'提供基础"，伽利略并"没有求助于任何经验"，"也不需要做实验"，这是因为：

> 必然决定存在。好物理学是先天的构造的，理论先于事实。经验是无用的，因为在任何经验之前我们已具有我们所需寻求的知识。运动（和静止）的基本定律，这些决定物体的空时行为的定律，是一些具有数学本性的定律。具有相同本性的是那些关于图形与数的定律。我们不是在自然中寻找和发现它们，而是在别处，在我们的心里，在我们的记忆里，正如柏拉图很久以前曾教导过我们的那样。（柯瓦雷，1994b：157~158）

正是在此意义上，柯瓦雷将伽利略解读为一位柏拉图主义者，17世纪的科学革命是柏拉图战胜亚里士多德的一次科学革命。他确信地评价道，"这场阿基米德的几何世界代替感觉和日常生活的定性世界作为实在世界的科学革命，不可能简单解释成由经验（感觉经验）的扩展和丰富所影响或导致"（柯瓦雷，1994c：136）。在柯瓦雷看来，思想对解释科学史的进步是完全自足的。

5. 拒斥外部历史

柯瓦雷编史学立足于科学思想的发展来研究科学史，遵照科学思想的进步性的发展脉络进行研究，不考虑科学思想之外的其他事物，属于内史的范畴。作为研究牛顿的重要专家，虽然牛顿留下了多达55万字的炼金术手稿以及更多字数的神学手稿，但以柯瓦雷为代表的一些作者对此并不予以考虑。当有学者问及柯瓦雷对牛顿炼金术的看法时，柯瓦雷回答说，"我们不考虑这些东西"。而其追随者霍尔则对此事做了进一步的符合其编史学方案的处理，他"以牛顿未公开发表其炼金术论文为据主张将牛顿'非炼金术士化'，并将其炼金术手稿当作是当时炼金术语言表述的、现代意义上的化学工作来理解"（袁江洋，2002：41）。

如果说在柯瓦雷这里对社会学的态度还不够明确的话，那么在观念论编史学流派的另一个重要代表霍尔这里则变得越来越清晰，尤其在他本人对当时业已出现的一些社会学研究（如黑森、默顿等）所进行的明确评论或批评中。按照黑森（Boris Hessen）的观点，制枪的工人将有助于诸如牛顿这样的人形成高深的理论，但霍尔在自己的博士论文《17世纪的弹道学》（1952）中对此做了断言拒斥，他试图确认，即使是弹道学理论也是独立于实践操作或实用价值的（萨克雷，1994：54）。在《科学革命》（1954）一书中，以及对"默顿命题"的批评中，霍尔进一步阐述了思想因素比社会因素更重要的论据。他认为："思想的变化是一种必须在思想史中来寻求对其说明的变化；就此而论，……科学史完全与哲学史类似。"（霍尔，1994b：195）可见，以柯瓦雷为代表的科学思想史传统尤为强调科学理论及其独立性，这便构成了它与萨顿实证主义科学编史学和默顿社会学范式的分歧，这一内容将在下一节中讨论。

6. 小结

观念论编史学在进步史观的立场上，采用概念分析的历史方法来展示科学思想的演变、突变式的发展及其与哲学的关系，发展出颇具吸引力的研究方式。这一编史学方案在克拉基特（Marshall Clagett）、科恩（I. B. Cohen）、吉利斯皮（Charles C. Gillispie）、古拉克（Henry Guerlac）、库恩和霍尔等实践者身上得到了进一步发展（萨克雷，1994：46），于 20 世纪 50~60 年代达到鼎盛时期，并促成了科学史专业团队在美国的稳定建立。

四　科学社会学的史学实践

以社会学为方法进行科学史实践的外史研究由来已久，马克思关于"社会需要是推进科学的主要动力"这一命题常被认为是这一编史学的重要来源，苏联学者黑森则在 1931 年第二届国际科学史大会上明确吹响了号角。黑森的论文《牛顿〈原理〉的社会经济根源》明确讨论了科学思想的决定因素，即包括牛顿力学中起主导作用的抽象观念在内的所有的观念的根源，都可以在"物质生产力的状况"中找到。这项被认为比较简单的研究对一批学者产生了影响，这反映在政治上左倾的科学家如李约瑟、贝尔纳（J. D. Bernal）、霍格本（Lancelot Hogben）和霍尔丹（J. B. S. Haldane）的史学著作中。在美国，尽管这种研究受到了批判，但对包括默顿在内的许多学者产生了重要影响。这些学者将外在主义运用于科学史的解释，产生了大批成果，使得外在主义编史学在 20 世纪 20~30 年代风行一时。

在这一传统中，被称为"科学社会学之父"的默顿的工作最为引人注目，也最具代表性。默顿 1938 年的重要著作《十七世纪英格兰的科学、技术与社会》突破了内在主义的编史学，探讨了精神方面的清教和物质层面的社会、经济、军事等外部因素对科学的影响和推动，以一般社会学的基本观点和经验研究的方法分析了"社会中的科学"与其他社会体制的互动关系，开创了外史编史学传统。此后默顿转入科学的社会结构分析，《科学的规范结构》（1942）探讨了科学的社会结构问题，提出了科学的规范，并在之后的 20 世纪 40~50 年代将这种静态的规范分析转为动态的过程分析，形成了对科学奖励制度和科学共同体结构与动力的研究。就研究方法而言，默顿确立了把科学看作是具有独特精神特质的社会制度，并对它进行功能分析，1957 年前后，该研究方法逐渐成熟并形成了以科学规范为基础的科学社会学的"默顿范式"，这对科学史编史学产生了重要影响。

（一）默顿范式：对科学自主论的再确认

默顿对科学的社会学外部路径是在对纯科学主张的批判中形成的，这种批评有着深刻的时代背景。20 世纪 30 年代以来，二战和当时的国际关系对包括科学在内的各个方面产生了影响，尤其是德国的纳粹主义对"非雅利安人的科学"造成了灾难性的后果，加之广岛被原子弹轰炸等现实的社会和伦理问题，导致"集权国家与科学家之间的冲突"，政治标准强加在科学之上，科学规范被牺牲，科学家因丢失"职业信义"而危及自身的地位，时常成为反理性主义和反科学的靶子，纯科学的自主性受到严重挑战（默顿，2004a：349）。这些现实的问题让默顿认识到，传统的实证主义科学观将科学独立于社会和政治之外，过分强调了科学的纯正性，但这在现实中又为科学对抗提供了条件，因而这种态度并没有保护科学的社会威望，反而使它受到威胁。默顿强调，科学研究不是在社会真空中进行的，其影响会渗透到其他的价值和利益领域中，对科学的各种抨击也使科学家认识到，他们依赖于特定类型的社会结构（默顿，2004a：361）。对此，默顿呼吁，面对各种危机应唤起科学的自我评估，受到抨击的制度也必须重新考虑它的基础，重申它的目标，寻找它的基本原则。他明确反对象牙塔式的科学观，试图以科学社会学给科学自主性"当头一击"，以使这种"自信的孤立主义态度"发生转变。概言之，默顿范式的出发点就是通过社会学的路径对受到威胁的现代科学精神进行明确化，并加以重新肯定（默顿，2004a：362）。

"科学的自主性"成为默顿科学社会学亟须维护的东西，他把"人们的注意力引向了科学有可能丧失其自主性的各种社会条件"（默顿，2004a：11），从相反的方面来思考如何保证科学的自主性。他认为，科学需要相当大程度的自主性，以形成一种保证科学家忠诚的制度化体系，而这种自主性又是与科学的客观性相关的，即现代科学的基本假定是，科学命题不受个人因素和群体因素的影响，种族、阶级或国家都不应当干扰这一假定（默顿，2004a：351）。由于当时的国际局势，政治和意识形态成为与科学相对立和冲突的重要方面，因此，他首要考虑的是科学的外部环境对其自主性的威胁，并对这些外部扰乱因素予以矫正，以维护科学的正常秩序，确保科学知识的正常生产。

在对制度性冲突的控诉中，默顿确认了科学的精神气质对于维护科学自主性的重要性。他认为，现代的集权主义社会限制着科学活动的范围，导致现代西方科学的传统假设受挫，这就为科学精神气质的研究找到了立足点和必要性，也构成了科学自主性的微妙注脚。

默顿对"科学自主论"的所谓"当头一击"，从表面看似乎是有力的。他对科学的传统基本假定提出了质疑，使人们看到科学与周围社会结构的影响和互动。不过，这一批判的范围和力度却是极其有限的，它并不打算完全摧毁纯科学的假设，而是通过外部研究最终对其进行维护。实际上，默顿通过对科学偏离轨道的外部干扰现象的描述，再度认可了"科学自主性"的正常性轨道，在提出制度性保障后，他力图纠正并再度确认和加强这一自主性。从《十七世纪英格兰的科学、技术与社会》的经验性研究到此后的科学规范研究，默顿试图从象牙塔里解救出科学家，让他们更好地认识真实的社会，实现与社会的良性互动，最终维护科学家的地位和科学的地位。默顿建立起的科学自身的具有防卫性功能的制度体系，可以有效地抵御外在干扰和控制的其他制度，以保证和维护科学的自主性，使科学之客观真理形象更加稳固，为科学发展保驾护航。换言之，默顿的工作仍牢固地预设了科学自主论，并将其贯彻在他的研究范式中：首先，基本命题——科学可以独立于（或应该独立于）政治等因素；其次，如何保证其独立运转？—— 一组社会制度性的规范；再次，规范如何驱动？——科学奖励机制。在这里，默顿似乎印证了他本人关于"始料未及之结果"的观点：他希望确认科学如何受到社会影响及其相互的影响。但实质上他绕回了这样的一个观点：科学应该以及如何独立于社会。可以说，默顿的工作从显示出"反实证主义的预兆"（默顿，2004a：304）中又不自觉地跳回到了实证主义的立场。

（二）科学的社会学分析模式：对实证主义科学的制度性承诺

《十七世纪英格兰的科学、技术与社会》是默顿科学社会学的代表作，也是科学史的重要代表著作。这部著作开创了外在主义编史学的传统，默顿命题则集中体现了这一进路的外史特性。这一命题意在解释17世纪科学为何特别的多产，这个命题可以看作是对两个问题的回答：（1）为什么在17世纪中期英格兰的科学发展特别突出？（2）为什么其中物理学占绝对优势？默顿对两个问题都给出了出色的社会学说明。对于问题一，默顿认为清教主义无意中为科学作为一种社会制度的出现提供了动力；对于问题二，则是当时的社会、经济、军事等实际问题刺激了某些科学的快速发展。后一问题的提出和回答要归于马克思主义的编史学，即社会结构决定了科学的发展；而前者则受到韦伯的影响，强调价值观的重要性。作为一个一般性的社会学命题，它反映了一种社会体制相互依存的观念，在这个命题的分析中，默顿对科学与社会的关系始终贯穿着这样的认识："科学的持续发展只会发生在具有某种秩序的社会中，它受一组特定的隐含性预设和制度因素的制约。"（默顿，2004a：344）

虽然默顿谨慎地表明，自己既反对科学发展不受外围社会结构变化的影响这样的观点，也反对社会的、经济的、宗教的、政治的等因素的简单化的"决定论"，而提倡一种科学与社会和文化结构之间的"互惠关系"。但《十七世纪英格兰的科学、技术与社会》这部著作仍在多处提出类似的观点，即"科学的重大的和持续不断的发展只能发生在一定类型的社会里，该社会为这种发展提供出文化和物质两方面的条件"（默顿，2000：14）。该著作的思路即是探讨并寻找科学迅速发展的那些外部的条件和因素，并明确了这样的观点：宗教等外部因素是自变量，而科学则是因变量（默顿，2000：112），其科学的外在主义解释路径是显而易见的。

此后他逐渐认识到，无论周围环境如何影响科学知识的发展，或科学知识最终如何影响文化和社会，这些影响都是以科学本身变化着的制度结构和组织结构为中介的（默顿，2004b：32）。在1942年发表的论文《论科学与民主》中，默顿明确提出了一种带有独特规范框架的社会体制的观念。这个"社会体制"的科学家要遵守的四种理性规范是普遍主义、公有性、无私利性以及有组织的怀疑态度，它们构成了现代科学的精神特质。如果说此前默顿是以一种经验研究带动科学社会学的研究的话，那么该文则使默顿进入对科学本身的社会结构这一理论问题的思考。

在科学的这四种精神特质中，普遍主义的规范既确认了实证主义科学观的立场，也维护了科学自主性，即科学必须要与观察和以前被证实的知识相一致，科学的客观性拒斥特殊主义，科学的普遍主义超越了种族、国际、宗教、阶级等。公有性规范将科学知识置于社会的公共财产和共有遗产的地位，个人因素则仅在对这种产权的承认和尊重上得到体现，科学优先权的讨论成为这一规范的内在要求。作为一个基本的制度性要求，这种有效的"控制机制"要求科学家对知识公开交流而非保守秘密，使科学的公众性和可检验有了坚实的基础，这有助于科学家的正直，保证科学的正常运行。由于科学经验和逻辑的标准，有组织的怀疑的精神特质既是一种方法论的要求，同时也因为这种批判性特质和纯科学无偏见的公正情操成为一种与其他非科学的制度领域划清界限的制度性要求，成为达成科学自主性的基本规范。这四种规范从制度的层面对实证科学进行支持。"科学的制度性目标是扩展被证实了的知识"（默顿，2004a：365），制度性要求是保证科学运行的内在要求，二者并行不悖。

为了对科学自主性的制度性承诺继续加强与完善，默顿确立了使这一规范系统运转起来的驱动力——科学奖励制度。"这就是驱动这一系统的能量，亦即经过了独特制度化的动力，它可以说明科学家对科学的精神特质的倾向，并且可以说明为什么他们愿意接受它常常要求的约束。"（默顿，2004a：22）默顿在20世纪50年代进行了科学奖励系统的阐述，使"默顿范式"最终得以完成。

（三）与内史的相容性

在"默顿范式"逐渐清晰的线索中，他对科学的看法是明确的："近代科学除了是一种独特的进化中的知识体系，同时也是一种带有独特规范框架的'社会体制'。"（默顿，2000：6）这句具有双重互补功能的重要表述是由两个分别对应于内部主义和外在主义的陈述构成，即"知识体系"和"社会体制"。在默顿那里，这两个部分是非冲突的并列和互补的关系。默顿在这里完全认可内在主义的科学观的合法性和合理性，同时补充强调另一种认识科学的可能性。而他本人则专注于科学体制而非科学思想的内容，这种编史学对柯瓦雷的思想史编史学传统并没有构成根本性的挑战，而是一种补充。

因此，默顿的外史倾向是明显的。他认为，尽管不同的社会结构都可能为科学提供某种程度的支持，但"与科学的精神特质相吻合的民主秩序为科学的发展提供了机会"（默顿，2004a：364）。默顿的外史研究模式是考虑科学发展的社会结构抑或社会根源的问题。从前期的默顿命题到科学的制度性规则研究等都可以收归到他对这一问题的思考。这一外史的研究路径紧密地与他对实证科学的辩护连在一起，成为一体两面的东西，这与内史的研究是相容且互补的。

默顿是在内史独立性的前提下提出自己的外史方案的，内史与科学自主性内在地联系在一起，只有当自主性尚未获得或有失去的危险时，社会学说明才介入说明。鉴于默顿命题势必触及科学的自主性问题，默顿非常谨慎地从科学产生到发展的时间先后关系上对科学的自主性做了区分。他认为，在 17 世纪，在科学获得能够作为一种社会体制的牢固基础以前，它需要合法化的外部来源，那主要是科学的体制化的前奏；但是到了后来，一旦科学得到确立并带有一定程度的功能自主性，科学逐渐获得一种与日俱增的自主性，基础科学知识的学说作为一种自身独立的价值就成为科学家信念的一个组成部分，它声称合法性为其自身所固有（默顿，2000：18~19）。这意味着默顿对其命题可能引发的丧失科学自主性的问题进行了调和，从科学发展的阶段进行了区分，以确保科学自主性的稳定性。对于科学兴趣中心的转移这一问题，尽管他仍然非常强调外部因素的作用，但他也在内部与外部之间做了平衡：科学兴趣中心短时期的起伏主要是由科学的内部史决定的，更长时期的兴趣转移的根源则主要受科学之外的变迁因素的影响（默顿，2000：76~88）。

因此，默顿的外在主义编史学路径并没有打算牺牲掉科学的内史路径，而是在不干扰、不挑战内史的条件下为外史开出了一个研究空间，尽管对前者也有部分的修正和分歧，但总体来说二者是从内外两个维度为普遍科学辩护，二者都试图从科学史中解释科学的进步性。

（四）小结

默顿对科学史的社会学说明严守曼海姆以来的"不合理性假定"，绝不让社会学分析进入科学内容中。他申明，"特定的发现和发明属于科学的内部史，而且在很大程度上与那些纯科学因素之外的因素无关"（默顿，2000：112）。默顿的这种外在主义科学编史学并不涉及科学知识本身，因而他的科学社会学后来被称为"黑箱社会学"。

1957年以后至20世纪70年代，科学社会学在默顿范式下得到了快速的专业发展，产生了大批的研究成果。哈格斯特龙（Warren O. Hagstrom）的《科学共同体》（1965）、斯托勒（Norman Storer）的《科学的社会系统》（1966），库尔南（Andre F. Cournand）和朱克曼（Harriet Zucherman）的《科学的规则》（1970）等众多著作大量吸收或全面综合了默顿范式。其他与默顿传统不同的研究也汇入科学社会学的行列，如本·戴维（Ben David）的《科学家的社会角色》（1971），贝尔纳的《科学的社会功能》（1939）等研究，都为外史的研究注入了新的力量。

*　*　*　*　*

从历史发展来看，萨顿的实证主义科学编史学确立了科学史的学科地位，20世纪20~30年代出现了科学史的外部主义潮流，萨顿的弟子默顿对科学史做社会学说明的重要工作体现在20世纪30年代末的《十七世纪英格兰的科学、技术与社会》中，但出乎意料的是当科学社会学拉开序幕后，便经历了一个中断期，而这个中断时期恰是以柯瓦雷为代表的观念史论逐渐发展壮大之时，并于20世纪50年代达到鼎盛，这时内外史的分工更加明确。随着对观念史论过于狭窄的批评声越来越大，观念史的内部取向渐渐衰落，默顿的科学社会学的外部主义编史学进路则在20世纪60年代初期唱响了中断的续曲，产生了大量成果。在内在论和外在论相互竞争的历史中，存在科学史家对各自阵营的自觉和对研究划界的承诺，也有研究的相互交织和重叠，不过拉卡托斯的内外史二分和劳丹的"不合理性假定"则构成了两个阵营争论的内在逻辑。作为这一节的总结，回顾这两派之间的相互争论，分析科学哲学在此过程中的理论作用，对当前的研究仍是有益的。

作为坚定的内史论者，霍尔在其论文《再谈默顿或17世纪的科学与社会》（1963）及相关的其他文章中，充分展现了一个敦促并执行"不合理性假定"的裁决者形象。一方面，他对萨顿实证主义科学编史学进行了严厉的批评：这种编史学太容易产生出有案可查的编年史，并将盖伦的生理学理论斥之为空想和荒唐而对之不予讨论（霍尔，1994a：217）；另一方面，霍尔也对默顿外史路径的清教 – 科学假说提出了批评，他认为从长期来说，是人的心灵决定了社会体制而不是相反（霍尔，1994b：192），因而在他看来，这种社会学说明并不能让人们了解更多的关于科学本身的东西。

可以说，以霍尔为代表的柯瓦雷观念论编史学是劳丹意义上最为遵守"不合理性假定"的内史学家，他既反对实证主义编史学，也对社会学说明进入科学史的领域表示反感。从劳丹的意义上说，这两种编史学都恪守一种素朴的科学观，认为科学是一种实证知识。以萨顿为代表的实证主义科学史将所谓的荒谬错误按一种粗陋的合理性原则踢出了科学史的研究内容，而默顿则采取同样的关于科学和科学合理性的素朴经验主义观点，以他为代表的社会学工作者都广泛接受了曼海姆意义上的"不合理性假定"，因而将更多本应纳入合理性范围的科学史内容仓促地进行了社会学说明。

在劳丹的意义上，柯瓦雷在某种程度上是修正过的"不合理性假定"最好的践行者。这个观念论编史学传统在一定程度上抛弃了素朴的合理性观念，将哲学的内容纳入合理性范围，将看似不合理的内容（如盖伦的生理学、亚里士多德的物理学等）用更为严格的合理性概念（哲学的观念）予以解释，使得科学在思想变迁的历史中更为一致、自洽，其能够最大范围地解释历史。对于科学起源的解释，则应在更灵活和严格的合理性概念下进行，社会学的说明必须谨慎且滞后于内史的说明，类似于"守恒定理既不可能在法国的制度背景中也不可能在美国的制度背景中诞生"这样的断言，都是极为草率的（劳丹，1998：225）。从劳丹意义上的"不合理性假定"来看，萨顿的合理性太狭窄，以至于无法容纳本可以做合理性解释的科学史内容，而默顿的合理性则又太宽，他急不可待地进行社会学解释，这些情况都严重扭曲了内史研究的空间。在霍尔看来，柯瓦雷的观念史派在一定意义上是劳丹"不合理性假定"的坚决执行者，而默顿则成为这一假设的草率的"犯规者"。

综上所述，从逻辑而非历史的角度看，自科学史在西方作为一门独立学科以来，无论是内在主义倾向还是外在主义进路，都采纳了拉卡托斯的内外史的二分原则和劳丹所说的"不合理性假定"（不论是不是严格意义的）。尽管他们编史学路径各有不同，但总体上并未跳出实证主义科学观的框架，并都倾向于将科学描绘为是合理的、进步的。在具体的史学工作中，内史学家从各种存在差异的编史方案中重申并践行了"科学史的理性重建"，而以社会学家为代表的外史学家则从外部对这种"理性重建"进行辩护和维护，在此过程中，社会学家自身的科学史工作也可以被看作是科学史理性重建的一个重要组成部分。

第二节　李约瑟对中国科学史的理性重建

与科学史有关的史料记载在中国古已有之，宋代出现了周守忠的医史著作《历代名医蒙术》，至清代阮元等人撰写了《畴人传》等天文学家、数学家传记专著（刘兵，2009：1）。近代西学东渐以来，不少有识之士积极对中国古代传统的科学技术进行整理研究，20 世纪 20 年代，老一辈科学史家钱宝琮、李俨、竺可桢等对中国的科学按照学科进行了历史研究。一些国外的学者如日本学者三上义夫等也对中国科学进行了研究，其中，李约瑟对中国科学史的研究工作在国内外学界产生了极大影响。李约瑟的鸿篇巨著《中国的科学与文明》自问世以来，就被广泛地称颂为 20 世纪历史研究的一块里程碑，这项有独特视野的工作在近代编史学上是没有先例的（卜鲁，2002：530）。在"百川归海"的一元的、普遍主义的科学观下，李约瑟恪守科学的合理性原则，全方位结合内史与外史的研究路径，对中国科学史进行理性重建，试图为"李约瑟问题"提供解答。

一 "李约瑟问题"与SCC

李约瑟的《中国的科学与文明》（SCC）在中国被译为《中国科学技术史》，这部浩大卷帙总共七大卷，三十多分册。从1954年第一卷出版以来，SCC的篇幅和工作量随着布局展开而逐渐增大，工作人员也由之前李约瑟一人主笔，鲁桂珍、王铃、何丙郁等人协助，到后来集中了更多国内外优秀的中国科学技术史家，由其他专家执笔完成相关分册，如叶山、白馥兰、席文等，形成了一个由众多人员组成的编写班子，共同完成这项浩大的编著任务。即便如此，至今仍有一部分没有完全问世。从编著结构看，第一卷实质上是导论，从考察汉语的结构开始，评述了中国的地理以及中国人民的长期历史，探讨了东西方之间科学技术的交流；第二卷是中国的哲学及科学思想的发展，详述了中国的哲学及科学思想的发展，尤为注重关于自然的有机论概念，以及自然法思想所处的地位；从第三卷起则进入数学、天文学、物理学、化学、生物学等专门学科史；第七卷是全书的总结部分，围绕"李约瑟问题"讨论为什么中国没有自发地产生近代科学，对传统中国文化做了社会和经济结构的分析，并讨论了知识分子的世界观、特殊思想体系的作用和刺激或抑制科学发展的各种因素，为我们把握SCC的最终结论提供了线索。

（一）"李约瑟问题"的内在脉络

SCC的工作是围绕"李约瑟问题"展开的。李约瑟本人对这一问题从20世纪40年代起就在不同的地方进行过多次表述，尽管每一次的具体表述有着细微差别，但基本问题的内涵是一致的。"李约瑟问题"由两个基本问题构成：（1）为什么近代科学出现在欧洲，而不是在中国？（2）为什么公元前 1 世纪至公元 15 世纪中国在科学技术上比欧洲要领先？

值得注意的是，在这个的概要式的问题结构的背后，存在该问题微妙的发展脉络，这一脉络与 SCC 的编写目的及结构之间存在紧密的关联。这在李约瑟 90 岁高龄时经修订而再次发表的论文《东西方的科学与社会》中有清楚的体现。李约瑟回顾性地说道：

> 大约在 1938 年，我开始酝酿写一部系统的、客观的、权威性的专著以论述中国文化区的科学史、科学思想史、技术史及医学史。当时我注意到的重要问题是：为什么现代科学只在欧洲文明中发展，而未在中国（或印度）文明中成长？不过，正如人们在阳光明媚的法国所说的："注意！一列火车也许会遮挡另一列火车！"随着时光的流逝，随着我终于开始对中国的科学和社会有所了解，我逐渐认识到至少还有另外一个问题同样是重要的，即：为什么在公元前 1 世纪到公元 15 世纪期间，中国文明在获取自然知识并将其应用于人的实际需要方面，要比西方文明有成效得多？（李约瑟，2002：83）

从这一表述中可看出，如果说"李约瑟问题"有一个初始的疑问，那么这个疑问就是"为什么现代科学只在欧洲发生而不是在中国"，这可以说是李约瑟在时间上和逻辑上所关心的首要问题。接下来他注意到了"在这个问题后面，还有一个至少同样重要的问题"，即为什么公元前 1 世纪至公元 15 世纪中国的科学技术比欧洲更有成效。对于中国科学技术而言，前一个问题似乎是一个消极的、非存在的历史假设性问题，而后一个问题则是积极的、存在性的问题，涉及合理性标准和科学普遍性的问题。李约瑟认为对后一问题不注意，就会被其他消极性问题所掩盖，而这个问题在他看来也至少是同等重要的问题。

一般而言，大凡以"为什么"发问的问题，预设了"所问"是一个既成事实的确定的内容。"李约瑟难题"的第一个问题涉及近代科学的产生地，对于这一历史事实，人们普遍是没有异议的。第二个问题则是"公元前1世纪至公元15世纪中国的科学技术比欧洲更有成效"的事实，这一事实隐含两个内容：第一，作为独立考察的对象，公元前1世纪至公元15世纪中国在科学技术方面确实达成了许多成就；第二，与西方比较，这些贡献比欧洲更加先进、更有成效。这两个内容构成了"李约瑟问题"的一个重要的前提性工作，即要确定古代中国到底有哪些成就和贡献，又在哪些方面比西方遥遥领先，也即优先权的问题。这里已经潜在地预设了李约瑟的分析框架是一种内史优先的立场。对这一前提性工作的落实则构成了SCC第三卷至第六卷的主体内容，而对于"李约瑟问题"的解答则集中体现在SCC的第一卷、第二卷和第七卷中。当然，除了SCC外，对这些问题的讨论还广泛体现在李约瑟其他众多作品中，如《大滴定》、《李约瑟文集》、《四海之内》等，这些作品有时更加精炼地表达了李约瑟本人的观点。

（二）打破西方中心论：百川"朝宗于海"

SCC的主体部分直接指向SCC的写作目的——批判欧洲中心论。李约瑟认为，欧洲中心论在各方面都极其严重，尤其是科学史方面，西方人大部分都以科学这一欧洲独创的发明物而无比骄傲，对他们所认为的科学思想起源的古希腊推崇过当，并在现代科技的快速发展中试图将欧洲作为世界的主宰。李约瑟指出，欧洲人这种"不言而喻"的优越感实际上是一种无知与偏见的表现，这种表现也体现在当时的科学史著作中（李约瑟，1992：1，12，19~20）。如培根将指南针等人类的伟大进步和发明归功于西方人的聪明才智，包括丹皮尔《科学史》在内的一些重要科学史作品都对中国的科学成就及其对世界科学的贡献几乎只字不提或完全不知，这些都是对中国的极端无知。李约瑟编写 SCC 的目的，就是要澄清这些疑惑，打破无知，消除误解，把人类成就的各种渠道聚集在一起，以说明这些成就从来就是汇流为一，而不是分道扬镳的（李约瑟，1986a：23）。

这种编史目的也体现了李约瑟的科学观和科学史观的立场。SCC的最终目的是通过对欧洲中心论的批判实现世界大同的理想。李约瑟在科学史工作中对欧洲中心论批判的策略是将欧洲科学与近代科学做了明确区分。他认为，"欧洲所产生的并不是'欧洲的'或者'西方的'科学，而是普遍适用的世界科学"（李约瑟，1992：3）。虽然近代科学起源于欧洲，但近代科学并不等同于欧洲科学，而是全人类的普适的科学；且重要的是，现代科学在诞生前的几个世纪的准备时期中，吸收了阿拉伯的学术知识、印度的思想意识和中国的工业技术等成就；近代科学包含旧世界所有民族的成就，或者来自古希腊、罗马，或者来自阿拉伯世界，或者来自中国和印度文化，这些不同文明的古老的科学细流犹如江河一样源源不断地奔向现代科学的汪洋大海，展现出一幅百川"朝宗于海"的壮丽景观（李约瑟，1986b：195）。

正是在这样一种"百川归海"的科学观之观照下，SCC 的重要工作就是要写"一部系统的、客观的、权威性的专著以论述中国文化区的科学史、科学思想史、技术史及医学史"（李约瑟，2002：83）。确定中国这一古老文明为现代科学的大洋具体贡献了什么，这也是 SCC 第三卷至第六卷的重要任务。在这一隐前提的基础上，两个显问题——关于两个分别对应中国科学技术领先和落后的"为什么"的问题——则集中落实在了 SCC 的导论、结论、思想篇中。正如下文要论述的，对隐前提和显问题的这两部分的工作全方位体现了李约瑟对中国科学史的理性重建。

二 "显影"理性：内在主义重建

在编史方案上，SCC 的绝大部分卷册都围绕中国科学技术的具体内容展开，按照实证主义科学标准对之进行理性重建。如果说这可以看作内史或智力史的一种清理，那么李约瑟则向来很重视思想体系所起的巨大作用，思想史的内容占有相当的分量。同时，不论结论是什么，李约瑟已经在这种思想史的线索中开始努力地寻求两个难题的答案了。

（一）实证主义的科学重建："显影"中国科学的理性形象

1. 萨顿式的综合史：实证主义科学的分类架构

在李约瑟实证主义的编史学的路径中，我们能看到他对科学史之父——萨顿实证主义编史学的致意。在证明东方人对科学的贡献方面，李约瑟与笃信人类统一性并追求大同世界的萨顿不能不说是同路人，同时二者也都有着"百科全书"的追求。这首先表现在编史方式上，李约瑟与他的前辈萨顿一样，将科学知识进行体系化地整理编排。

SCC 的第三卷至第六卷近 30 卷的主要内容是要梳理和确定中国科学技术的具体内容及贡献，这一工作是按照现代的实证主义科学的标准和架构进行衡量与分类的。李约瑟按照现代西方科学的学术分支将中国的自然知识和技术分成理论科学和应用科学：首先，在理论科学的学科安排上，李约瑟设想"给各学科安排一个合乎逻辑的序列"（李约瑟，2010：xiii），也即"数理化生"的基本架构，将中国古代的科学技术分别安放在不同的特定学科科目中，每一学科涉及具体的理论内容，例如，第四卷的第一分册首先讨论了中国古代的声学、光学、磁学等理论物理，第六卷生物学则包括更具体的现代科学学科分类——植物学、动物学、营养学、解剖学、生理学、医学、药学等；其次，要"给全部与之相关的技术预先留出位置"（李约瑟，2010：xiii），各种工艺技术都属于应用科学，这样，天文学被划分到应用数学的范畴，而机械工程、土木工程和航海等属于应用物理学，炼金术属于应用化学，农业技术属于应用植物学（白馥兰，2006：7）。

这种学术分类方法也在一定程度上体现在李约瑟的叙述风格和顺

序中。大量应用技术尽可能安排在基本理论的阐述之后进行叙述。数学作为基础学科被放在第一个研究的位置上，之后天文学作为应用学科紧随其后；之后的"物理学及相关技术"则首先在开始的一个分册中讲述物理科学本身，在接下来的两个分册中探讨物理学在机械工程、土木与水利工程及航海技术等各个分支中的应用，包括具体的中国古代的畜力、水力提水机械，风力开发及水运机械钟等传统机械工程，以及土木工程、水利工程、建筑、航海、远洋航行等。当然情况也并非全然如此，编排模式往往随着研究内容进行调整。在全书最大的一卷"化学及其相关技术"中，由于李约瑟所称的特殊困难，应用技术基本上占据了大部分篇幅，中国古代的造纸和印刷术、炼丹术等作为应用技术被放入了化学的标签中，这个标签还包括中国古代的火药、射击武器等军事技术、纺纱织布、金属冶炼、盐业等广泛的内容。随着"生物学"的展开，有机程度不断增加，情况也更加复杂（李约瑟，1986b：200，212）。李约瑟重视对中国各学科的理论基础的梳理。在植物学和动物学的论述之后，医药学这个主体部分首先在一个独立的章节讨论了医学基本原理、解剖学、生理学和胚胎学，之后则阐述了中国临床医学经典理论的发展，包括诊断和预后、病理学和流行病学。这其中还按照现代西方医学的分科原则，对中国医学的儿科、产科、妇科、物理疗法和医学体育进行了梳理；接着讨论了外科学、皮肤学、眼科学和心理疗法。农业、畜牧业、渔业、园艺、发酵技术等被视为具体应用技术而被纳入生物学这一标签中。

按照实证科学的标准，合乎逻辑的划分原则决定了相应的内容及其出现的位置。哪些内容可以入选，哪些则不能入选，入选的内容放入哪一个学科标签下，这些都要合乎理性标准。按照李约瑟的观点，由于在古代和中古时期，航运技术几乎完全以物理学为内容，因此第四卷物理卷结束于"航海技术"也是合理的；而军事技术、钢铁冶炼术当时的情况则恰恰相反，化学因素是主要的，因此将其编入"化学及其相关技术"中。李约瑟认为，同样的论点在"纺织技术"和"其他技术"方面也适用，因为有许多过程——如浸解、浆洗、染色、制墨等——都是与现代化学而不是物理学有关的。同理，"采矿"、"制盐"和"陶瓷工艺"等章节的内容大都被列入"化学及其相关技术"的大卷标下，这也是完全自然的事情（李约瑟，2008：xxxi）。

2. 精致的合理性标准

根据以上所述，如果我们认为李约瑟仅是简单地将西方现代科学的学科规范用来对应处理中国古代的自然知识，那就未免仓促了。事实上，李约瑟并没有简单草率地这样做，而是细心甄别，使用精致的合理性标准，将处于前科学状态的中国古代自然知识"显现"出来。

首先，在李约瑟看来，要想合理地甄别中国科学，其过程是极其艰巨复杂的。以化学卷为例，李约瑟本人感叹道，"面对一大堆有关古代、中古时期和传统中国的炼丹术、化学、冶金术和化学工业的原始概念以及难于确定的事实，作者曾一度几乎失去信心。此类事实较之于在天文学或土木工程等学科中碰到的任何情况，的确更加难以确定，也更加错综复杂，不易阐明。必须承认，我们最后不得不砍除大片的荆棘始得前进"（李约瑟，2010：xiv）。李约瑟将这些"杂乱无章的思维和混淆不清的术语"按照现代科学的脉络清理出头绪，在分清炼丹术和原始化学的基础上甄别出"'原始生物化学'的学科"，从而再将这一内容列入有关生物化学的章节下加以整理和论述。正因如此，李约瑟感慨道，"我们的材料是不容易'塑造'的"（李约瑟，2010：xiii）。其次，在李约瑟看来，由于中国古代的自然知识处于前科学状态，要清理出科学内容，必须要用合理性原则加以仔细甄别，要使"前近代科学体系的每一项超前的重要成就"都能显现，不能因为一些"蒙昧面"而左右了标准，导致出现漏网之鱼。对此，李约瑟提醒道：

像火药这样一些震动世界的发明，就是为了寻求上述知识而偶然得到的。同样，古代有关用尿和其他分泌物作药的思想，如果我们不知道经过一系列合理但具有准经验性的思考，与本来为完全不同的目的而发展起来的化学技术相结合，就会导致类固醇和蛋白质荷尔蒙的制备，比实验内分泌学和生物化学时代早好几个世纪，那么我们可能很容易就把它当作"原始的迷信"抹杀掉。（李约瑟，2010：xxiv）

在李约瑟的理性重建中，现代实证科学的合理性标准具备了足够的锋利和敏锐，不仅能在混乱中提供框架，还能在看似错误的内容中鉴别出合理的科学因素。通过使用概念分析法，西方近代科学的客观知识就如锋利的刀刃，能将真理从谬误中分离出来，所到之处清晰明朗、泾渭分明。对此，考虑到研究中国科学技术特有的艰辛，李约瑟曾使用冲洗照片时缓慢的"图像显影"的隐喻来说明这种理性重建：

我过去常说，为新的一章准备材料就仿佛在暗室显像液中注视着一张巨大底片逐渐显现的图像。一旦排除了无数混淆不清、不可理解、曲解误释和错误观念之后，图像便渐渐显现出来，并最终达到我们在这特定时期尽可能得到的高清晰度。（李约瑟，2006：xiv）

在西方近代科学的"显影液"的作用下，中国的科学技术呈现符合其显影规则的图像。当然，这幅科学的图像结构可以和西方的科学图像存在不同，甚至存在很大差异，但图像析出的方式、规则和原理是相同的。正是在这样的"显影液"下，才会有李约瑟所能看到并加以辨别的图像，并按照现代科学的原理对其进行新的解释和理解。他在对中国古代蒸馏器做了模拟实验之后，认为东亚蒸馏器原理是最近代化的高真空分子蒸馏器的基础，而中国实验仪器的风格则是具有相当影响力的（李约瑟，1986c：611~619）。李约瑟发现，中国人从 11 世纪北宋初期就已经开始从人尿中提炼类固醇激素作为药物了，更为杰出的是，他们"竟然采用了皂素沉淀的方法"（李约瑟，1986d：11）。李约瑟对中国在整个免疫学的诞生中所起的作用也做了认真的回顾和论述。这样，中国古代的具体自然知识和技术就被看成了现代科学在古代的一种超前表现，展现出了科学思想前史的各种迹象。

在理性重建的标准下，李约瑟获得了评估中国科学和技术的可靠依据。李约瑟不无中肯地指出，对于物理学来说，光学、声学和磁学这三个分支在中国是发展得很好的，但"力学没有得到深入的研究和系统的阐述"，"动力学则几乎就没有"；对于中国数学来说，缺乏演绎几何学仍然是她的"缺陷"，因而也大大妨碍了光学理论的发展；中国传统的植物学的植物命名、分类和描述在 1880 年之前很长一段时间一直都因袭传统，"走着老路"（李约瑟，2008：xxvii，1986b：198~199）。李约瑟以西方的模式总结道，"中国原有的植物学达到了马尼奥尔（Magnolian）或图尔纳福尔（Tournefortian）水平，而非林奈（Linnaeus）水平；正如我们在前面几卷中发现中国的物理学水平达到了达·芬奇阶段，而非伽利略阶段一样"（李约瑟，2006：xvi）。

李约瑟在理性标准的筛选下，使用大量史料令人信服地论证了中国科学的"超前表现"。他指出，"无论在数学、天文学、声学、磁学和原始化学，还是在植物学和药物学方面，中国都具有光荣的历史"（李约瑟，1986e：293）。李约瑟确定了中西科学和技术的诸多优先权，并讨论了它们的扩散情况，列举了古代中国向西方的"成串传播"的详细清单。在科学理性的标准下，李约瑟将西方人眼中那个落后、停滞、无科学技术的中国形象扭转成为一个伟大的科学技术的国度。

（二）践行"不合理性假定"：思想史的解释

1. 柯瓦雷式的思想史研究：寻找阻碍与促进

在思想史方面，中国科学思想观念及其所隐含的儒释道思想、自然观等哲学背景都成为李约瑟关注的重要内容。SCC 第二卷"中国科学思想史"专门对中国的哲学思想进行了深入讨论，探讨了中国古代哲学各流派（儒家、道家、法家、墨家、名家、释家及宋明理学）和科学思想的演变发展，特别讨论了有关自然的有机论哲学概念和自然法思想的地位。在这一部分（当然还有他别的作品）中，李约瑟探讨中国思想的科学性问题，对中国科学传统的基本概念做了精辟的分析，并尝试从思想体系层面对他的两个难题进行解释。SCC 及其他作品的读者能够体会到哲学对科学思想深刻影响的奥妙和韵味，这与柯瓦雷思想史编史学传统有着相同的旨趣。

在思想史取向上寻求两个"问题"的答案时，李约瑟着重寻找了哲学对近代科学研究方法的促进或抑制的潜在作用，指出中国思想最大的两个潮流是儒家思想和道家思想。他认为，如果说中国的科学非常发达，在哲学上则主要在于道家的促进作用。李约瑟大篇幅地分析了道家的思想，他认为，由于"道"是指自然界的秩序，因而道家对自然界感兴趣。道家的两个思想来源——战国时代追求天道的隐士和齐、燕等地的巫与方术——的密切结合，标志着道家对自然由单纯的观察态度转变为采取实验的方法。在李约瑟看来，道家思想乃是中国科学技术的根本（李约瑟，1990：36，145）。他在另一篇文章中写道：

> 道家隐士……用一种直观的和观察的方式试图了解自然。如果他们对自然界的兴趣是像我们猜想的那样，则我们应当发现这伴随有科学的某些早期开端。而实际上正是如此，因为亚洲的最早的化学和最早的天文学与道家有联系。（李约瑟，1986f：39）

李约瑟在解读道家思想中的前科学因素时指出，道家要求长生的思想对科学发展起过巨大的作用，东亚的化学、矿物学、植物学、动物学和药物学都起源于道教（陈荣捷，1999：504）。中国炼丹术的起源相较于世界任何各地都早，天体运行的自发性和统一性与道家的自然主义密切相关，庖丁解牛亦可视为解剖学的前科学征兆（李约瑟，1986f：41）。道家思想不仅在许多方面发展了科学态度，而且在许多学科上有着合理的科学性。在他看来，道家的"无为"主张暗中鼓励人们"应该尽可能深入探讨自然界的机制，利用蕴藏着的各种自然力，但尽力少做直接干涉，而使用'超距作用'。这类充满智慧的构想总寻求用经济的方法达到其效果，……因此中国人才会那么早就发明地震仪、铸铁术，并懂得利用水力"（李约瑟，2002：94）。

当然，李约瑟也发现了道家阻碍科学发展的特点。他指出，尽管道家对自然界十分感兴趣，但他们往往不相信理性和逻辑，倾向于把"道"视为高深莫测的东西，其兴趣往往在神秘的与经验的方面，而缺乏原理和系统的内容，以至于"道"的活动方式令人感到有些费解（李约瑟，1986g：79~80），不能使科学思想有理论上的发展。

相比于道家，李约瑟认为儒家的学术是不适宜科学发展的。儒家的目标是要改进人类的社会生活，它实际是一种社会意义的封建伦理学；如果说道家对自然感兴趣，那么儒家则对人感兴趣。"在中国古代十分清楚的是，儒家伦理学的唯理论是对科学的发展不相容的，而道家的经验主义的神秘论则对科学有利。"（李约瑟，1986f：43）

在观念论方面，李约瑟重点讨论了中国有机体的自然观和自然法的观念；他花了很多篇幅证明中国文化中何以缺乏西方式自然法则的概念。他指出，中国自身的自然法观念认为万物和谐协作，这是一种不同于西方的自然法观念；而与"制定法规"有关的自然法观念是与西方文艺复兴时期的近代科学发展有着密切联系的。中国由于若干不同的原因，关于法的观念并没有演变为自然法思想（李约瑟，1986g：

81~82）。观念论的考察还涉及中国的有机论哲学对科学思想可能的阻碍和影响。他认为，"中国的思想家更喜欢把宇宙看作是一个有机的整体，不愿意分析其组成部分的内部机制，并固执地拒绝在物质与精神之间划一道清晰的界线"（李约瑟，1986e：293），因此阻碍了机械论自然观在中国的产生。

在思想史编史学的指导下，李约瑟对思想体系、哲学因素的影响作用进行了深入的讨论和揭示，指出中国思想中固有的内部因素确实存在某些阻碍科学发展的因素。他区分了两种存在明显差异的科学——原始型假说（或中古型假说）和近代型假说。中国的"阴阳"说、"五行"说、"卦爻"体系，与亚里士多德的四元素论，盖伦的四原液论、精神生理学与病理学学说，古希腊后期的原始化学的相亲与相憎概念，炼丹术的三元素说，犹太神秘哲学的自然哲学一样，都被局限在原始理论的"模糊世界"中，处于"达·芬奇式的世界"（the Vincian world）；近代型假说则与数学假说和实验方法相结合，迈入了"精确世界"。对中国而言，"科学一直停留在经验阶段，其理论被局限在阴阳五行说原始类型的理论范围之内，而没有产生出伽利略以后的那种数学类型的先进理论"（李约瑟，1986h：115）。

正如科学史家科恩所分析的，李约瑟在这里的观点暗含了他的科学革命观，而这种观点与柯瓦雷"惊人地相似"，科学发生革命性转折的出发点都是从认识"模糊的世界"到构造"精确的宇宙"。李约瑟对中国科学史的分析，则将柯瓦雷的"模糊世界"这一概念进行扩展，柯瓦雷将这一概念仅用于前近代欧洲，而李约瑟则将之应用于普遍的传统社会。在17世纪欧洲的"精确世界"到来之前，包括中世纪欧洲科学在内的所有传统文明中的科学都处在模糊的"达·芬奇式的世界"中（科恩，2002：222，267）。

2. 思想史：解答"李约瑟问题"的非必要条件

上述这种思想观念的阻碍作用是否可以构成对"李约瑟问题"的

回答？换言之，它是否提供了解释这一重大历史现象的原因？如果是，那么"李约瑟难题"就可以在思想史也即内史范围内宣告解决完毕。对此，李约瑟自己的态度是非常谨慎的。在《中国与西方的科学与社会》一文以及其他文章中，李约瑟含蓄地探讨了思想因素是否足以构成解释"中国未产生近代科学"这一命题的关键性原因。例如，对于自然法的观念，李约瑟自问道，如果自然法观念与近代科学之间的联系"在其他地方没有的话，那么这会不会是现代科学只在欧洲兴起的原因之一呢？换句话说，中世纪时以某种朴素形式构想出的自然法是否为现代科学的诞生所必需呢？"（李约瑟，1986g：80）在之后的篇幅中，李约瑟对这一设问含蓄回应道，这些抑制性要素并没有阻碍中国古代科学技术的巨大发展，他甚至怀疑这种自然法在现代科学中是否完全必要（李约瑟，1986g：82）。

在其他地方，李约瑟又对中国的有机论自然哲学对科学的阻碍作用进行了否定性的论述。他认为这种自然观非但没有阻碍诸如地动仪这种科学发明的大量出现，反而在某种意义上促进了科学的发展。由于中国人想象宇宙中存在有机模型，他们很早就对磁现象、潮汐等超距作用有了正确的认识。缺乏西方欧几里得几何学也并没有阻碍中国人实现工程技术方面的巨大发明，他们仍成功地创造了偏心轮、连杆和活塞杆来将旋转运动变换为直线运动的有效方法，以及涉及擒纵装置发明的机械钟。这种有机论并没有阻碍中国人正确标出和坚持使用那些完全符合现代天文学要求的、至今仍广泛使用的天文坐标，也没有阻碍中国人最终制成赤道仪（尽管里面只有窥管而没有望远镜）；至于在西方对科学有着重要影响的粒子理论，虽然中国注重与阴阳转换有密切关系的原始波动论而缺乏粒子论，但也没有妨碍中国奠定亲和力知识的基础（李约瑟，1986g：70，72）。

诸如此类的关于哲学层面不足以构成中国未产生近代科学之原因的观点，在李约瑟的文献中屡见不鲜。这些论述均透露出，李约瑟在对待思想因素时存在的一个逆转式的结论，即中国的思想因素对科学和技术产生了巨大了促进作用，虽然它具有某些阻碍作用，但这些障碍只是使它停留于前科学状态，却不能说它不会继续发展，进而产生某种形式的近代科学。

对于这个容易被人忽视的重要观点，李约瑟在很多地方从"历史假设"的角度进行了论证，他解释道：

> 毫无疑问，按照真正的历史观，对流行的想法具有吸引力的那些"假设"是不恰当的。但是我却要说，假如在中国社会已经发生了类似欧洲的社会变化和经济变化，那么某种形式的近代科学就会在中国产生。如果是这样的话，我认为这种近代科学从一开始就会是有机论的，而不是机械论的。很可能它走过一段很长的路，才受到希腊科学和数学知识的极大促进，而转变为像我们今天所了解的科学。（李约瑟，1986g：85）

对李约瑟来说，各种内部思想因素的阻碍与近代科学的产生并不必然形成因果关系，换言之，思想史或内史不足以触及近代科学起源的根本原因。对于近代科学的产生，思想因素的解释力是有限的，它只构成充分条件，但非必要条件。

3. 对劳丹"不合理性假定"的践行

按照劳丹的"不合理性假定"的要求，必须等到思想史的方法应用后仍无法说明某些非理性因素时，才能将认识社会学应用于历史事件的解释。对于上述"李约瑟问题"的求索，当内部主义的合理性标准无法充分解释这一难题时，社会学便可以进入解释范围。事实上，李约瑟最终也确实将社会因素视为解决难题的必要条件。正如李约瑟在1974年再一次表示的那样，一旦社会和经济条件有利于中国科学的发展，各种思想的各种抑制性都可以克服，从而产生近代科学（李约瑟，2010：xix）。

在 SCC 创作的近半个世纪的漫长历史中，这一观点一直延续到李约瑟晚期的研究。1990 年李约瑟在其曾发表论文的修订版本中，仍然认为科学突破发生在欧洲是与特殊的社会经济条件有关，而非思想、哲学传统的缺陷能够说明的（李约瑟，2002：84）。

综上可见，李约瑟在进入社会学说明之前是谨慎的，他在思想史深入探讨的基础上获得了充足的理由来论证社会学介入解释的合理性和必要性。社会学对李约瑟问题的外围解释恰恰是要保护科学的合理性，以及其中所蕴含的统一性，呈现普遍主义的科学观。李约瑟强调思想体系方面的作用是巨大的，但他也将更多的笔墨放在了社会因素上。他曾多次强调，并使用大量篇幅反复论证社会制度对中国古代科学技术的重要影响作用。正如下一节将要讨论的，李约瑟的确在社会学中找到了他所认为的足以确信的完备解释。

三 寻找"病因"：社会学的外部辩护

对于李约瑟的两个问题，按照逻辑上的表述顺序是：对中国而言，为什么公元前 1 世纪至公元 15 世纪科学技术如此有成效，而又为什么在 16 世纪之后反而落在了西方的后面，并没有成为近代科学的发源地，其中的原委是什么？这正是"李约瑟问题"所要探讨和回答的问题。

李约瑟对这两个问题的回答是非常明确的："我们相信主要是由于社会和经济方面的原因。"（李约瑟，1986a：7）在使用这种外在主义的解释时，对于中国起初的成功和后来的落后解释的理由是相同的，即都是中国特有的亚细亚官僚制度，也即封建官僚制度构成了"李约瑟问题"两个子问题的主要答案。李约瑟认为，对应于人类社会不同的发展阶段，相比于欧洲，中国的封建官僚社会制度起初刺激了，后来又抑制了科学技术的发展。

当然，作为一个严谨的学者，李约瑟也特别强调还有其他的因素造成这种情况。作为一种全面而谨慎的回答，李约瑟也非常强调思想的重要性，但是，"只要我们探讨一下社会的经济结构，往往就会有柳暗花明之感。看来只能从中国、印度和西方之间不同的社会性质上去找到答案"（李约瑟，1986d：7）。由此，"李约瑟问题"及其解决与"默顿命题"虽然关注的是不同文化中的科学，但二者的结构问题和处理方式是高度相似的。社会学的外在解释方案构成了贯穿李约瑟工作的一个潜在基调，并成为"李约瑟问题"的最终答案。正如知名科学社会学家雷斯蒂沃（Sal Restivo）所指出的，在李约瑟的分析中贯穿着一种"社会文化总假说"，即思想、哲学和神学上的各种抑制因素，最终都服从于一个"社会文化总假说"——有利的社会经济条件可以克服任何智力上的限制因素，从而在中国引发科学革命。而李约瑟所指的这些有利条件是以西方科学的社会条件为标准的，即西方从封建主义到重商主义，再到工业资本主义的过程中所具有的那些条件（雷斯蒂沃，2002：180~181）。

（一）"发达"的原因：封建官僚制度对科学的大力扶持

公元前1世纪至公元15世纪的中国和欧洲都是封建社会，中国在这一漫长的历史过程中却始终是发明的沃土，科学技术十分发达。这是"李约瑟问题"的第一个子问题对应的内容。对此，李约瑟认为，在16世纪之前中国科学技术之所以发达，是因为许多科技成就与官僚封建制度本身密切关联且相互适应。李约瑟赞同西方杰出的中国经济史学家魏特夫的观点，相信官僚制度是由中国社会的水利工程造成的。出于农业等方面的需要，"亚细亚生产方式"的重要职责之一就是负责公共工程的建造和维修，进行一系列宏大的水利工程建设，以满足灌溉、水利、漕运等要求。制盐工艺和冶铁技术则和封建官僚国家在公元前2世纪完全实施的盐铁生产"国有化"有着密切联系，中国自汉代就有了政府的酿酒局，以后各朝代亦有许多类似的官营工业（李约瑟，2002：88）。传统的中国社会具有的高度组织性和凝聚力，非常适合发展前文艺复兴时期的自然科学。

李约瑟从具体学科入手，证明封建官僚制度的中国对科学研究的大力扶持。李约瑟论证道，"历法及其对以农为主的社会的重要性，以及在较小程度上对国家星占学的信仰，使天文学成为一门永远正统的科学。数学被看作是有学问的人从事的职业，物理学在某种程度上也是这样。尤其是当人们投身于具有中央集权官僚政治特点的建筑工程时，中国官僚社会所需要的大型灌溉和水利保持工程，不仅意味着水利工程在古代学者中间受到偏爱，而且有助于稳定与支持他们作为其重要组成部分的这种社会形态"（李约瑟，1986g：77）。存有千年记录的天文台属于政府的机关，不仅如此，广博的文学、医学、农学百科全书都是政府花钱出版的（李约瑟，2002：95）。历史上的某些时期（如 11 世纪）还曾把数学和天文学列为文职人员官方考试极其重要的部分。李约瑟常常以 8 世纪早期中国的一次惊人的"科学探险"为例，来说明"在中世纪时期，中国社会能够进行在规模上比其他任何中世纪国家大得多的考察工作和有组织的野外科学工作"（李约瑟，1986g：77），这便是在僧一行和皇家天文学家南宫说指导下，对从中南半岛至蒙古的子午线弧所做的地面测量，以及对直至离南天极 20 度的南半天球星座图的描绘。

技术方面，李约瑟同样认为，某些重要测量技术和仪器的制造与中国封建社会的官僚特性密不可分。中央集权的官僚政治希望能够预见未来并采取实际行动的合理愿望很可能促进了地震仪、量雨器、量雪器等这些重要发明物的产生。另外，农业国家的要求促使了耕作工具的发明和革新，如铁犁、马镫等。对一个中央集权的官僚国家来说，中国那些最伟大的发明，包括造纸和印刷术、水力机械钟、先进的天文、气象仪器、弓形拱桥和悬索桥等，都有某一方面的特定用途（李约瑟，1986e：293）。

李约瑟还从"科技工作者"的角度探讨了中国社会对科学的促进

作用。他认为，封建官僚制度搜罗并稳住了大量的优秀人才为之效力，很多中国古代科学家与技师都是皇帝的文职公仆，天文学家通常居住在宫廷里，隶属于整个文职机构的一个部分。文化和地位更低的技师和工匠也同样具有这种官僚性质。

李约瑟总结道，"无论是理论方面还是应用方面，科学都相对具有'官方'性质"（李约瑟，1986g：72）。对于中国在公元前1世纪至公元15世纪的成功，李约瑟将之归因于封建官僚社会为支持自身稳定而进行的扶持和促进的行为，即封建官僚社会秩序促进了早期应用科学的发展。

（二）落后的"病因"：缺少欧洲的资本主义革命

对于中国科学落后的部分，李约瑟更多地将其与西方的社会制度和历史变迁做对比，将"为什么中国没有产生近代科学"的问题转换成了"为什么中国没有产生资本主义"的问题，从而进一步与"默顿命题"发生了共同的社会学兴趣。对于问题的答案却仍然是不变的——中国的封建官僚体制，只是这一次集中于对"中国缺失了什么"进行分析。

1. 商人阶层不得志

李约瑟认为，商人的发展和活动空间对产生近代科学和资本主义是至关重要的。在中国的封建官僚制度中，尽管商人可以得到巨大的财富，但传统上将社会各阶层分为士、农、工、商四等，商人地位最低。官府不但不鼓励商人的投资活动，反而在多数时候对其进行有意的压制和刁难。他们要受到官府的各种干预，并因缴纳苛捐杂税而被夺去财富，再则，他们也从未到达自己的神圣境界，踏入仕途脱离商界是他们的最终追求。"对那些商业阶层的人来说，要在中国旧时获得欧洲文艺复兴时期商人能得到的有权有势的地位，显然是不可能的。"（李约瑟1986g：84）中国始终没有出现中产阶级，或者说资产阶级。

李约瑟论证道，"中国商人阶级的不得志很可能与中国社会抑制近代科学的发展有关"（李约瑟，1986j：84）。在西方，商业运作需要的准确计量、货物运输等具体活动都在很大程度上推动了物理学的发展，商业文明与精密科学之间有着千丝万缕的关系。由于中国的商人不得志，除了指南针这项具有实用价值的光辉发明外，物理学则一直特别落后。同时，"商人阶层取得权力及其民主政治的口号，是西方现代科学兴起之必要条件。但在中国，士大夫阶级及其封建官僚制度一直有效阻止商人阶级掌权或执政"（李约瑟，1984：150）。因此，"直截了当地说，无论谁要阐明中国社会未能发展近代科学，最好是从说明中国社会未能发展商业的和工业资本主义的原因着手"（李约瑟，1986g：84）。在李约瑟看来，尽管就统治效果和社会稳定性来讲，中国相对于同时代的封建社会的欧洲来说是非常出色的，但这种出色的代价是无法产生出商人集团、资本主义、近代科学。

2. 资本主义革命的缺失

就社会层面，相较于西方，李约瑟发现，由于中国封建官僚制度追求稳定性的永久目标，科学技术的成果在改造社会方面几乎没有发挥任何作用。他指出：

> 齿轮、曲柄、活塞连杆、鼓风炉以及旋转运动和直线运动相互转换的标准方法——所有这些的出现，中国比欧洲要早，有些还要早得多——它们的利用却比应该得到的要少，这是因为在一个官僚们决心要保护和稳定的农业社会里缺乏这种需要。换句话说，中国社会在把发明转变为"革新"方面往往并不成功，甚至有许多让发现和发明自生自灭的事例，如在地震学、钟表术以及医疗化学上的一些发现。（李约瑟，1986e：292）

与此相反，当这些技术发明传播到西方后，却成为社会重大变革的推动力量。李约瑟所做的马具考古学认为，中国古代马镫、高效马挽具的发明都堪称历史重大进步，这些重要而平凡的技术发明传到西方之后，在西方历史上产生了深远而巨大的社会影响，导致了冲锋战斗的畜力的利用，帮助欧洲建立起了封建制度。而马挽具则成为社会制度发展的重要因素，它推动了农业的发展及运输工具的发展，并使农村居住区出现一种原始的城市化（李约瑟，1986k：245），这些又无疑为一种完全新型的社会秩序提供了基础。这一切技术影响都没有在中国的社会发生。李约瑟论证道，由于中国没有城邦传统，农业情况与欧洲大不相同，马挽具对农业、交通、军事等方面的影响都较小，"在中国的具体条件下，马是处于一种不利的地位，尽管往往是一种要认真对待的因素，但它不能像在欧洲那样深刻地影响文化生活"（李约瑟，1986k：246）。再如，独轮车这种运输工具的发明在中国几乎没有带来什么影响，在西方却激发了近代科学那些带头人追求速度的想象，最终制造出飞机、火箭；中国的冶铁技术在欧洲产生了铸造铁炮的迫切愿望，产生了地动山摇的影响。而这些在中国都没有发生，李约瑟感叹地总结道：

> 问题的关键在于：这是一个幅员辽阔的农业社会，它在某种意义上可以说还未发展成熟就已处于一个中央集权官僚政府的统治之下，这种经济的规模之大使它不具有竞争性。稳定性往往被看得比变化或进步更为重要，但工业和技术的发展却常常走在西方前面。奇怪的是，中国能够溶化这些震撼世界的发现和发明，而欧洲却极大地受到它们的影响……黑火药武器的出现相对而言给中国国内及其周围地区的战争带来的变化极小，而在欧洲它却摧毁了封建制度的城堡和身披甲胄的骑士。马镫的发明使中国人居于世界领先地位，但东亚的骑兵射箭用具却一如既往。磁罗盘和轴向舵使欧洲人发现了美洲，而中国的船长们却一成不变地在

印度洋及太平洋里航行。印刷术在西方帮助了宗教改革和文艺复兴运动的兴起，而在中国，除了保存了大量书籍（否则就不能流传下来）以外，它产生的唯一结果却是把文职人员的招募扩大到更广泛的社会范围。（李约瑟，1986e：291~292）

"李约瑟问题"第二个子问题的基本答案是社会经济的外史因素。李约瑟直白地说，"要问为什么近代科学和技术兴起于欧洲社会而不是在中国，也就等于问为什么资本主义没有在中国兴起，为什么在那里没有文艺复兴和宗教改革，为什么在那里没有十五世纪到十八世纪的伟大过渡时期的划时代的现象"（李约瑟，1986g：52）。欧洲科学的社会条件成为衡量中国科技成败的标尺，对照于西方文艺复兴后欧洲的科技情况，李约瑟认为，中国的发明和技术没能引起像欧洲那样的工业化，其原因就在于，欧洲有一场资本主义革命，而中国却没有（李约瑟，1986k：252）。

3. 外部因素决定成败

对于"为什么中国没有产生近代科学"的问题，李约瑟的结论是，中国的封建官僚制度没有为科学提供刺激的力量，在这种制度下使得科学技术也缺乏对社会的推动和改造作用，最终的结果是科学得不到持续的发展。换言之，封建官僚制度的超稳定性阻碍了资本主义在中国的发展，使科学的发展空间极为有限。例如，就中国的农业而言，在某种程度上，正是由于这种制度"如此成功，以至于提高生产率的道路被劳动力的增长所阻塞。因此，中国不存在进一步机械化的刺激力量；而如果存在相对于资本积累的劳动力奇缺以推动技术的进步，这种刺激力量是会存在的"（李约瑟，1986e：303）。对于军事，"……中国发生过足够多的内战，但从未发生过内部的民族之间的冲突。因此，在某种程度上中国缺乏那种在欧洲存在过的战争对科学技术的促进作用"（李约瑟，1986e：287）。论及科技人员和技师，李约瑟则考察了他们在封建官僚制度内地位低下的情况。虽然有一些取得重要科学成就的人物同时也担任高级官员，如张衡、沈括、蔡伦等，但是大部分科技人员虽然进入了官僚阶层，但仅是一些小官吏，如宋朝建筑技术专家李诫、宋朝工艺学家和匠师燕肃、大匠师马钧等，"他们独特的才能或个性使本来可以获得辉煌前程的全部希望破灭了"（李约瑟，1986g：75）。李约瑟认为，这充分揭示了封建官僚的士大夫传统所产生的影响对科学技术发展的抑制性作用。另外，在以儒家为官学的封建官僚制度中，与道家有关的炼丹术和化学被视为"非正统"的科学，二者都没能进入近代科学阶段（李约瑟，1986j：62）。如果继续深究中国封建官僚制度的起源，李约瑟则认为是由中国的地理环境、水文学、经济学因素共同造就的。

对"李约瑟问题"而言，内部思想因素的阻碍并非构成该问题的真正原因。相反，正是外部因素创造了中国科学的巨大成就，也造成了其最终的落后，使其停留在前科学阶段，未能进入伟大的近代科学阶段。

第三节　李约瑟的科学史方法论

李约瑟对中国科学史的研究全面结合了内史和外史的研究路径，在合理性标准型下对中国科学史进行理性重建。这种编史立场是李约瑟所持有的"百川归海"的普遍主义科学观的必然选择。不过，这种编史策略在批判欧洲中心论的同时也出现了始料未及的结果，文化的界线再次被标划。

一　内外史的全面结合

从编史学上来看，科学史学科从 20 世纪 20 年代建立到 20 世纪 50 年代建制化以来，内史与外史、思想史传统与社会学传统就一直处于分裂甚至彼此排斥的状态。在那个年代，李约瑟的编史学却相当全面地结合了内史和外史的研究路径，既注重科学发展的内因，又强调社会、经济因素的外在影响（潘吉星，1986：27），这在编史学上是一次突破性的尝试。更为难得的是，李约瑟以中国科学技术作为史学研究的对象，第一次以内外史结合的方式全面地处理了一种非西方的科学技术内容，在这个意义上，不能不说 SCC 是一部空前伟大的著作。

（一）内外史的兼容与拓展

如前所述，李约瑟的编史学路径与萨顿实证主义编史学存在一致性。事实上，早在 1927 年，李约瑟就曾向萨顿致信，热情祝贺其《科学史导论》的出版（默顿，2004b：157）。在思想史方面，李约瑟与柯瓦雷思想史编史学传统也保持着相同的旨趣，并将之拓展到欧洲之外的科学传统中。此外，李约瑟的工作充满对以默顿为代表的科学社会学的呼应，形成了对"李约瑟问题"的外在主义路径的辩护性说明。

李约瑟外史路径深深受到马克思编史学的影响。1931 年，苏联代表团在第二届国际科学史大会上提出的关于科学发展理论的马克思主义观点，对李约瑟产生了冲击。作为这次大会的出席者，他第一次听到有关科学与生产实践、社会经济背景以及其他意识形态关系的令人信服的论点。几年以后，在他的著作《胚胎学史》（History of Embryology，1934）中，他还赞许地提到了黑森的论文，认为它提供了一种史学研究模型。几十年后他仍评论道，黑森的论文虽然非常简朴坦率，但是在以后的 40 年里终于产生了巨大的影响（默顿，2004a：10）。

在此前后，李约瑟还结交了一些英国左翼科学家，如遗传学家霍尔丹（J. B. S. Haldane）、物理学家贝尔纳、霍格本、克劳瑟（J. G. Crowther）等人，他们当中流行着人类文明必然进步的信念，这一信念受到生物进化论和马克思唯物史观的启发。这些观念渗透在了他们的史学作品中，其中对学界影响最大的是贝尔纳。他的《科学的社会功能》一书提出，资本主义在其发展的早期对于导向社会公正和福利的科学有促进作用，但其后将起阻碍作用，这被称为"贝尔纳强命题"的论述在二战后有所弱化，因为人们相信通过社会组织和国际合作可以克服阻碍因素。这一思想的积极后果是1945年联合国教科文组织的建立，其中的"科"字是李约瑟建议加入的，他本人后来成为科学部的首任主席。李约瑟的科学观和编史学受到了20世纪30~50年代英国左倾知识分子的极大影响。同时，来自美洲大陆的默顿的工作也引起了李约瑟的关注，他曾专门对默顿的博士论文进行过评论。默顿本人也对李约瑟的工作大加赞扬，将他视为一流的科学家、马克思主义者，称李约瑟以其不朽之作 SCC 而闻名世界，因而在他心中排在第一位（默顿，2004b：27）。李约瑟和默顿这两位受马克思编史学深刻影响的科学史家虽然分处大洋两岸，研究领域与对象亦不相同，但在编史学上彼此赞赏、相互认同，成为同道中人。

按照科学史理性重建的内在要求，李约瑟的这种综合性科学史是内史与外史的兼容互补，并将西方理性重建的科学编史学立场拓展到了非西方的科学史研究中，他的工作无疑是综合性的，是科学史上的一座里程碑。

（二）对纯粹内史的批评

如上所述，内史与外史的完美结合并不代表李约瑟对二者的态度是均衡的。正如著名汉学家葛瑞汉（Angus Charls Graham）在20世纪70年代初所指出的，李约瑟"对过去三十年间在科学史研究取向上居统治地位的'内部因素决定论'持冷淡态度，而以进一步发展了的更精炼的方式反复强调自己的社会学解释"（葛瑞汉，2002：139）。李约瑟曾多次强调思想和精神因素对于解释中国科学技术的不充分性。在进行扎实深入的思想史挖掘后，李约瑟放弃了思想史路径的因果解释，很快将笔墨大量地用在了对社会模式的讨论中，并从中寻求答案，认为"在探讨历史因果时，社会经济环境、社会结构等会是影响科学发展的最典型的原因"（李约瑟，1986d：21）。这样的态度一直延续到他最后的研究。

当然，作为一位见证西方科学史学科从建立到建制化过程的科学史家，由于对中国科学史所做的具有马克思主义编史学倾向的外在主义解释，李约瑟不可避免地卷入了当时轰轰烈烈的编史学争论中。在这里，回顾这次纷争与李约瑟在其中的反应，将有助于我们更好地理解他对内外史的态度。

李约瑟的 SCC 在 1954 年和 1956 年分别出版第一卷、第二卷时，并未受到好评，反而遭到了激烈的批评。20 世纪 50 年代恰逢美国柯瓦雷传统盛行时期，柯瓦雷学派坚定的发展者吉里斯皮（C. Gillispie）曾撰文指出 SCC 是一部马克思主义的科学史作品，李约瑟对中国科学史的解释是不可信赖的（潘吉星，1986：15）。李约瑟对这方面的质疑回应道：

> 过去 50 年间，西方的科学史家曾倾向反对本世纪初相当流行的有关现代科学发端的社会学理论。当时所提出的种种假说，其形式还比较粗糙，但若要问何以不能精致些，则确实又找不到原因。或许是，当科学史在发展成一门实际的理论学科时，这些假说本身给人以杂乱无章的感觉。许多历史学家容易看到科学影响社会，却不承认社会影响科学。他们喜欢把科学进步说成是仅由观念、理论、思维或数学技巧、实际发现的内在的或自动的联系作用而促成的，就好像火炬由一伟人传至另一伟人一样。他们本质上都是"内在论者"或"自动论者"。或换句话说，"上帝派来一个人，其名为……"开普勒。（李约瑟，2002：99）

在这里，李约瑟对于只专注于内史的历史说明提出了批评。尽管李约瑟坚持内史路径的研究前提，但他与内史论者的思想观念决定论不同（甚至相反）的是，他认为外史因素才是具决定性的因素。如前文所述，李约瑟曾几番指出社会学之于科学史研究的必要性，这比萨顿式的综合史说明更加有所偏重，与观念论编史学完全相反，同时，比起默顿式的那种坚持补充式的社会学说明的编史立场，李约瑟这种外史决定论则更显决绝。

更为重要的是，作为一位研究非西方文明与科学的史学家来说，李约瑟对于内在主义编史学的批评有着深刻的人文关怀。他认为，一方面，由于内在论者不欢迎社会学分析，持其观点的人必在本能上不喜欢研究其他的文明，而这将会助长欧洲人的种族主义倾向；另一方面，就进入具体的科学史研究而言，如果在中国科学技术史中一味坚持内在论，也将会导致一种固守文明单元的封闭倾向。他对此谈道：

> 情况已非常清楚，我们当然必须懂得那些用阴阳、五行、象征的相互联系和《易经》中的卦爻来进行思维的人们，并学会本能地透过他们的目光去观察。但是这种阐述在这里可能再一次暗示一种纯粹是内在主义者的或意识形态的解释，以说明近代自然科学没有在中国文化中产生的原因。我并不认为最后我们将会主要求助于被当作一种隔绝的斯宾格勒单元来看的中国思想界所固有的抑制性因素。（李约瑟，2010：xix）

李约瑟跨越不同文明来思考不同编史学方案所带来的问题，也许是之前西方科学史家没有或较少考虑过的，他在编史学上的主张为我们带来的新洞见，是那些仅局限于西方科学史界范围内进行研究的科学史家所不能提供的。李约瑟站在文明的角度指出，对外部因素的拒斥导致了内在论停留于单一的文明之中，使跨越文化的研究成为不可能。因此，尽管仍坚持现代实证主义的科学观，但李约瑟把编史学批评的论域带出了欧洲的范围，从文明的宏大视角来思考科学的历史，这无疑是对编史工作极其重要的推进，在当时乃至当代都有着重要意义。

（三）合理说明先于社会说明

需要注意的是，尽管李约瑟对内史进行了批评，但在原则上，他并不反对内史的重要性。在他的工作中，内外史和平共处，各司其职，取得了平衡融洽，并以此完成了 SCC 这部宏大著作的写作。但是，如果论及内外史之间的关系，则二者仍处于一种并行而无交点的二分状态。在这点上，李约瑟严格恪守并相当出色地践行了劳丹的合理性标准。

和西方同时代的大部分科学史家不同的是，李约瑟一人身兼科学思想史家和科学社会学家，而后者则试图根据社会或经济因素来说明相关历史问题。这样，李约瑟便步入了劳丹所说的"认识社会学"的领地。不过，李约瑟对于思想史和社会学说明这二者的优先性问题是有一番权衡的。实际上，李约瑟是在遵守一定的划界原则的前提条件下进行社会学说明的。首先，科学是以数学语言和实验方法所奠定的知识体系，在此标准下，才有可能对中国的自然知识进行前科学的分析。在这里，科学的合理性标准来自西方所产生的近代科学。如前所述，尽管李约瑟特别强调科学史的社会学说明的重要性，但他的工作在逻辑上仍始于求助科学思想史进行历史解释。同时，"李约瑟问题"隐含的前提是，中国存在科学。通过西方近代科学的"显影"或"滴定"过程，科学的理性史或智力史得以呈现，"李约瑟问题"得以成立。在求助于思想史编史学之后，李约瑟集中的焦点是，中国曾有如此领先的科学知识和技术，按照科学的合理性标准，这些前科学的观念朝着单一的演化方式应该能进化到高级方式，发展出更高级的近代科学形式，但是中国没有。这时，对科学内在演化的评估与合理评价发生了明显不一致，原有的内史所提供的合理性无法再对此问题进行有效说明，社会学分析便获得了合法解释的机会：

> 按照我的看法，内在主义的历史编纂学很可能在这里遇到巨大的困难，因为亚洲文明的理性、哲学、神学和文化的观念体系，不可能接受由某种原因引起的压力并采取所需的应变。其中某些观念体系，诸如道教和理学，实际上看起来比任何欧洲观念体系，包括基督教神学在内，都更适应近代科学。（李约瑟，2010：xix~xx）

因此，在李约瑟的工作中，理性史仍是社会学讨论得以开展并进行的重要和必要的前提，社会学始于理性说明之后。如果没有科学史的内在主义的理性重建，社会学的说明则是不谨慎和仓促的，因而也是很难成立的。李约瑟耐心谨慎地论证了用思想史来说明相关问题是不成立的，或至少说是不充分的，按照劳丹说法，他是在等到思想史的方法应用于这些事例之后，才将认识社会学应用于历史事件的解释。作为思想史家，李约瑟恪守了科学的合理性标准，而作为社会学家，李约瑟亦践行了劳丹的"不合理性假定"，内史或外史二者的界限仍然是清晰的，且内在史或合理性标准处于优先地位。尽管李约瑟对社会学分析大加提倡，但他的工作仍是在合理性假定的框架内进行的一种史学实践。

综上所述，与基本同时代的萨顿、柯瓦雷、默顿等科学史家类似，李约瑟践行了科学史的理性重建，在合理性的框架内工作，通过内史和外史共同塑造科学合理、进步、作为理想事业的形象。所不同的是，李约瑟更多的是关心什么样的社会结构能使科学合理地发展与进步，进而从一个完全不同的面向——非西方的角度再一次证明了西方科学发生的社会条件，从而继续维护了科学的合理性信念。

二 普遍主义的一元科学观

（一）普遍主义的科学观

李约瑟认为现代科学是一种对自然现象进行数学假设，再用系统的实验加以验证的体系（李约瑟，1986b：195），因此，科学是不分东方和西方的。正是在这个意义上，李约瑟屡次在不同的地方强调了一个重要的区分，即西方科学并不等于近代科学或现代科学。他认为，欧洲只是近代科学的发源地，它在之前的几个世纪里受到了其他文化中科学的影响，并最终产生了近代科学。那种认为近代科学就是西方科学的观点是荒谬的。以科学革命为分界点，阿拉伯、中国、印度、中世纪的欧洲和希腊科学这些古代及中世纪的科学是一方，而近代科学则为另一方，前者是处于"模糊世界"的原始型或中古型假说，而后者则是处在"精确世界"的近代型假说。只有在近代科学革命中，关于自然的知识与数学假说和实验方法相结合，自然科学才获得了普遍性，成为全人类的共同财富（李约瑟，1986g：66）。

在李约瑟看来，前现代的科学由于被束缚在种族环境中，因而不具有普遍性；科学在17世纪的革命中发生了质的变化，科学具有了真正的普遍性。因此在研究自然现象时，一切人类，不论种族，不问性别，人人都是平等的；人类在自然的真理面前一律平等，认识的是共同的真理。这种世界性的现代科学还体现了一种全人类都可以相互交流的通用语言，它不专属于任何一个种族或文明，而是一种国际性的事业，是人类的共同财产（李约瑟，1986b，215）。对于这样的普遍性、世界性的科学，李约瑟相信目前仍不是它的终点。正像它从前不断增长的知识一样，现代科学仍然在不断进步着。

（二）"百川归海"的一元科学观

李约瑟用百川"朝宗于海"的比喻来说明不同文明的科学细流像江河一样奔向现代科学的汪洋大海这一进程。所有民族的成就和贡献源源不断地注入其中，或者来自古希腊、罗马，或者来自阿拉伯世界，或者来自中国和印度文化，他们都向着同一个目标孜孜不倦地探求，最终影响并促成了 17 世纪欧洲那个伟大的伽利略时代，并终于导致 19 世纪和 20 世纪现代科学的迅猛发展（李约瑟，1986b：195）。对于这一过程，尽管他在中国科学史的研究中暗示近代科学可能会有别的可能性，但是它最终仍会在经过漫长的发展之后转变为现代科学。这种一元的普遍主义科学观使李约瑟相信，虽然古代和中古科学打上了明显的种族烙印，但它们涉及的是同一物质世界，因此可以纳入同一世界性的自然科学范畴（李约瑟，1986b：215~216）。这样，各个文明的古代和中古科学可以划归大写的、单数的科学之历史，科学具有单一的生长发展之结构，SCC 便是将中国古代的科学和技术纳入现代科学框架内理解的巨大成果。对于这种"百川归海"的科学观，李约瑟解释道：

> 我和我的同事一直认为只有一种一元的关于自然的科学，各种各样的人类群体均有途径通达这种科学，只不过道路或近或远；他们都参与了这种科学的构建，只不过在贡献上有多有少，在持续时间上或长或短。这意味着人们可以希望追溯出一条绝对连续的科学之路……（Needham，1976：282）

在这种"绝对连续"的一元科学观下，李约瑟倾向于认为科学史是可以为人所把握的。当有人问他作为科学史家，是否发现科学发展的基本规律时，他承认他确实发现了一条叫作科学的"世界范围起源律"

（The Law of Oecumenogenesis）的规律（李约瑟，1986d：20），并提出了东西方科学史上的"融合点"（fusion point）与"超越点"（transcurrent point）的概念。这条规律用图表方式总结了欧洲和中国在世界科学发展中各自的数学、天文学、物理学、植物学、医学、化学等学科超越与融合的时间及其间隔特点，并推断出了一条世界科学研究发展的规律。[1]

（三）目的论下的辉格史风格

与上述这种普遍主义的一元科学观相适应的，便是一种目的论的科学史观，即倾向于将历史勾画成一幅不断进化的统一的世界科学的历史，例如，李约瑟在 SCC 化学卷炼金术部分指出，

> 与计时的历史颇相似，……从漏壶到机械钟之间的主要空白点，只能用长达六个世纪的中国水利机械钟来填补。同样，希腊划时代的制作赝金和点金的原始化学作为一端，以后的拉丁炼金术和医疗化学作为另一端，这两者之间的空白点，也只能用中国的化学生长术的知识来填补。（李约瑟，2010：xxvii）

在科学史研究方法上，他所持有的累计的、连续的进步史观则表现为一种辉格史风格。李约瑟毫不隐瞒自己的这种辉格式的历史叙述方法，他认为，现代科学"是一杆可靠的量尺"，以它做标尺撰写科学史是我们唯一能做的事。当然，李约瑟并没有忘记对这一方法做出警告，现代科学只是暂时的，它还在发展变化中，还未到达终点，不能将它作为最终定论来评判过去（李约瑟，2010：xxv）。由此可见，这

---

[1] 即"一门科学研究的对象有机程度越高，它所涉及的现象综合性越强；那么在欧洲文明和亚洲文明之间，它的超越点和融合点间的时间间隔越长"（李约瑟，1986b：212）。

种警告非但没有触犯他的辉格史的立场，反而与他所持有的科学进步观相一致。

三　欧洲中心论的再确认

李约瑟采用"大滴定"的方法将中国和西方的文化进行比较，以西方的实证主义科学框架和资本主义社会条件作为"滴定"的"已知溶液"，离析出中国的科学与技术，并罗列出一系列关于科技的促进因素和阻碍因素。当李约瑟在集中于讨论"中国缺失了什么"的问题时，则进一步确认了西方所产生的近代科学之优越性。以内史看，中国的科学一直被局限在阴阳五行说的原始理论和经验阶段，在转入对中国社会缺失问题的讨论中，李约瑟则认为，中国自 1450 年以来缺乏宗教改革、资本主义兴起和科学革命等一系列重大的社会运动，而这些运动对于近代世界的诞生是极为重要的（李约瑟，1986e：292）。"李约瑟问题"的最终答案是，封建官僚体系所支持与推动的成效卓著的科学停留在了前科学的经验阶段，而只有资本主义的催生作用才能为近代科学提供快速长足发展的温床和沃土，从而产生普遍、进步的知识产品。实际上，这进一步确认了科学与资本主义制度的关联性，或者说科学与西方世界永久的关联性。这样，一个意味深长的情况出现了：虽然李约瑟的工作最初的出发点是要对科学的欧洲中心论进行批判，但他的论证对科学的西方起源做了一次非西方路径的辩护，再度确认了科学西方起源的结论。正如哈特所说，李约瑟把科学发现的荣誉通过"大滴定"重新分配给了不同的文明，然而他在保持文化普遍性的同时，却仍坚持西方在起源上的独特性（哈特，2002：641）。

由此，李约瑟 SCC 的初衷虽然是要打破西方的无知和偏见，但他对中国科技的论证是以西方的社会和历史标准为架构来进行评判的，而中国则在先进与落后的评价中，被放置在一条莫名的跑道上，又一次接受评判——在欧洲中心主义的傲慢与偏见之后，李约瑟又一次将他所要批判的东西施加给了非西方的科学和文明，文化的界限再次被标划。

*   *   *   *   *

李约瑟将内史与外史、思想史传统与社会学传统全面结合，对中国科学进行理性重建，从科学的内部与外部维护了合理性标准下的科学普遍性。李约瑟相信科学史对于促进世界统一意义重大，SCC 的初衷便是将中国和所有其他文明国家的科学遗产纳入一条世界大同的轨道。这种普遍主义科学观在当时乃至现在仍具有重要的启发意义。

第四节　本章总结

李约瑟坚持合理性标准，在非西方的文化内践行并扩展了西方科学编史学从萨顿、柯瓦雷到默顿为代表的理性重建路径，将内在的和外在的观点结合起来，在这方面，他"是第一个在宏大的范围内进行科学史比较研究的人"（科恩，2002：265）。

沿着李约瑟的问题和思路，这种科学史的理性重建在中国科学史的研究中引发了两种倾向：一种倾向是在西方科学的框架内，以一种辉格史的风格对中国古代科学继续进行"显影"、解释、清理，成为一种对中国科学"庆贺式"的研究；另一种倾向则是继续寻找中国未产生近代科学的原因，企图提供中国缺乏哲学的、社会的、语言的、逻辑的和政治方面的解释。例如，海外学者伊懋可（Mark Elvin）认为这一原因是由王阳明发展而来的形而上学思想阻碍的结果；阿尔弗莱德·布鲁姆（Alfred Bloom）则认为是中国的语言抑制了中国人的理论思维能力；罗伯特·哈特韦尔（Robert Hartwell）所指认的主要障碍则是中国缺乏欧几里得几何学所具有的形式逻辑体系；钱文元则提出了一种政治意识形态的解释（哈特，2002：610）。在国内，对中国无近代科学之原因的讨论早在新文化运动时期的梁启超、冯友兰等学者就已开始，直至1982年在重庆召开的"中国近代科学落后原因"的学术研讨会，集结了大批学者对这一问题的解答，成为对"落后问题"探讨的高峰（范岱年，2002：625~643）。当然，对"李约瑟问题"，除了以上两种倾向外，应该说还存在第三种态度，那就是对该问题的反思批判和试图超越的努力，这便是下一章要探讨的问题。

第二章

席文对科学史的社会学重构

本章提要：20世纪70年代，以席文为代表的西方学者开始反思李约瑟目的论史观下的辉格史研究，批判其文化比较中所隐含的欧洲中心论，主张深入中国社会历史的具体情境中，欣赏中国科学的"河岸风光"。席文的"文化整体"方法论试图包含社会史和思想史，"不分前台和背景"，考察与给定问题有关的所有维度，包括理念、经济、宗教、政治、社会关系、亲属关系等。"文化整体"从关注科学思想转向了关注社会中的人，其社会学取向与20世纪70年代科学史的"社会学重构"取得了共鸣。作为对科学知识社会学（SSK）的史学操练，科学史的社会学重构以"强纲领"取代科学合理性模型，在对称性原则下将科学视为社会利益的建构物；其历史解释模式是：考察具体的社会情境，根据行动者的目标和利益对信念进行因果解释。夏平通过扮演"陌生人"将对称性原则落实在科学史研究中，采用"工具模型"，以社会目的为导向，展示行动者通过修辞、协商等技术创造并维护自身社会疆界及利益的过程，科学被看作是解决社会问题的方案。席文的研究与夏平有着相同的旨趣。"文化整体"强调通过具体的历史人物而进入历史情境。席文的"文化整体"通过考察古代科学的资助雇佣模式，指认了研究者在利益导向下的动机，以及自然和政治作为工具性资源的相互利用，即《黄帝内经》《九章算术注》及气、阴阳、五行等思想利用政治修辞获得知识合法性，同时也构成了统治者实现政治目的的工具资源。"文化整体"将中国古代科学视为特定历史时期社会政治的建构物，其多维度隐蔽地收缩于社会这一维度，成为 SSK 编史学的中国版本。

第一节　李约瑟之后的反思与转变

在对李约瑟的批评者中，最重要的代表人物是美国科学史家席文（Nathan Sivin）。席文是哈佛大学科学史博士，宾夕法尼亚大学中国文化和科学史教授。作为李约瑟早年的合作者，席文与李约瑟在 SCC 第五卷"化学及其相关技术"中的炼丹术部分就有了合作，他还执笔撰写了该卷第四分册的一部分内容。李约瑟去世后，席文主编了 SCC 第六卷第六分册"医学"的内容，并撰写了该书的导言。

随着 SCC 工作的推进，合作团队内部出现分歧。席文对李约瑟的实证主义编史学立场所坚持的假定开始感到不满，他认为研究工作应当挖掘中国科学自身的意义和内涵。李约瑟也在 SCC 第五卷第二分册"作者的话"中直言他与席文之间存在"细微差别"，并针对席文的不同观点做了回应。对此，席文回忆道，正是这种科学观和科学史观的相互不认同，SCC 的研究传统才被众多无法忽视的难题所包围，使他不得不离开 SCC（Sivin，2000：3）。

事实上，席文早在 1968 年的《中国金丹术初探》一书中就对"李约瑟问题"进行了批评，20 世纪 70 年代则出版了一系列论文和著作表明了自己的观点，对李约瑟利用现代科学的学科范畴对传统中国关于自然的思想进行分类和分析的研究方法做了重要批评。1982 年席文发表的《为什么科学革命没有发生在中国——是否没有发生？》一文进一步强化了对"李约瑟问题"质疑的论证，在海内外中国科学史界引起强烈反响。2000 年出版的 SCC 第六卷第六分册则明确地表明了席文与李约瑟在研究道路上的分道扬镳。作为这一卷本的编者，席文将李约瑟和鲁桂珍的医学论文集进行了编纂，并在"编者的话"中明确地表达了与李约瑟大异其趣的编史学思想，意味着两代中国科学史家在一些根本问题上的分野。除了席文以外，20世纪70年代，汉学家葛瑞汉也较早地对李约瑟研究进路中隐含的假设提出了批判，即欧洲是社会发展和科学进步的典范。SCC早年的另一位研究成员白馥兰也对李约瑟的编史立场提出了批评。此外，科学史家科恩（Robert S. Cohen），科学社会学家雷斯蒂沃，李约瑟研究所研究助手、李约瑟的私人助理卜鲁等学者也在相关的评论中对李约瑟的编史进路进行了反思。

一　西方学者对李约瑟的批判

以席文为代表的科学史家和社会学家深刻反思了李约瑟实证主义科学观、科学史的理性重建、目的论历史观以及该观念所假定的西方中心主义，并消解了"李约瑟问题"。

（一）目的论史观造成了辉格史风格

席文认为，"百川归海"的目的论史观使得李约瑟将科学看作是不断朝着一个目标前进的过程，这导致了其编史学框架是以现代科学为参照的辉格史风格。席文反对用今天的视角解释历史，认为科学是一种尝试性的探索、一个"开放式进化"的过程，并没有一个明确的方向，也没有什么推动力把它们推到现代知识。他在SCC第六卷的分册中写道：

> 像今天研究科学史的大部分人一样，我从来都并不把知识看作是朝向现在这个状态的会聚。我并不将今天的知识看作是一个终点，而是在漫长创造中的一个暂时一刻。我的研究经验让我将科学看作是那种人们一点点地发明、再发明的东西，而绝不是完

全束缚于已存在的东西，绝不是被某些不变的目标拉动吸引的东西。……这种观点使得历史不再是最终取得胜利的一种前进过程，而是一个漫步的旅程，它的方向是经常变化的，它没有终点，但在某天某个地方它就产生了。（Sivin，2000：1）

在席文看来，过去和现在之间几乎不存在什么类似，用现代科学的表征来判断过去的科学只会得出"误导性的答案"。早在1973年与日本学者中山茂合编的论文集《中国科学：古代传统探索》一书中，席文就指出，采用现代的科学学科序列和分类来研究历史是一种实证主义的做法，这种做法总是试图将事件或思想从历史背景中取出来，并确定它们的时间和地点，将它们作为现代科学的先行音符进行定位和辨别；科学史家们在研究历史时，关心的是现代科学的早期踪迹，按照今天的类别对过去进行分类，使得张衡变成了地震学家，早期蒸发尿液的人变成了早期的生物化学家，甚至将老子这位传奇的神秘主义者变成了一个相对论的物理学家（Nakayama and Sivin，1973：xv-xvi）。

在研究科学史时，李约瑟相信只能用现代标准，且只有现代标准是唯一的价值标准，这成为席文与李约瑟编史学上的重要分歧。在SCC及其他工作中，席文逐渐发现实证主义弥漫于李约瑟对于"什么是合适的科学史和医学史"的判断当中，而这种观点所带来的困扰比帮助要更多（Sivin，2000：2，16）。席文认为，在"寻找先兆"的工作中，一方面是关乎消极的认知活动，另一方面又积极地建构这种相似的类推。这种实证主义观点表现出一种"历史解释最基本的错误"，即描述在X出现之前这世界是什么样子，就好像是描述为什么X出现的如此晚或根本就没出现。中国的"阴阳"、"五行"等概念是早期中国科学思想的词语，但它们被看作是现代科学出现的一种阻碍。为了展示科学技术发展的世界品质，将那些由他的标准进行分类的内容看作是现代科学的超前表现。席文指出，这种实证主义的类比是"一种错误的见解"，它完全忽视了现代科学与传统的古代中国科学的巨大的差异。以医学为例，席文认为，李约瑟在中国医学最近卷册的大部分讨论都没有对存在于东方科学的基本假设和定义与现代解剖学、生理学、病理学之间的巨大鸿沟有更多的批判或意识。在席文看来，虽然很多中国概念可以在今天的科学（或是未来的科学）中找到，但它们被最初嵌入其中的学科截然不同于我们现在的目的、方法和组织，因而它们根本不是一回事（Nakayama and Sivin，1973：xv-xviii）。

这种辉格史风格是席文多次进行批判的。他感叹一些科学史家仅仅对未来感兴趣，却没有用心在过去（Sivin：1991）。席文在 1977 年选编的 ISIS 论文集《东亚的科学与技术》中，批评了将现代西方的标题强加给中国科学的做法，认为这种做法遮蔽了中国的科学。席文严厉地指出，用"生物学"、"机械工程"等这样的术语来命名中国相关的知识，这样的做法使人们产生了一种难以消除的错误观念——似乎在中国古代真的存在那些连贯而清晰的学科。在对 SCC 医学卷的评论中，席文指出，李约瑟和鲁桂珍所关注的仍然是现代生物医学知识中那些起源于世界许多地方的发现和概念的出现情况，但他们二人"谈论医学时，就像是一个受过良好教育的欧美人在理解与对待它们，甚至生小孩也被看作是一种疾病"（Sivin，2000：18）。

曾经撰写 SCC 农业分册的白馥兰也反思了李约瑟研究中目的论所产生的严重问题，她认为，技术进步、经济增长、生产力，甚至效益从来都不是历史上的重大目标，历史舞台一直是由其他的价值把持。李约瑟的进化模式与现代科学分支相对应，把中国的科技从自身的文化和历史语境中抽离出来，当作现代科学技术的始祖和先驱，这种对待历史的态度就好比把梅子从梅子派中挖出来，却忽略了其他部分（白馥兰，2006：8，11）。

（二）"大滴定"的文化比较加强了主流叙事

李约瑟的SCC等历史研究工作在世界范围内示范了文化比较的方法，也即所谓的"滴定"（titration）——"用已知其强度的化合物溶液，来测定某溶液中所含化合物的量。前者将后者完全转变成第三种化合物，而转变的终点则由颜色的变化或其他方法来确定。"（李约瑟，1984：16）基于化学方法的隐喻，李约瑟将各大文明互相"滴定"，用一种已知的文明来确定、评估另一种文明，主要目的是确定年代，以将具体的发明或发现归功于某一种文明，这就是"大滴定"（The Grand Titration）。

西方学者对李约瑟"大滴定"的历史研究方法表示了强烈质疑。席文批评道，这种做法将近代科学和哲学概念作为组织范畴，遮蔽了中国自身的科学传统和自身的界限，扭曲了古代中国思想家理解世界的方式（Nakayama and Sivin，1973：xiii–xix，xxvii–xxviii；Sivin，1977：xiv），根本无法让我们从各个文化中得到学习。历史学家科恩也指出，这种各大文明相互"滴定"的方法使得研究者总是在试图确定历史年代以便确定各自的优先性，从而把荣誉赋予那些应该得到称颂的文明，但这种方法在现在看来显得陈旧（科恩，2002：260）。社会学家雷斯蒂沃也认为，李约瑟寻找并列英雄的做法"是把特定人物的经历强加给了另一些人，掩盖了他们的个性和他们对其所处特定文化背景的反应方式，反映了对科学和科学成就的看法囿于一种一元观"（雷斯蒂沃，2002：187）。

葛瑞汉和席文还对李约瑟"大滴定"的文化比较进路中所隐含的欧洲中心论假定提出了批判。他们认为，按照李约瑟的分析，欧洲的社会发展与科学进步似乎成了全世界发展的规范，这种"妄信"使李约瑟的注意力集中在了中国的科学和社会缺乏什么的问题（葛瑞汉，2002：143~144）。白馥兰也尖锐地指出，这种假设将资本主义、现代科学、工业革命和西方天生地连在一起，"任何对这一狭窄轨道的背离都只能被解释为失败、历史停滞不前"（白馥兰，2006：8），其他文明则落入了"出错"或"缺陷"这样的思路中。SCC 这样的工作"把世界科学的历史变成了一部传奇，在其中，只有欧洲是胜利者，其他任何人有的只是失败，或者充其量只是在通过现代化而得到补救之前，始终存在内在缺陷的胜利"（席文，2002a：507）。在这样的文化比较中，历史研究则趋于变成一种进步的编年史和胜利的庆祝，失败却经常被谴责而不被研究，那些在某一时空中思想典型的人们则经常被描述成现代科学家一般（Sivin：1991）。

因此，西方学者们批评李约瑟在反对西方中心主义时却又落入了西方是典范的主流叙述，导致其他文明的科学失声，西方中心论再一次成为始料未及的结果。这种研究在寻找中国落后的原因中产生了错误的历史推理和误导性的答案，经过不断的"滥用"而加强了主流的叙述（白馥兰，2006：9）。

（三）对"李约瑟问题"的消解

实际上，上述葛瑞汉和席文的批评进路是通过对 SCC 的原动力——"李约瑟问题"的反思实现的。1973 年，汉学家葛瑞汉对"李约瑟问题"提出了质疑，他指出，当我们询问这种负面问题的时候，我们就已经假设了存在那个出现于欧洲而缺席于中国的科学革命的必要条件。作为最重要的批评者，席文继 20 世纪 70 年代的批评后，在 1982 年《为什么科学革命没有发生在中国——是否没有发生？》一文中再一次直截了当地对"李约瑟问题"进行了有力的批评，他认为，提出这个问题，同提出某人的名字没有出现在今天报纸第三版上这样的问题是很相似的，历史学家不会研究这种没有直接答案的问题（席文，2002a：504）。在席文看来，"李约瑟问题"在探索初期所具有的启发性已经被"含糊不清"，甚至"失去意义"所取代了，对它进行思考"纯属浪费时间",因为现在我们需要并且有能力了解历史的复杂模式,而不是那种简单的结论。这些批判无异于对"李约瑟问题"进行了全面解构。

具体而言,席文对"李约瑟问题"的反驳是:其一,应该着眼于欧洲来探讨它在1500年间处于劣势的原因;其二,即便着眼于中国,李约瑟关于"中国的科学很发达"的结论也是令人怀疑的,因为李约瑟将科学与技术混淆起来,有关自然界的知识并不等于通常所说的中国科学。席文认为,从公元前1世纪至公元15世纪,由于从业者分别是少数知识分子和没有受教育的工匠,因而科学与技术是分离的,故而中国在技术上的领先并不表示在科学上的领先。同时,席文还提出了自己的观点:中国在17世纪有过自己的科学革命。中国天文学家致力于天文学的数学化并给出了近代形式的成果,尽管这一成果并不具有西方科学革命所具有的那种革命性的文化意义。这样,席文便试图说明了"现有的关于这个问题的各种各样的假设都是错误的"(席文,2002a:499),由此对"李约瑟问题"进行了解构。

(四)对合理性标准的批判

在席文看来,目的论在科学史中无法成立的观点,直接导致了"科学史同人类其他历史具有同等地位"的结论。他批评道,20世纪五六十年代的科学史家将科学与一般的历史看成是截然不同的东西,一般历史是关于诸种社会中无限复杂、非理性与理性相伴的人类经验的历史,而科学史则是理性的进步史(席文,2010a),故而造成研究的方法也有所不同。对此,席文认为,开放式进化的历史过程使得科学史中既存在成功,也存在错误和失败,尽管科学具有非凡的精密与力量,但科学史同人类的其他历史是一样的(Sivin,2000:1),研究科学史的方法与研究其他任何种类的历史的方法也应该是相同的(Lloyd and Sivin,2002:xiii)。于是,席文对合理性主宰的科学史观提出了质疑。在他看来，科学史在历史学科中并不存在特别要遵守的限制条件。以科学革命问题为例，它只是人类各种任意或错误的决定与行动的总和，而非目的论（席文，2002a：512）。

席文在 20 世纪 90 年代《跨越边界》一文中，批判了 20 世纪 50~60 年代欧美科学史家注重将历史与科学哲学的结合，用哲学和语言学作为"强制性工具"来对待科学史，以一种精确的方式来分析科学，把德谟克利特的理论理解为现代意义的原子，或将"气"翻译成"物质能量"从而暗示着相对论。席文认为，这种路径的实质是历史学家们接受了哲学家的一种奇怪的抽象信仰，即认为人类理解自然的理性思想引导着科学，人们可以对物理世界做出越来越充分的说明。对此，席文持有不同观点，他认为古代科学理论是如此复杂地充溢在他们那个时代的世界观中，因而将古代科学理论变成现代的一种先声是没有意义的，它只能使古代的历史变得模糊混乱（Sivin：1991）。白馥兰也在其代表作《技术与性别》中对这种蕴含理性标准的科学史提出了质疑，她认为，现在看来行不通的、非理性的、无效的、不能激发思想兴趣的东西，在当时可能是更重要、传播更广或更有影响力的（白馥兰，2006：8）。在她看来，放弃传统的合理性标准，才会解除对科学的"歪曲"理解。

综上所述，在以席文为代表的科学史家对李约瑟的 SCC 工作及其隐含的假设进行了广泛而深刻的批判，与目的论相关的实证主义科学观和辉格史的研究风格遭到了反对，李约瑟的"大滴定"文化对比研究方案也受到了质疑。按照席文的观点，随着学术团体范围和质量的不断提高，试图用旧有的模式来匹配科学进步，已开始变得越来越陈旧，越来越不可信了（Sivin，2000：2）。

二 编史学立场的重要转变

在批判李约瑟"百川归海"普遍主义的一元科学观的同时，席文更提倡欣赏中国科学的"河岸风光"。他主张识别科学在中国社会的根源，辨明中国科学与技术如何在中国本土文化中产生，并在中国社会与文化的土壤中得到滋养。在研究方法上，他主张跨越研究方法的边界，使用社会学、人类学、民俗学、女性主义视角等新的分析方法来研究中国科学史。

（一）从辉格主义到情境主义

以席文为代表的新一代科学史家放弃李约瑟的现代科学的解释框架后，新的编史学思路在反辉格的要求下，表现为一种情境主义（或历境主义，Contextualism）的编史诉求，主张从当时历史的规范和标准来理解知识，以历史时空自身为标准对历史进行整体理解，而不是以西方科学等外部标准。

早在20世纪70年代席文就提出，要基于中国本土语境对相关内容进行理解，清理出本土的基本概念。他认为，只有在将整体的系统观点进行重建之后，才有理由确信地比较不同的科学传统，而不是提供相似之处。据此，他指出，大部分早期中国思想家所说的关于运动、热、光的内容是非常零散的；他们探究物理现象曾使用的那些基本概念很明确地是"阴阳"、"五行"、《易经》爻卦系统，以及其他曾经被援引作为中国未学会科学思考的那些主要原因（Nakayama and Sivin，1973：xvi-xvii）。

基于这种情境主义的编史诉求，席文提倡人类学的科学定义，即将科学放在其本身的系统中考察，将其视为在自身系统中的抽象思想。对于这一科学划界问题，他主张由中国自身的传统来定义各种科学观念和思想的边界。他认为，中国传统科学中由"阴阳"、"五行"等基本概念构成的知识结构非常不同于现代科学的知识结构，当选用这种人类学标准来看待科学的时候，中国的科学在时间上和空间上获得了独特性，与古希腊或中世纪欧洲的科学思想具有同样的独特性（Nakayama and Sivin, 1973：xviii）。

基于此，席文认为中国按照自己传统的抽象思想对现象世界进行了概念化，并组织起了自己的科学领域，这些领域分为定性科学和"关心数字及其应用的科学"。前者包括医、伏丹、天文学、风水、物理，后者包括算、律、历（Nakayama and Sivin, 1973：xviii–xxv）。席文认为，对于一门科学领域的意义和内涵，应从当时的实践者的角度来理解。例如，席文论证了化学的理论基础并不是针对现代化学而出现的，它只是针对炼金术士自身而出现。对于炼金术士来说，他们的目标并不是了解物质的特性、组成、反应，而是利用所了解的化学过程来创造一个小的宇宙循环模型，并利用它们来进行精神的自我修炼，为自己或别人制造长生不老的万灵药（Sivin, 2000：2）。

席文的"情境主义"强调科学和与社会的密切关系，认为科学始终反映着中国社会构造的变化和对自然的态度。这种倾向使席文格外强调科学史的社会性内容，强调回到历史情境中寻求当时历史人物自己对自然的理解。他对这种新的研究思路解释道：

> 我相信，要想在对中国科学的研究中有所突破，必须采用完全不同的研究方法。这样的方法必须深刻地综合地理解从事科技工作的人的各种事项：他们在科学技术方面的专门观念是怎样同思想的其余部分结合在一起的；科学界是什么样的，也就是说，是谁控制了哪些现象需要研究、哪类答案是合理的这样的舆论；科学界同社会的其余部分是怎样相联系的，以及它们是怎样得到支持的；知识分子对科学界同行的责任怎样同社会的责任相协调；各门学科为之服务的更大目的是什么，这一目的使得它们的各项定律同中国绘画的规则和行为的基本道德原则保持一致。（席文，2002a：512）

（二）科学：从超文化到文化界定

与这种情境主义相适应的是，席文的人类学的科学标准是基于一种文化的判断，即每一种文化都有特殊的抽象概念，传统与现代、东方与西方都是因为使用了截然不同的概念而导致了具有各自的边界：

> 虽然每种文化都必须体验几乎一样的物理世界，但它们每一个都以非常不同的方式发展出了可处理的片段。简言之，在最普遍水平上的科学（通常被称为"自然哲学"）某些基本的概念变成了已确立的东西，因为在使自然成为可理解的东西时，它们是普遍有用的。欧洲在亚里士多德时代之后，这些概念中最重要的是安培多克斯的四元素和适当空间的定量观念，这是确定所有事物的一部分。在古代中国，最普遍的抽象思想工具则是阴阳和五行的概念，从循环交替的互补能量中不断融洽和谐……今天的科学家们使用一系列更加宽泛的被很好定义的概念，包括空间、时间、质量、能量和信息。（Nakayama and Sivin，1973：xviii）

在席文看来，不同的文化所形成科学知识的方式是多种多样的，古代和现代、希腊和中国都有各自的一套基本概念，它们在自身的文化中是普遍有效的。席文补充道，一个给定文化中的科学的领域是由这些普遍概念的应用来决定的，虽然它们可以被再提炼、再阐释，并由更特殊的概念进行补充，而对各种经验领域，文化则被选作关于划界的内在和外在的理由来界定它们（Nakayama and Sivin，1973：xviii）。这种基于人类学的科学观念的实质是对某种文化边界的限定。

白馥兰也持有一种与席文类似的情境主义的编史学立场，她认为古代科学是与那些产生它们的社会目标、价值、意义结合在一起的，主张探讨科技体系在具体境域中的含义，以了解由其他方式所造就的"其他世界"（白馥兰，2006：10）。

（三）研究方法：从思想研究到社会学、人类学研究

就科学史的研究方法而言，席文基于西方科学史的背景，指出从20世纪50年代学科建立之初科学家从事科学史，到20世纪70年代接受史学教育的科学史家开始为外行人写历史，其间发生了重要的变化。20世纪70年代的一个重要变化是，科学史开始研究社会和文化在形塑技术变化中的角色，以使过去注重科学家个体理念和理论的历史得到一种均衡和调整。在这方面，席文最为欣赏和推崇的是20世纪60年代晚期到70年代早期人类学和社会学在科学史中的结合。他认为那些正在为人类学和社会学所发展的研究方法将非常有助于研究过去。

在这里需要注意的是，席文所推崇的社会学并不是科学社会学，相反，他对这种社会学是满意的。他认为，20世纪50年代科学社会史创立时，不外是对英国皇家学会、法国科学院等科学机构的研究，而这些机构只接纳那些通常杰出而并非典型的少数科学家，因此这种研究并不会导致理解上的重要创新；同时，科学史的研究不应该设禁区，应采取无偏见的态度进行研究（席文，2010a）。这样，他便表明了一种与默顿式的科学规范研究完全不同的研究立场。

除了无偏见的态度，席文对新的社会学的推崇还主要出于对科学知识确立过程的关注。在他看来，作为一个不证自明的事物，科学从哲学中分离开来到形成一个不同的知识体，经历了一段历程。他认为，科学的概念不是一种孤立的现象，而是依赖于社会活动，依赖于科学家之间新的关系的创造。"新理念不能自动地使人确信它们是正确的而且比旧理念好。有些人不只是要发明新的技术方法，而且还要发明新的说服手段。如果这些理念是革命性的，那么，科学家还得创造新手段去说服新公众。没有这些社会发明，变化可能就极其缓慢。"（席

文，2010a）以医学为例，他认为，中国的医学从未成为一种职业，而是一种行业，一种生计。他的兴趣则是追溯这一行业形成的历史，即从什么时候医学变得如此广泛地被认为是一个受到尊重的生计（Sivin，2000：23-24）。

（四）编史学：从内史到综合史

所谓"综合式的研究纲领"是在席文与劳埃德合著的《道与名：早期中国和希腊的科学与医学》中提出的，也与他的"文化整体"方法论相适应。这一研究纲领主张一种对历史的整体理解，反对单一的内在主义和外在主义。他指出，整个 20 世纪 80 年代最有影响的科学史家都认识到，思想和社会关系的二分将历史境况视为一个整体成为不可能（Sivin，2000：17）。席文对社会学和人类学的诉求是出于寻求历史的整体理解，摆脱单一的内外史的片面路径，试图重建一种"综合史"。他所指的综合史是通过使用更多新方法，将智识史（intellectual and social history）和社会史结合起来的方案。他认为，很多亚洲学者已经开始行动了，如日本学者山田庆儿和栗山茂久在关于医学和科学的著作，将智识史和社会史结合起来，这种寻求整体的理解推动促进了单一的内在主义和外在主义的衰退。

在试图打破内外史二分、追求综合史的努力中，席文强调从科学从业者的角度进行思考。他认为，目前西方的历史学家已经放下了那种理想化的关于科学和科学方法的图景，审视科学家实际上做了什么，其中不仅包括理论家，还包括那些描述的人、分类的人、建造仪器的人等。他指出，研究的强度和焦点很大程度上受到个人价值动机的影响，以及什么是流行的题目的影响，甚至还受到什么工作会有报酬的影响（Sivin：1991）。

因此，席文呼吁从科学家自身的社会情况出发，以达到一种内外史结合的综合的理解。他呼吁在中国科学史的研究中使用新的方法来考察科学家自己把他们工作的目标看作什么，他们相信什么，他们如何将其互相解释；在正式的老师和学科的关系之外，实践者是如何相互影响的；社会和政治变化如何影响了理论和实践，或者科学如何影响了哲学、文献，或是那些经济学的东西；那些不是官员的技术专家是如何谋生的，或是医疗费用是多少（Sivin：1991）。

综上所述，相比于李约瑟的"百川归海"，席文的"情境主义"则强调欣赏中国科技文明之河的"河岸风光"。对此他说，"我发现错误和失败与成功一样令人着迷并具有启发。问题不在于 A 或 B 如何超前地预言了现代的 Z，而是人们如何从 A 走到 B，以及我们可以在这个历史变化过程中学到些什么"（Sivin，2000：1）。

＊　＊　＊　＊　＊

在对李约瑟编史学的批评中，西方学者们开始强调基于文化传统本身对科学进行理解。编史学上的情境主义的主张，反目的论的历史观，人类学、社会学方法的运用，都是试图超越李约瑟的努力。可以说，席文的科学史研究的关键词是"理解"，理解历史中发生的事件及其变化。在这种批判和努力超越中，李约瑟那种独立于其社会和历史根源的、普遍的、价值无涉的现代科学的概念，都成了一厢情愿的想法（席文，2002a：507）。

不过，席文的这种编史学主张将中国科学置于文化内部，按其自身体系做整体理解，不再诉诸全球性世界科学的观念，表现出一种文化相对主义的科学观。正如费侠莉对席文编史策略的赞赏性评价所言，席文使用"中国本土文化的概念框架及其制造者的文化假设，来解释这种中国古代的科学，为相对主义运用另一种认识论方法开辟了道路"（费侠莉，2006：2）。席文放弃了传统的科学史理性重建的编史立场，而走向一种科学的社会、文化重建，这与 20 世纪 70 年代早期在西方出现的科学史研究的新方向产生了共鸣。

第二节　西方科学史的社会学重构

20世纪60年代末英国爱丁堡大学成立了一个"科学论小组"（Science Studies Unit），从宏观上对科学进行社会学研究，试图在社会学变量、社会利益和知识之间寻找因果关系，其成员主要包括布鲁尔（David Bloor）、巴恩斯（Barry Barnes）、夏平和皮克林等。这一小组将自己称作"科学知识社会学"（简称SSK），以区别早期迪尔凯姆和曼海姆等人建立的"知识社会学"，以及当时占主流地位的默顿学派的"科学社会学"，外界则把这个小组的科学社会学工作称为"爱丁堡学派"（Edinburgh School）。20世纪70年代巴斯学派（Bath School）的哈里·柯林斯（Harry Collins）开辟了微观研究方向，通过对"科学争论"的研究来展示科学成员之间如何通过谈判来生产知识的过程；以迈克尔·马尔凯（Micheal Mulkay）为核心的约克学派（York School）则着重于话语分析的研究方法，从科学话语的修辞方面发展了科学的社会建构论。

科学知识社会学试图在两方面与科学哲学和科学社会学区别开来：其一，在观点上，认为科学是社会利益的建构物，科学知识本身应被视为一种社会产物；其二，在研究方法上，反对规范哲学教条的先验论，对真实的科学的过去和现在进行经验型研究，以说明科学知识何以是社会性的（皮克林，2006：2）。20世纪70~80年代，SSK的研究取得了大批成果，逐渐替代了传统科学哲学和科学社会学，占据了科学论的主战场，并构成了当代"科学的文化与社会研究"的基础。SSK在科学史研究中呈现一种新的编史方法，即社会建构论的编史学主张。

一　SSK的编史学主张

通过对合理性标准的质疑，并对支撑其的传统科学观的严厉批判，SSK明确把科学知识作为自己的研究对象，将科学知识的社会生产纳入社会研究的合法主题。SSK 的"强纲领"原则最终否定了传统的科学合理性模型，主张平等地看待理性和非理性，认为"即使是最专门的科学知识，也能够把它恰当地理解为特定社会背景下的人类活动的特定产物"（马尔凯，2001：1），为其社会学解释模式寻求合法依据。这样，科学便不再具有任何特殊性，而是一种文化；科学知识是社会建构物，知识、信念与真理是社会成员利益下进行修辞与磋商的结果。在编史学上，SSK 认为，一旦合理性标准被摧毁，则以合理性标准为基础的科学"内部"与"外部"之间的界线也被消除，从而科学史理性重建的图景也不复存在。这种科学史的社会重建主张考察行动者所处情境中的社会结构和关系，用利益解释模式对所有的信念、知识进行决定论的分析，方法论上则以行动者代替研究者，突出情境主义的研究策略，反对使用现代标准对历史进行解释，进而取消了以目的论为根基的进步史观。

（一）突破合理性标准的禁区

在 SSK 的学者看来，内史和外史是传统科学观导致的区分，而他们的首要任务就是取消所谓的"标准的科学模型"，并代之以社会建构论的主张。

1. 对合理性标准的控诉与取消

在布鲁尔的控诉中，合理性标准具有二分法的一般性结构，它将行为或信念划分为两种类型——正确和错误、真实和虚假、合理和不合理。前一种积极的类型在合理性重建中构成了科学"内在的历史"，而后一种消极的类型，则必须由社会学或心理学方面的理由来说明其中的错误或偏见。这种一般性结构及其处理的方法使得科学知识变成了一个自我说明、自我推动的"自主王国"，任何因果性解释完全不可能获得对其解释的权利，布鲁尔认为这是一种不对称的表现。不但如此，由于内史是自足的，外史是补充性的，内史永远比外史优先，因此外在的历史学家或社会学家只能被施舍一些"非理性的残余物",知识社会学成为"关于错误的社会学"。这样,外在的历史或者社会学解释只不过填补了存在于合理性和现实性之间的缝隙,在布鲁尔看来,拉卡托斯对外在论者所表现的惋惜实是对他们的"羞辱"(布鲁尔,2001:10~12)。

巴恩斯则从"存在可能性"上取消了合理性标准。他直言,"适当的合理性标准是找不到的"(巴恩斯,2001:44)。这是因为,社会学家们无论是选择科学活动的合理性,还是通过改进合理性标准来确立合理性模型,都会造成模糊,甚至还会发现存在互不相容的好几种模型而无从选择,因而,对于社会学家来说,合理性的标准根本无法辨别。信念、真理等制度化的标签具有可变性,它们不可能被认作是合理的东西而被特殊对待。因此,规范的、非约定意义的合理性标准不可能约束并区分信念体系,故而应当予以彻底放弃(巴恩斯,2001:30~55)。

2. 对社会学家恪守合理性标准的批判

从当时研究现状上看,SSK 的学者认为,社会学家长期以来恪守合理性标准,将科学知识作为具有自主性的特殊主题,面对科学知识而裹足不前,放弃对科学进行社会学角度的彻底审查,心甘情愿地为自己设定了界限。布鲁尔认为,这种态度是社会学家对自己学科立场的"背叛"。巴恩斯也指出,科学社会学的研究传统自默顿 20 世纪 30 年代的开拓性研究到之后断断续续 50 年的时间里,把真理或合理性当作毫无疑问的解释路线,而把其他的信念当作是谬误而进行因果解释;默顿、本·戴维等人的工作将注意力局限于对科学的制度性框架和科学发展等外部因素,一直有意回避对科学思想实质内容的分析(巴恩斯,2001:29)。马尔凯则指出,默顿所讨论的"科学的精神气质"的工作所使用的就是这种"标准科学观",并把它作为理所当然的解释的出发点,而这种"不承认科学是一种社会建构的产物"的社会学分析是"让人遗憾"的(马尔凯,2001:32,79)。

3. 控诉合理性导致内外史两分

SSK 的学者认为，以合理性概念为基准的内外史的划分造成了这两种研究变成了两个相互对立的阵营，即合理性标准主导下的内史与因果解释的外史的二分，二者表现为一种互不相容的状态，这种对立状态应由合理性标准负责。巴恩斯认为，在内外史的争斗中，内史的蛮横使外史学家受到了不公正的待遇，外史受到了过多的批评、排斥甚至是攻击，尽管很多重要的批判都是缺乏说服力的；由于合理性标准下的内外史之争的某些关键问题不可能解决，因而"可以从学术上证明，内因史与外因史的鸿沟是不可逾越的"（巴恩斯，2001：148）。

（二）科学是社会建构的产物

SSK 的学者们试图打破和取消对其设置的任何限制，提出要把包括科学知识在内的所有的知识都作为研究的对象，研究的策略是将"科学知识的各种观念都建立在社会意向之上"（布鲁尔，2001：251），这甚至成了他们的主要甚至唯一的任务。

1. 强纲领对合理性标准的摧毁与取代

为了摧毁合理性标准，全方位达到科学知识社会学的研究目标，布鲁尔提出了知识社会学的强纲领，它包括社会学家应当遵循的四个信条：因果关系的解释原则、客观公正的态度、对称性的说明风格、反身性要求（布鲁尔，2001：7~8）。

因果关系的解释原则表明了社会学研究的一条基本的决定论方法，它要求在对信念或知识进行社会学说明时，应当涉及能够导致它们的那些条件或原因，因而拒斥了合理性标准下理性知识的自我说明，即看似没有问题的信念也必须接受决定论的说明。客观公正的态度则试图打破合理性标准的二分式结构，要求研究者对真理和谬误、合理性和不合理性、成功和失败这两方面都要进行说明，内史对外史并没有优先权，这样便取消了合理性标准一直以来给科学带来的独特性，所谓的理性知识没有理由再游离于社会学的分析之外。对称性原则涉及说明的风格，要求同样的原因类型既能说明真实的信念，也能说明虚假的信念，打破了合理性标准所要求的定向式说明，即用愚蠢、错误等一类原因解释虚假的信念，对真实的信念则在合理性标准下进行说明。反身性原则体现了科学知识社会学的一种彻底态度，它将普遍性说明作为学科的根本追求，甚至包括它自身，这一彻底、决绝的态度是科学知识社会学贯彻公正性、对称性的必然要求，也表达了它不留退路、不设禁区的立场。在这四个信条当中，对称性原则构成了强纲领的核心，它要求抛弃解释风格上的偏见，使社会学的因果关系获得了解释范围上的连贯性。

强纲领四原则作为 SSK 的重要宣言，将理性与非理性置于相同的认识论地位进行研究，理性的信念并不比非理性信念具有优越的地位，合理性的基线被抹除，这构成了对合理性标准的直接反击和取代。

2. 社会利益驱动下的科学

在社会建构论的因果解释原则下，科学知识或科学活动之所以具有社会学意义，其原因就在于特定的社会目标与利益。利益作为动因驱动着科学活动的方式，科学家所谓的理性行为需要以目标导向和利益选择作为解释的原因，"无私利"行为是无法存在的。不同的科学家或研究群体由于研究任务不同，因而具有不同的目标和利益，当利益发生冲突时，他们会对真理提供不同的版本（巴恩斯、布鲁尔、亨利主编，2004：150~158）。同样，在科学和非科学的争论中，认知权威所带来的既得利益成为勾画科学外部边界的原因。在社会的建构中，"知识"的含义不再像传统的科学哲学那样被认为是"正确的信念"，而是指"已被接受的信念"，"人们认为什么是知识，什么就是知识"（布鲁尔，2001：4）。事实和知识是被集体界定的，知识体系包含集体的认可，知识脱离了个人的信念范畴，而变成了制度性的存在。这样，知识与经验的关联已不存在，规范性的合理性标准也已失效。

对 SSK 而言，真理符合论也由于是一种妄想而应该被完全抛弃。真理等词语仅是制度化的标签，它们具有社会根源，即它们的修辞功能可以在论证、批评以及说服的社会运作中发挥作用，它们所具有的超越色彩和权威色彩使其成为一种维持认识秩序、存续传统的工具。在利益驱动的科学活动中，真理所具有的这种强制特征所体现的权威将其自身纳入社会范畴内，成为社会成员达到某种目的或获取利益的工具。

强纲领的知识社会学提供了科学知识的利益解释模式。SSK 认为，在科学活动中充满了各种利益集团，除了宽泛的政治利益集团，还有范围较窄的专业性的利益集团，在社会利益和目标驱动的磋商、谈判、妥协过程中，科学知识和各种技术标准被制造出来，科学产品和所有其他文化产品都是社会建构的产物，"自然界的本质是社会学地建构起来的"（马尔凯，2001：124）。

（三）反对目的论的进步史观

SSK 认为目的论模型将因果关系与错误相对应，放弃了彻底的因果关系取向，知识社会学变成了"关于错误的社会"，这构成了一种极端的非对称性形式（布鲁尔，2001：14，17）。在 SSK 看来，由目的论所支持的传统科学哲学和科学社会学是导致对因果关系非对称使用的根本原因，目的论暗含了因果关系与错误、偏差、局限之间理所当然的关联。因此，在编史学立场上，SSK 明确地对目的论的科学史观提出了批判。

1. 目的论：压制因果解释的根源

在 SSK 看来，合理性标准下科学史的理性重建体现了目的论的进化史观，而因果性与目的论互不相容；科学中存在不连续性、偶然性、情境性，以往的目的论的科学史将科学进行了理想化处理，造成一种进步的、累计的、连续的假象。布鲁尔认为，传统科学的累积观、进步论的观念对以往的科学史研究一直都很有影响，对科学社会学传统有着潜移默化的影响：他们关注科学发现的优先权，而不是理论争论（巴恩斯，2001：7）。目的论还导致科学史的工作长期将科学知识排除在因果解释之外，这违背了对称性原则和无偏见原则。巴恩斯控诉道：

> 科学被看作是导致现有真理的唯一的合理过程；如果根据目的论设想有一个延续到现在的前后相继的序列，那么可以置于这个序列之中的工作，就自然而然地被假定为是合理的，因而不需要因果解释。不在此列的就是脱离常规的，科学史只会对他们有间接的兴趣。（巴恩斯，2001：8~9）

2. 取消科学进步论

SSK 挑战并试图取消上述隐含目的论的进步史观。布鲁尔认为这样的历史为了体现一种总体性的进步图像，将各种科学规范的美德加以运用，同时，这种历史说明既不公正也过于简单，自然主义的历史探讨将会发现科学内部存在不连续性和变化。在他看来，实际的历史是复杂的、偶然的、不连续的，也会有陷入错误的时期。而在巴恩斯那里，与目的论相关的科学进步之概念则干脆被取消。巴恩斯认为这个概念与社会学研究无关："我们怎样把这样一个模糊的、评价性的术语用于科学史，在这里并没有什么意义。……目的论最后的据点就隐藏在科学进步这一概念之中，因此，为了科学进步，我们必须根除这个术语。"（巴恩斯，2001：167~168）他提倡将行动者作为分析视角，认为行动者的目的在不断改变，因此无法证明科学进步论，也无法证实目的论的科学史观。

（四）编史学上的见解

SSK 的编史学主张是与它的社会学研究立场一致的，那就是根本不存在内外史的问题，这种划分本身就是传统科学观的产物。SSK 试图以社会因素全面贯通原有的内史与外史，宣称已跳出了内外史那种简单的、外在的、规范的进化史观，挑战并替代了理性重建的编史学纲领。

1. 合理性标准下内外史划分的不恰当性

作为对对称性原则的贯彻，SSK 的成员论证了合理性标准下内外史研究的不充分性与不恰当性，试图为社会学解释全面进入由理性控制的内史获取合法性。巴恩斯将科学视为文化的一部分，并将以往内史和外史的划分视为一种对科学和其周围文化的划界问题。在他看来，以往在内外史框架下进行的科学史研究对科学的划界是模糊不清的，甚至是根本不可能的事情。

巴恩斯以两个案例论证了内史与外史对科学划界的不充分性。第一个是内因论者柯瓦雷，他将科学革命与柏拉图主义这种形而上学的复兴联系在一起，根据更为普遍的文化转变来解释具体的科学变化，这一工作在科学史界被很多历史学家（尤其是霍尔）认为是内史的完备的解释。第二个例子是保罗·福尔曼对魏玛共和国文化背景中哲学与物理学之联系的研究。福尔曼论证了魏玛文化中比较崇尚非因果性观点，这对新力学起了润滑作用。在这个例子中，非因果性这种哲学观念被看作是外在的影响。巴恩斯认为虽然霍尔和福尔曼都确信他们能分辨科学的"内部"与"外部"，但面对哲学观念他们则做了不同的划界。因此，内部史与外部史不可能对科学划界提供毫无疑义的方案，某些观念的东西在划归到内在因素或外在因素时，常常会具有随意性、偶然性和功利性（巴恩斯，2001：150~159）。在巴恩斯看来，把某种因素定义为一种外在的因素或是内在的因素，这种本身就是一种不恰当的方案。

2. 历史中科学边界的不可区分性

SSK 强调文化和社会的制约作用，将科学视为文化和社会的产物，认为在科学中随处可见文化的一般特征，科学是文化中不可分离的一部分。巴恩斯则从编史学上发挥了这种作为文化之科学的内涵，批评了合理性标准下辉格史的不可能性。

巴恩斯认为，现代的科学与过去的科学在边界的清晰度上是完全不同的。现代科学已经分化成了各个学科，并形成了不同的科学家共同体，其外部特征容易确定，科学文化与社会文化之间、科学内部不同群体之间具有明确的边界。但是，随着对科学史的追溯，就会发现科学与一般文化的分化越来越小，文化的边界越来越模糊；如果使用现代的标准一厢情愿地、粗暴地对历史进行科学划界分析，就会造成当时那种科学"常态实践"的整体性被割裂，科学家的思想联系被隔断。巴恩斯指出，我们不应该简单地根据内部因素和外部因素对它们进行分析，更不可能按照今天的学科标准和分类标准对历史上的科学进行更加细化的分析；由于科学的祖先是文化的一个整体，而不是一个分化的东西，因而应该全面抛弃合理性划界这种现代标准。SSK通过强调科学文化边界的古今之差异，批判将理性划界标准对应于现代人的规范性标准，从而在反辉格史的意义上挑战了理性重建编史学纲领的合法性。

3. 行动者：真正的划界者

当然，SSK并没有取消划界问题，巴恩斯提出的替代性的史学划界标准是，按照行动者的观点进行划界，也即从历史中具体从事科学活动的人的角度来看待整个历史事件的变迁。"科学是文化的一个部分，行动者自己已经对它做了定义。"（巴恩斯，2001：140）因此，对于什么是科学这个问题，现在的研究者没有权利去下定义，划界的权利应该交给行动者，行动者说什么是科学，什么就是科学，这样，"科学"在SSK那里就变成了行动者内在的范畴。巴恩斯认为，作为社会成员的行动者，他们所认为的边界内外和通常我们所说的内在论和外在论是不同的，甚至很多时候连行动者自己都很难分出科学的内部与外部。行动者的划界标准从根本上否定了理性划界的可能。

4. 行动者的情境相关：社会学说明进入历史解释

通过行动者的视角，SSK 便在编史学上找到了社会学分析的可能，因为社会学家把一个行动者与某些制度化的信念和行动联系在一起（巴恩斯，2001：56）。这样，行动者将历史中的社会情境凸显出来，进而将与常规实践联系在一起的社会学因素纳入考察范围。从这个意义上说，将划界问题交给行动者具有社会学意义，因为"这样一种划界是行动者对处境认识的一部分；而且，只有当行动是对那种认识的一种反应时，它才是可理解的"（巴恩斯，2001：139）。SSK 认为，科学是在其文化资源的基础上发展变化的，因此，行动者们也必然受到他们所拥有的文化及常规实践的影响，他们对科学的研究领域进行分类和认可，并对某些问题通过磋商、协调而达成一致性意见。在 SSK 的编史学思想中，与情境相关的行动者的目标和利益仍然构成了历史解释的基本模式，呈现一种决定论的说明。观念性的东西被看成是社会群体在特定情境中实现自己目标的工具，行动者使观念与现有的信念和规范体系相适应。"通过考察已被认识到的行动者在特定集体中的处境，以及他们已被认识到的问题和目的，就把观念与社会结构联系起来了。"（巴恩斯，2001：159~160）这样，行动者视角和社会情境取向为社会学进入历史解释提供了基本路径。

5. 小结

综上所述，在编史学上，SSK 社会学说明合法进入历史解释的逻辑图式是：由社会结构入手，考察行动者的具体情境，根据行动者的目标和利益对信念进行因果解释。此外，同样重要的是，信念并不是一成不变的观念，"在一种情境中'起作用'的信念，可能在另一种情境中就很不适宜。利益与观念之间的这种联系，会根据环境得到调整"（巴恩斯，2001：160）。这样，人们对自然的各种信念成为对各种情境的实用的、权益性的反应，超然的普遍性科学及科学理性已不复存在。

二 科学史及其社会学重构

SSK 的编史学路径是与其社会建构论主张一致的。在 SSK 的著述中列举了许多科学史研究的案例，同时，一些史学家本身就是爱丁堡学派的成员，他们在史学研究中将社会建构论加以实践。一个突出而重要的例子就是史蒂文·夏平。

作为爱丁堡学派的主要成员之一，早在 1982 年，夏平便针对拉卡托斯的《科学史的理性重建》撰写了《科学史的社会学重建》一文，该文成为社会建构论在科学史研究的重要宣言。在这篇长达 40 多页的文章中，夏平列举了 SSK 经验研究的众多成果，并在"结论"部分批判了传统科学史的"强迫模型"（the coercive model），提出了社会学解释的"工具模型"（the instrumental model），使科学史的社会学重建有了理论依据。夏平研究以 17~19 世纪的英国科学史为切入点，著有《利维坦与空气泵》（与谢弗合著，1985）、《真理的社会史》（1994）、《科学革命》（1996）等代表作，其历史研究进路一般被称为"批判编史学纲领"（the critical programme of historiography）。本节将主要围绕夏平这一具有代表性的科学史家的工作，展示科学史及其社会学重建的编史学进路。

（一）情境主义的社会取向

科学知识社会学将知识当作社会实践活动的结果，科学史就是去考察和展示这种实践活动，将这些实践活动及与之相关的科学方法、科学争论置于社会情境（social context）之中。夏平明确指出，"我把科学理所当然地看成是处于历史情境中的社会活动，它当然要与发生其中的环境联系起来理解"（夏平，2004：8）。

在夏平的历史研究中，"社会情境"有时是指广阔的社会和政治，有时也指维特根斯坦"语言游戏"和"生活形式"意义上的科学活动形态。在《利维坦与空气泵》中，夏平将存在于波义耳和霍布斯的科学争论置于 17 世纪广阔的英格兰王政复辟的政治和社会情境中，当时的复辟体制亟须一种安定的社会秩序，似乎内在地要求一种能够产生或促进社会和谐的知识形式，以防止内乱和无政府状态。波义耳的实验哲学迎合了当时复辟时期的社会需求，因此能够在与霍布斯的竞争中胜出。夏平指出，霍布斯和波义耳之争的症结不在于知识的正确合理或与实在符合与否，而在于，"知识问题的解决乃镶嵌在对社会秩序问题的实际理解之中，而对于社会秩序问题的不同实际解决办法，又包含了截然不同的对于知识问题的实际解法"（夏平、谢弗，2008：13）。正因如此，波义耳才胜出。在第二种意义上，社会情境也存在于实践者在实验等智识空间中所实践的生活形式，在这种形式中，实践者通过非个人的协商、规训、制定惯例来制造知识，在制度性、社会性的达成同意的社会化过程中，制造属于集体的知识。行动者动用各种资源促成知识的产生并达成一致的评价。

对于夏平来说，突出历史情境的重要意义还在于，对过去那种限定知识社会学解释的做法进行反驳。夏平主张，应"从历史情境和整体面貌上（即社会学上）来理解科学"（夏平，2004：8），情境主义是摆脱过去辉格史及其与之联系的对社会严格限制的内外史二分的必然要求，也是将社会学解释顺利通向历史研究的必然路径。通过展现社会情境，一个具有社会学倾向的历史学家，就能够完成他的任务，即"把知识的产生和知识的拥有展示为社会过程"（夏平，2004：8）。因此，情境主义是实现社会建构论在历史研究中的重要路径，于夏平而言，历史情境就是指社会情境，它是社会学必然能够说明的部分。在考察科学制造的社会因素时，夏平将实践者置于 17 世纪的绅士文化中，强调历史人物的财富、工作、血统和门第等。

（二）行动者：展示社会学意义的实践史

与强调社会情境相适应，夏平的科学史注重对行动者的刻画，借位于历史人物的视角来解释历史，而不是现代人的视角。在夏平看来，社会情境、社会实践、行动者此三者是践行社会建构论史学立场一以贯之的必然要求：首先是将科学置于广泛的文化和社会背景中，其次是理解具体的人类实践，最后是对"人物"的兴趣。夏平关心处于历史情境中的行动者们的实践，他的发问方式是：他们实际上做了什么？关注行动者的史学策略使得"实践史"成为可能。

在编史学上，夏平对社会情境、实践史、行动者的强调是贯通呼应的，每一种主张都是对传统合理性标准掌控下的辉格史学的批判。在这一点上，夏平尤为赞同巴恩斯对于此问题的结论，他认为，我们应该试图分辨过去的行动者是如何划分文化领地的，如果把我们的分类强加到他们身上，这会不仅阻碍历史理解，还会阻碍社会学解释的能力，故应"以行动者导向对科学边界的自然主义进行探究"（Shapin，1992）。

1. 从观念史到实践史

通过对行动者的强调，夏平试图实现实践史的目的。他主张，对行动者的研究不是看他们的言辞声明，而是看他们做了什么。这便涉及史学材料的选择与使用问题。夏平批评了传统科学编史学对史学材料的选择过于狭窄，过于关注正式的方法论声明，似乎它们能充分解释过去的实践者的真实做法。在夏平看来，这些声明只具有表面的价值。以 17 世纪的科学革命为例，夏平认为，现代主义的自然哲学家花费了大量的心思，并做了很多实践工作来解决经验如何有效而可靠地在私人与公众之间传递信息的问题（夏平，2004：103），他们的正式声明与实际做的并不是一回事，真正的情况并不像他们说的那样。在他看来，"正式的说明"其实是 17 世纪科学实践者们所采用的"17 世纪现代主义修辞学"，它恰恰是需要科学史家质疑和考察的。

在《真理的社会史》中，夏平从绅士身份入手，从"他们的观点"讲述了"一个关于绅士建构科学真理的故事"。在对科学争论的探讨中，以波义耳为行动者，关注"他眼中的对手的观念：波义耳视为对手的是哪些人？面对对手的种种批评，哪些部分波义耳特别想要反驳？在他整套观念和研究事业中，哪一方面是他特别想辩护的？而在对批评者的响应中，波义耳采取的交战规则是什么？"（夏平、谢弗，2008：149）行动者作为夏平实现其"自然主义历史研究"的切入点，以反对规范的标准科学观和科学史观。他认为，科学史作为一门经验性学科，通常忽略哲学上的或社会学理论家抽象的纲领性主张，拒绝标准的科学观及其科学史（Shapin，1985）。这样，以行动者为导向便成为夏平摆脱规范主义、撬开实践史的楔子。

2. 扮演"陌生人"：兑现对称性原则

夏平认为，传统的编史学在合理性标准下采取单一的解释模式，将行动者进行划分并确定解释模式，在"胜者为王，败者为寇"的辉格史观下，标准史学的合理性解释归属于胜者，如波义耳，而非理性的社会学解释则被分派给像霍布斯这样的失败者。

在夏平看来，这是对二者不对称的处理方式。为此，他区分了对于行动者进行历史解释的"成员说法"（member's accounts）和"陌生人说法"（stranger's accounts）。以波义耳和霍布斯在17世纪60年代和17世纪70年代早期的争议为例，"成员说法"将波义耳、伽利略等行动者视为科学的先驱和奠基者，这种解释所隐含的假设是，历史学家与17世纪的波义耳都属于实验纲领的成员，共享同一种文化，他们都试图维护一种不言而喻的社会力量，波义耳的成功，成为不言自明的事情。夏平认为，这种历史解释恰是需要反思的。

为了"摒除'误解'范畴以及与之相关的不对称"，脱离这种不证自明，夏平提出了一种对称性的方案，认为历史学家应该扮演"陌生人"，将科学成果悬置，对既已成定局的科学内容和活动要从佯装陌生人着手研究（夏平、谢弗，2008：10），以寻求"陌生人说法"。在解释特定文化的信念和实践时，陌生人具有特殊的优势，即陌生人并不把现代看作不证自明的东西当作理所当然，他们知道其他替代性信念和实践方式的存在，甚至有些陌生人也会参与到替代性方案的竞争中。例如，作为陌生人的霍布斯，清楚地看到波义耳实验哲学的问题所在，并动用各种策略试图将之解构，这便为我们理解科学提供了其他的可能。

不过，仅仅对通常的胜利者采取"陌生人说法"还不够，为了反对传统的辉格史，达到一种彻底的对称性，夏平还提出，"基于同样的运作，我们会采取接近'成员说法'的态度，处理霍布斯的反实验主义"（夏平、谢弗，2008：11）。以辉格史来看，霍布斯是失败者，但是如果将他视为行动者，对他采取"成员说法"，那么将会呈现不同的历史面貌。夏平提出，应对霍布斯反实验主义的观点采取一种"宽厚诠释"（charitable interpretation），从而"打破环绕在以实验生产知识之方法的周围那种不证自明的光环"（夏平、谢弗，2008：10）。概言之，通过对波义耳采取"陌生人说法"，而对霍布斯采取宽厚的"成员说法"，夏平便在科学史研究中贯彻并兑现了 SSK 的对称性原则。"成员说法"和"陌生人说法"均指向科学的不证自明，并试图将其打破。

（三）科学知识的社会制造

1. 社会利益的目的导向

夏平在对 19 世纪 20 年代发生在爱丁堡的颅相学争论进行研究时，贯彻了一种典型的爱丁堡分析图式，即社会在先，由社会解释人们的信念。这一案例采用利益解释模式，将争论的派别所具有的立场与他们的利益联系起来。大学里的精英群体体现着一种社会等级的意识形态，而城市的商业中产阶级则寻求平等而多样化的社会结构，双方对脑功能做出的不同解释，不能在大脑的真实反应上去理解，而应与颅相学家们的社会利益相联系。不同群体处于当时的社会情境中，他们所运用的争论策略关系到现有学术和精神领域的权威（Shapin，1975）。因此，关于大脑结构的不同实验陈述分别是由不同社会利益支撑的，科学争论并非科学之争，而是不同利益群体所进行的政治斗争。

在对波义耳的一系列案例研究中，夏平认为波义耳的实验哲学纲领实质是通过一系列的修辞、协商手段，开发出各种新的技术和策略，打造了一种理想的社群，其目的并不在于追求科学的真理，而是维护自身的社会疆界及其利益。"捍卫边界成功之后，其回报十分惊人。在这社群之内可以自由辩论，实验者宣称拥有的权威也因此相当可观。"（夏平、谢弗，2008：288）例如，夏平在分析伽利略的利益目标时，将他纳入社会赞助中进行考察。"为了占统治地位的美第奇家族，伽利略将他最新发现的木星卫星命名为'美第奇星'，他完全知道，这样做对于他在佛罗伦萨的赞助人以及对于他自己的视野有多大价值。利用天文学可以为美第奇家族提供一套透射着力量的新族徽，这类族徽可将其权威与天界的乃至于神圣的渊源联系起来。"（夏平，2004：124）以伽利略为代表的科学实践者，他们以"宫廷哲学家"的身份迎合了沽名钓誉的意大利大公的口味，将之"抹上文化的色彩"。在夏平看来，历史中的科学实践者动员其他社会资源，并发明新技术来制造知识，目的是取得相关知识的合法性，从而获得科学并将其作为一个稳定疆界的权威和利益。

2. 修辞技术

在以波义耳为行动者的案例中，夏平探讨了波义耳在具体情境中如何开发出各种修辞技术进而获得知识合法性的过程。夏平认为，事实不只应看作是认识论的范畴，也同属于社会范畴（夏平、谢弗，2008：23）。波义耳为了达到目的做了各种努力，包括利用周围的资源不断地开发新技术，创造条件将各种资源进行客观化。事实需要由个体的信念聚合而成，如果关于气泵的知识和经验可以延伸到许多人，甚至是所有的人，那么就可能构成一项事实。为了扩大见证者，波义耳一方面在公开的社会空间中执行实验操作，另一方面不断重复实验，使私人的感觉经验转变为公共见证的自然事实。如此，事实便成为一种社会的范畴。不仅如此，波义耳还创造出了通过书写来制造虚拟目击者的"虚拟见证"，夏平称之为"书面技术"。波义耳运用朴实无华的风格、巨细无遗的叙述模式、谦虚的道德语气，周详谨慎地叙述实验过程，把自己装扮成了一个值得信赖的人，使得读者不再对他怀疑，进而将自身转变为证人。

这种修辞还体现在波义耳在与对手的争论中。当霍布斯对波义耳的《新实验》进行批评并涉及实验纲领的合法性时，波义耳对此进行的辩护性响应尽显"论述之道"。他的回应采用了一系列策略性的修辞技术：首先将对手引到实验哲学及其操作的地盘上，将霍布斯的批评看作是对诠释的反对，再将他们的分歧归结为诠释上的冲突，由此暗示霍布斯和他玩的是同一种游戏，"但霍布斯玩得很差劲"。波义耳在争论的过程中始终展示绅士的礼仪与谦虚，但也"并非全然舍机智话和讽刺不用"，他对气泵完整性的辩护始终贯穿着道德考量（夏平、谢弗，2008：166~171）。面对自然哲学社群造成的道德威胁，夏平展示了波义耳在文章的篇章布局中是如何采取一系列修辞策略来对付这个冒犯疆界的对手的。

3.协商终止分歧

在制造气泵知识的过程中，即使有波义耳的完整书面说明，要独立做出气泵也是非常困难的，难以在社会空间中达成统一的意见。夏平论证道，实际上，在重复空气泵捕捉真空的实验过程中，每个气泵都存在漏气或是其他问题，正常运作的气泵非常少。在对通过重制技术制造公共知识的描述中，夏平对柯林斯的"实验者回归"进行了精彩的历史再现：

> 　并没有一套明白清楚的规则，可以让实验者重复该实验。……其他实验者必须能够判断这种重制什么时候才能完成。唯一的方法就是以波义耳现象作为他们自己机器的校准。能够产生出这种

现象，就意味着这架新机器可算是个好的机器。如此一来，在实验者能够判定机器的运作是否良好之前，他又必须知道他机器的运作是良好的。这就是柯林斯所称的"实验者的回归"。（夏平、谢弗，2008：217）

　　如何终止这种回归或循环？夏平遵循科学知识社会学的解释方式，将其归于协商：正是实验者之间的协商，将实验者带离了这种循环，事实和知识被生产出来。夏平考察了不同重制过程中的知识传播的详细过程，描述了气泵在欧洲的传播与建造，其中有些支持波义耳，有些则对其构成挑战。在英国内部，伦敦和牛津之间存在辨别气泵的分歧；在英国之外，伦敦和荷兰之间也对气泵的操作判断存有不一致，他们需要通过协商来解决分歧。在这里，对气泵认识的分歧和不确定性构成了一种修辞的资源，既能起到统一分歧的作用，又能用来反驳各种批评，"1660年代的气泵没有定版。这一机器的变动性在我们所描述的协商中是一有力的资源"（夏平、谢弗，2008：244）。尤其是当分歧危及波义耳气泵的完整性时，实验社群内部便出现疆界被重新划分的可能，此时，协商则变为一种保护性的驳斥策略。例如，当荷兰的惠更斯发现水的异常悬浮现象时，气泵的完整性便遭到了英格兰自然哲学家的批评，波义耳否认其作为事实的地位，因为该现象与空气弹力的解释相抵触。波义耳的策略是把水异常悬浮的难题从气泵的情境中分开，从而使这个疑难不再威胁气泵的完整性及其在实验纲领中的地位（夏平、谢弗，2008：242~243）。

4. 创造实验哲学的"生活方式"

　　在王政复辟时期的英格兰，作为一种新的知识纲领，实验哲学要成为合法的活动，还需要艰苦地创造条件，不仅要招募新手实验者加入实验社群，还要规定他们的社会角色及其特有的语言修辞，并展现一种合适而恰当的成员关系，从而将社群内部的分歧限制在安全的疆界内加以处理。这种社会关系的建立对于当时的社会政治尤为重要，因为在复辟时期，"争论"关系到社会秩序。实验社群要想在复辟文化中获得合法性地位，就必须展现其成员之间的那种宽厚的和谐与共识。

通过与霍布斯、莱纳斯、摩尔三个对手的争论，波义耳示范了一套就事论事等处理争议的规范，制定了用以规范争议的道德规范，他"创造并维护一个冷静的空间，在其中哲学家得以化解歧见、集体对知识的基础取得一致意见，并借以建立其在复辟时期文化中的信誉"（夏平、谢弗，2008：71）。夏平认为，这种社会技术与书面技术结合在一起，通过一系列社会关系将实验哲学家塑造成一个稳定的共同体。

夏平总结道，通过气泵制造与操作的物质技术、增衍证人的书面技术及整合实验哲学家的社会技术，波义耳将关于气泵的事实和知识逐渐进行了客观化，"合法的知识只要是由集体产生，且获得构成这集体的那些人自愿的同意，就可担保是客观的"（夏平、谢弗，2008：73）。这三项技术都具有客观化资源的作用。在夏平看来，波义耳通过他自己发明的这三项新技术，不仅制造了知识，也制造了一个实验室社群，在此过程中，社群的边界被逐渐界定出来。

在夏平看来，在实验哲学的疆界被逐渐划定的过程中，波义耳还利用了自身的高贵地位、绅士、基督徒、学者身份及其品质，"将实验哲学家塑造成为一种新的和尊贵的角色"（夏平，2002：23）。尤其是绅士的身份，为知识陈述的可信性提供了保证，解决了信任的问题，从而导致了知识被集体所赞同。如此，在夏平那里，科学并不像波义耳所宣称的拒绝权威依赖个人经验，相反，科学高度依赖于证言与权威。

5. 作为政治方案的科学主张

夏平将波义耳和霍布斯的争论视为复辟时期争夺利益特权的政治斗争。他认为，在当时复辟的特殊环境中，波义耳的实验哲学纲领和霍布斯的演绎几何的知识主张都是一种止息纷争、寻求稳定的政治方案，但他们在彼此眼中都被视为试图争夺特权的乱党。"知识生产和保护的问题是政治中的问题，反过来，政治秩序的问题也总是涉及对知识问题的解答"，科学史所盘踞的领域与政治史相同（夏平、谢弗，2008：19，316）。波义耳的实验哲学纲领被视为一个解决社会秩序问题的方案之一，但这种方案在当时并非具有天然的合法性。在这方面，夏平通过对霍布斯采取"成员说法"使其得到了说明。霍布斯清楚地意识到了波义耳努力打造的稳固的实验社会空间有可能变成一种危险的权柄，尤其处于复辟特殊的情境下，"任何人如果宣称拥有特定领域的所有权——无论这领域是教会、法律或自然哲学——都是意图颠覆大一统国家的权威"（夏平、谢弗，2008：269）。因此，作为竞争关系的波义耳和霍布斯，他们都必须说明自己的知识如何与社会秩序相关，而这种知识的生产以及该社群不会威胁到现存的英国国教牧师和复辟政权的权威。

复辟后的英国社会如何取得一种稳固的一致性意见，成为当时特定的政治需求。在这种知识与政治交叠的情况下，竞争者们试图发明一种具有治疗性质的知识，使之成为一种"政体的养料"。波义耳和霍布斯分别发明了两种不同的方案，波义耳采用"有限宽容"的修辞，代表了一种和谐的社会关系，而霍布斯演绎体系的知识则采用"合法强制"的修辞，代表了一种强制的社会关系，二者都试图在复辟环境中展现一种能有助于获得有序同意的政治秩序。波义耳及其同盟运用各种技术成功地发明了一个范围稳定的空间，争论在其中安全进行，错误被立即纠正，知识的获取来自自然，而不是特权和专制，这样的科学社群成为复辟后理想社会的样板，最终胜过霍布斯的"强制方案"，成功解决社会问题而获得了知识的合法性。对此，夏平概括道，"解决了知识问题，也就解决了社会秩序的问题"（夏平、谢弗，2008：316）。

综上所述，在夏平的科学史中，科学事实和知识的制造是一个社会过程。正是在这个意义上，夏平认为，"真理的社会史"是可以成立的，因为真理和其他人类活动没有什么区别，都能接受社会学的解释。

（四）"工具模型"：瓦解合理性

夏平在批判传统科学史的基础上提出并践行了社会学建构论的编史学纲领，通过批判传统科学史的"强迫模型"，阐发了社会学解释的"工具模型"的编史学立场。

1. "工具模型"：以社会目的为导向

夏平指出，传统科学观下社会学的编史学遵循一种"强迫模型"，这种社会学解释的特征是个体主义，它基于实在基础上的科学知识，将社会学等同于非理性。这种模型囿于内外史二分的框架，使社会学的工作呈现一种简单的社会决定论，在社会学和科学史之间，或在现代专业性科学和过去背景中的科学之间，存在解释性的和方法论的不对称：社会学解释被迫止步于反映实在的科学知识；"强迫模型"的一个重要的问题在于，它无法提供一个准确的社会实践图像（Shapin，1982）。

夏平在概括了大量社会学经验研究工作的基础上，认为已有研究已呈现了一种工具主义的视角，他将这种新的社会学解释模型称为"工具模型"。其主要内涵是，知识的产生和评价被看作是目标导向的，知识不再被看作是孤立个体深思熟虑的产物；知识的产生和判断是为了促进某些特殊集体的各种目标（Shapin，1982）。夏平进一步发挥了强纲领的有限论，将工具性目标看作与整个文化有关。他认为，哪一种知识被制造、对其按照哪种标准来评价，这都不是确定的，都与广阔社会中各种趋势的合法性和批评有关。一旦目标决定了，知识的产生和评价便对此进行适应，目标决定着知识的形式与生产。由于知识总是处于被调整以适应正在做的事情当中，因而它的意义不是限定的，它总是被剪裁到具体的实践当中。正是在这些知识的制作过程中，它的意义被生产出来。因此，概念的使用和意义是相互缠绕的，使用和意义将会被嵌入一个关于算计的复杂的社会网络中（Shapin，1982）。

这种与强纲领紧密相关的"工具模型"为历史学研究提供了方法论的思想来源。夏平认为，将科学理解为一种社会活动和一种典型的文化形式，意味着把它看作是目标导向的，即不再去问科学家相信什么，而是去问他们想要做什么。这意味着要从科学家在特殊情境中能获得的继承性的和社会传播的知识储备方面来理解各种信念，从他们的目的来理解各种信念，通过涉及他们所使用的情境来理解科学观点的意义，以寻求对科学家信念的解释（Shapin，1982）。

2. 利益驱动的社会网络

"工具模型"与强调社会情境、突出行动者的历史研究方法，以及SSK的利益模型是相辅相成的。夏平以波义耳为行动者，将他置于目的或动机的利益解释模式中，以他的处境、视野及意图来解读他所做的事情，而在最终目标和最初动机之间，充满了各种策略与利益。科学实践者在社会建构论的解释中被还原成由利益驱动的符号，他们精于算计、看重利益、充满手段、善于伪装。在波义耳的历史研究中，夏平引用莎士比亚作品的名言——"计谋已定，步步艰难"（夏平、谢弗，2008：75）表达了这种社会建构论下的工具性特征。强纲领下大量对社会争论的研究都将对知识的争论划归为对利益争夺的斗争。夏平认为，在一个自然表征被作为评价或工具使用进而促进更广阔的社会利益的背景中，一个算计的网络便可能被建立，在这个网络中，关于自然的特定观点和社会利益的特定集结之间的偶然联系将会被识别，并将会为其他利益机关提供一个算计和评估的基础（Shapin，1982）。这样，在SSK的编史学中，社会利益被提升到解释历史的动因性地位，而自然标准则被降格为一种工具，成为追求利益的可利用的资源。

这种实用主义色彩浓厚的解释策略，使科学实践者沦落为被利益驱动的符号。波义耳的科学活动是在获取合法性、获得信誉和权威的利益驱动下进行的一系列响应式的活动，自然表征则成为他在响应和博弈过程中使用的资源之一，与其他文化资源没什么两样。尤其是在与其他可替代的群体方案的竞争中，为了反对一个群体的社会利益，明智的做法是使那个群体所使用的自然观念作为社会策略变得不可行，或与之进行战斗。这种算计的复杂网络涉及广泛的社会利益，也涉及自然哲学的使用（Shapin，1982）。在夏平看来，波义耳深谙此道，他将实验空间打造成一个"可以讨论、履行并综合多种利益的地方，科学角色便得以制度化，科学社群便得以合法化"（夏平、谢弗，2008：324），与其说波义耳是实验哲学的奠基人，不如说他是优秀的"社会绘图"者更为恰当。

在更大的范围内，整个科学也处于工具性的社会网络中，被视为为达到一定目的而有待使用的工具。夏平的研究突出了科学史与政治史的交叠，在《利维坦与空气泵》中，他将知识看作是解决社会问题的一种方案，知识作为一种文化资源被行动者整合到对政治问题的关切中。这当中的工具主义色彩在《科学史及其社会学重建》一文中，则表达得更为明确。在这篇文章中，类似的工作被安排在"广阔社会中对自然的社会使用"这样的标题下。由于现实的自然秩序富有道德、社会、政治的意义，也即自然具有构成性的规范的维度，因而在社会和政治思想中，存在对自然科学模型、理论和态度的使用，这被夏平称为"自然概念的社会使用"（Shapin，1982）。当然，在"工具模型"中，夏平认为社会和政治同样也构成了制造科学知识的工具性资源，二者互为工具。在这个意义上，包括科学知识在内的所有文化形式都作为工具箱的资源参与到利益驱动的社会网络中。

（五）小结

夏平在编史学上遵循了科学知识社会学的基本立场，展现了知识生产和评价过程中的社会实践过程，"科学是社会建构的产物"这一观点在夏平的史学中以一种细致的情境研究展示出来。他将科学看作是社会、文化的产物，社会性的人在制造事实与知识的过程中起着至关重要的作用。虽然夏平鄙视像黑森那样粗陋简单的社会决定论，但他的编史学更加巧妙地隐藏着一种社会决定论的风格。夏平表示，在工具主义视角下，社会的作用是去预先构造各种选择（Shapin，1982），换言之，科学被社会预先设计了可能性的呈现方式。对此，夏平意味深长地说，"我们认识的根本是我们自身，而不是实在。知识和国家一样，是人类行为的产物。霍布斯是对的"（夏平、谢弗，2008：327）。

三　社会建构主义的史学困境

社会建构论倾向的科学编史学恪守"强纲领"的公正性和对称性原则，运用社会建构论的分析方法在利益模式下进行个案研究，把精英历史同大众历史统一起来，力求将知识的制造、传播与应用的过程统统置于社会学的分析视角下，解释知识秩序和社会秩序的统一性，论证科学知识是文化与社会的建构物，并非超历史的绝对之物。这种编史学对情境主义的强调与突出，为我们远离辉格史打了一剂强效针，展现了更加细致入微的实践场景。不过，基于社会建构论对科学的理解，这种编史学也呈现一些问题。

（一）自然实在：埋葬辉格史的祭品

在科学的社会建构论中，夏平虽然没有否认自然实在的作用，但总体来说，自然在社会学路径的历史研究中处于被牺牲的角色。夏平认为，传统的历史学家只能对物理实在做赌注，但历史学家应该对这种看似充分的解释保持警戒和免疫，因为这很可能会导致辉格史的粗陋境地。

> 如果历史学家屈从于这种诱惑，他将会确实把"自然实在"作为一个对他所要谈论内容的"约束"来进行谈论。但不管怎样，

祈求于这种程序可能不得不变成理性主义者或是实在论的作者，历史学家都必须认识到所涉及的东西：可能完全是一种"辉格主义"（whiggism）和"现时主义"（presentism），而这是历史学家们通常都一致鄙视的。（Shapin，1982）

夏平将实在论与辉格史对应起来，他的论述逻辑是：历史学家如果要摒除令人厌恶的辉格史，就必须拿掉自然实在。传统的历史学将实在置于决定性的位置，从而强迫行动者，使之变成一个"判断的麻痹物"。他进一步辩护说，拒绝关于实在具有特权的陈述，并不是要拒绝感觉输入的作用，而是说，要书写更多的微妙的历史（Shapin，1982）。在夏平看来，对实在保持免疫，就可以让行动者在社会情境中活起来。

如上文所述，在夏平的历史研究中，自然被作为利用的资源被调用到以一定目标为导向的实践中。同时，与物质维度相关的仪器也被过滤掉了客观性，被夏平解读为一种技术性的策略。在《利维坦与空气泵》中，夏平分析了波义耳发明的三种制造知识的技术，其中一种便是与气泵的建造和操作有关的物质技术，但这种技术也被归结为社会学因素。他认为，对气泵防漏气的各种密闭措施以及操作，都"绝非琐碎或单纯技术问题：这座机器生产事实的能力，相当重要的关键就在于其物理完整性，或者更确切地说，有赖于它实际上并无渗漏之集体同意（collective assent）"（夏平、谢弗，2008：27）。同时，根据"工具模型"的历史解释，夏平将气泵的完整性看作是争论双方重要的利益资源。对波义耳来说，有关气泵的操作只是借助机器产生知识的完整性辩护的技术，而对批评者霍布斯来说，则是解构波义耳主张的策略。夏平将仪器解读为行动者为实现目标而动用的一种策略和资源，物质性力量沦落为社会学利益解释的注脚。

（二）相对主义消解科学理性

社会建构论的编史学纲领从行动者的视角出发，围绕单一的"社会利益"对科学进行全方位说明，在对称性原则和公平原则下，将真理与虚假、理性与非理性之争还原为利益与权力之争，从社会学的角度消解理性与非理性、真理与错误的界线。科学约化为利益，消解了科学理性和客观性，走向相对主义，这是对库恩的范式及其不可通约性的激进解读的结果。

以行动者的观点来对科学史进行研究时，理性的标准被抛弃，何谓"正确"与"错误"只由行动者决定，"行动者把他自己当作不需要任何解释的人，并且把其他的人的不同信念当作是反常的和有偏见的"（巴恩斯，2001：3）。由于每种社会和文化的强制力，我们应该按照那个社会和文化的常规去理解，而不是按照我们的，这样，这些所谓的错误就变得可以理解了，如此便存在对世界不同的理解方式，这便是巴恩斯所说的"自然信念的多样性"。

与巴恩斯类似，夏平以"工具模型"取代了传统科学史中的合理性标准，不仅将合理性分配到每一个行动者身上，而且认为这些合理性具有同等地位，不可能判断哪一种更具有优势。在这种相对主义的倾向中，科学理性被消解。波义耳和霍布斯的各自主张都是对当时复辟政体提出的解决方案，都是可能的生活形式，从这个角度说，他们玩的是同一种游戏，游戏的胜出取决于谁结交的盟友多而有力（夏平、谢弗，2008：326）。这些不同的游戏之间并不存在评判好坏的标准，每一种合理性之间并不具有可比性，"这就好比足球赛时从中场到侧翼的一个准确传球不同于篮球赛中的一个跳投不中一样"（夏平，2004：114~115）。正因为如此，"那些受到广阔社会的利益启示的行动者的判断，并不比那些没有受到启示的更加可理解或更有竞争力"（Shapin，1982）。在这里，错误与虚假成为一种相对于社会而言的"制度化标签"，科学理性被消解。

（三）实用主义将历史符号化

当科学理性被消解时，社会建构论的编史学也呈现一种实用主义的色彩。以夏平为代表的社会建构论的编史学被称为"实用主义导向"的科学编史学（Freitas，2002），其所倡导的历史解释的"工具模型"将历史人物符号化，成为利益驱动的符号。情境主义下的行动者以追逐社会利益和权威为目的，他们的行动模式已由文化和社会制度做出了规定。在波义耳和霍布斯的争论中，没有人关心自然实在，关心科学的实质内容，而是执着于解构对方的主张，实现自己的目的。"争执的双方都将对方描述为流氓老大，而对方所称的理想社群则不过是乌合之众。"（夏平、谢弗，2008：304）借助对称性原则下的"宽厚解释"，夏平从霍布斯的眼中看到的"实验者不过是另一个乱党"（夏平、谢弗，2008：304~305），这种排他性联盟的目的是要获取知识权威，获得特权；波义耳所组成的皇家学会也不再是探究自然的团体，而是对抗霍布斯的有力武器。在此过程中，行动者的身份也被视为实现目的的工具，"角色和身份概念的变化可以被看成是利用手头工具摆弄制作的形式，把现有的辞令表达加以细化改造、重新估价，使之成为新的角色及个人身份的新类型"（夏平，2002：125）。SSK 这种实用主义导向的编史学遵循与科学同样的特点、方法、态度和普遍性追求，坚持"某种道德方面的中立性"（布鲁尔，2001：17），将历史符号化，使科学史丧失了意义与价值。

（四）社会文化决定论

SSK 及其编史学将科学视为一种文化，赞同并利用维特根斯坦的"生活形式是理所当然的"的观点，即"我们都受到了各种推理法则的强制，而这种强制和人类社会的其他法则对我们的强制毫无二致"（布鲁尔，2001：218）。社会建构论的编史学将有限论所强调的那种常规力量进一步发挥，拓展到文化之于人信念的强制力量。"对所有变得与科学知识的发展有关的内在标准和程序来说，科学知识永远也不能使自己完全摆脱它产生于其中的文化影响。"（巴恩斯，2001：201）布鲁尔结合数学史案例说明了地域对信念和知识的生产所具有的限制作用，突出社会制度对知识的完全的塑造作用和生产作用。这种社会文化决定论在"工具模型"中使行动者成为文化的被动反应者，自然实在在文化的制约作用中不能发挥作用，夏平所提倡的实践观也仅限于行动者的社会实践。

由于 SSK 主张各种人类知识都是一定社会建构的结果，是处于一定的社会情境中的人们进行协商的结果，因此，不同的社会将会有不同的知识和信念，不同的时代、不同的历史时期、不同的民族都会拥有不同的知识，知识和信念是由文化和社会决定的。在夏平的历史分析中，多样的、不可比的合理性深深根源于社会情境中，不同的社会文化情境将会造就不同的知识。霍布斯虽然"失败"了，但"在产生支持实验纲领的自然哲学共识情境中，这一系列历史判决并无所谓不证自明或不可避免之处。该哲学社群若面对其他的环境，则霍布斯观点的接受情况很有可能不同"（夏平、谢弗，2008：11）。因此，社会情境尽管千差万别，充满变化和偶然性，但一旦确定一种社会情境，便决定了可能的历史走向。

* * * * *

西方科学编史学通过对传统科学观的批判，形成了对科学史的社会学重构，将科学建构论贯彻到对科学史的解释中，将知识、信念、真理等内容分析为修辞、磋商的结果。在"工具模型"的分析中，传统的普遍主义科学观以及科学史理性重建的图景被动摇甚至拆解。这种编史学中所蕴含的实践观念为后来的科学哲学实践转向及相应的科学史研究打开了思路，同时也造成了不容忽视的史学困境。这种新的编史取向也反映在了对中国科学史的研究中。

第三节　席文对中国科学史的社会学重构

席文在科学史研究中注重对中国古代科学中社会因素和政治框架的挖掘，并由此进入对古代科学具体内容的解释，主张不分内史和外史，打破前台和背景地研究中国科学史，通过"文化整体"的研究而欣赏不同文化中科学之河的"两岸风光"。席文通过考察古代科学的资助雇佣模式，指认了研究者在利益导向下的动机，以及自然和政治作为工具性资源的相互利用，即《黄帝内经》、《九章算术注》及气、阴阳、五行等思想利用政治修辞获得知识合法性，同时也构成了统治者实现政治目的的工具资源。这种社会建构论的倾向导致"文化整体"并非真正的"整体"，而是最终指向了社会维度，中国古代科学成为特定历史时期社会政治的建构物，构成了 SSK 编史学的中国版本。

一　"文化整体"的社会建构论取向

席文在与劳埃德合著的《道与名：早期中国和希腊的科学与医学》（以下简称《道与名》）（2002）中提出了"文化整体"（cultural manifolds）的概念，运用这个方法考察并比较了公元前 400 年至公元 200 年间中国和希腊的科学与文化，其中中国部分由席文执笔。2005 年，席文撰文向中国科学史界介绍了《道与名》所示范的"文化整体"这一"古代科学研究之新路"，2009 年，席文在北京大学的竺可桢科学史讲习班中又做了五场系列报告，专门介绍"文化整体"的研究方法。一系列的学术活动表明，"文化整体"构成了席文科学史研究的重要方法论。

（一）"文化整体"：科学史的时代要求

首先，对席文而言，"文化整体"是针对科学史研究的方法论不足而提出的。席文认为，在科学史研究的边界问题上，思想史和社会史处于二分状态，研究东亚科技史的史学家要么致力于探索概念和方法，要么关注科学家和社会的联系，"结合知识与社会两方面的研究甚为罕见"（席文，2005a）。在内外史分野的状况下，人们总认为技术内容和社会背景是彼此专有的，明智的人们选择其中一个，从而变成了忠诚的内在主义者或外在主义者。对此，席文指出，随着科学史研究边界的变化，从 20 世纪 80 年代中期起，一些学者渐渐认识到，不管是智识史还是社会史都是看待同一现象的方式，对于一个饱满的理解来说，它们都是同等重要的（Sivin，1991）。这样，科学史便从社会史和思想史的划分阶段逐渐转向了对复杂的历史事实的研究，形成了包含社会史和思想史两种研究纲领的"综合的研究路径"（Lloyd and Sivin，2002：xiii）。席文的"文化整体"试图将传统意义所说上的内史与外史放在同等的位置上，摒弃实证主义科学观的内史与外史的惯常做法，"不分前台和背景"（席文，2005a），考察一个给定问题所发生其中的那种文化所相关的所有维度。

其次，在席文看来，"文化整体"是对新的科学观、科学史观的响应与要求。他认为，古代科学的整体性是不可分割的，科学的狭窄性和专业性的特点只是在 17~18 世纪人们为了拓展深度而付出了广度的代价，缩小了物理解释的尺度，科学看上去才似乎有了价值无涉的普遍性和客观性。但对毕达哥拉斯来说，数字一开始就不仅是自然知识的关键，而且也是所有知识的关键；对柏拉图和亚里士多德，甚至是董仲舒和《黄帝内经》的作者来说，所有物理实在的知识都是审美的和道德的。正是在这种科学观下，席文希望对过去的情况做一种整体的考量，"通过审视情境（context）中的科学，而不是单独的科学"

（Sivin，1991），让具有专属性质的科学消弭在巨大的文化图像中，从而避免辉格史路径。

（二）多维度内涵：展示情境中的科学

按照席文和劳埃德的表述，"文化整体"来自数学上"簇"的概念，因而国内学者又将其译作"文化簇"。"簇"包含多个维度，因此"文化整体"的表述是复数形式，它试图包括对给定问题以及该问题存在于其中的与文化有关的"所有维度"，包括理念、社会关系、经济、宗教、政治、亲属关系等，同时也涵盖了把这些方面组合起来成为一个整体的相互作用关系（席文，2011a）。"文化整体"试图将涉及科学活动的特定历史场景全部囊括进来，以审视"情境中的科学"。在《道与名》中，席文将中国古代的科学思想和科学人物置于广阔的社会与文化情境中，从宇宙观、社会、制度等方面进行考量。在此过程中，席文对"文化整体"的内涵所做的进一步解释是："我们把整体的各个方面看作是，人们是如何谋生的，他们与权威结构的关系如何，什么维系着他们做着相同的工作，他们如何交流自己所理解的东西，他们使用的概念和假设是什么"（Lloyd and Sivin，2002：3）。按照"文化整体"，中国学者的谋生情况、与统治者的关系等都成为席文研究的重要内容。

席文的"文化整体"是情境主义编史学的一种自觉尝试，是对传统科学史观追求超越历史的抽象概念的纠偏。"脱离语境而进行单一主题或单一概念的比较，无论是涉及科学思想、价值观、机械发明，还是涉及科学团体，其结果必然不尽如人意。"（席文，2002b）在席文看来，最有成果的比较不是开始于个人概念或方法，而是开始于那些在他们最初的环境中能看得见的思想和活动的综合体（Lloyd and Sivin，2002：6）。

（三）"文化整体"的社会学取向

尽管"文化整体"试图包含"所有维度"，但其中并没有物质的维度，在实际的研究中，众多维度最终指向了社会这一维度。席文认为，思想是一个连续统一体的一部分，这个统一体包括思考者的生计：他们把谁看作是同事，他们如何赞同或不同意这些同事，他们怎样认识周围世界，他们做出怎样的政治和社会选择等社会学问题（Lloyd and Sivin，2002：xi）。在《道与名》中，席文的关注点已从传统科学史观中关注只具有大脑的个体转向了关注社会性的人，特别是中国古代科学人物寻职谋生的生计问题，通过对国家资助或社会雇佣模式的考察，由此将焦点转向古代研究者的动机问题。他认为，中国古代研究者在制造知识时渗透进对自身利益的关切，即为了获得资助，维持生计，他们努力将知识内容与统治者保持统一。在这种利益模式的分析下，社会和政治便构成了古代思想家制造科学知识的工具性资源：《黄帝内经素问》、《九章算术注》通过采用政治观念以获得权威的认可；《神农本草》利用政治模式作为修辞手段表达正统的合法性；《周髀算经》的"天圆地方"暗含政治意味；《九章算术》的内容与政治的关系是"含糊暧昧"的；气、阴阳、五行、道的思想是对制度和盛行的价值做出回应的结果。在这种分析中，中国封建官僚制度下的政治生活导向主宰甚至"垄断"了中国古代的科学，知识分子的生活始终绕着君主的一极旋转，中国古代科学成为特定历史时期社会政治的建构物。因此，尽管"文化整体"试图包含"所有维度"，但这种多维度最终收缩于社会这一维度。

值得注意的是，"文化整体"的这种社会学倾向并非默顿式的。在席文对中国科学史的分析中，社会学解释已进入了科学知识的具体内容，与SSK形成了相同的研究旨趣。席文和劳埃德在《道与名》一书中批评了"社会学—外史"的研究传统。在他们看来，这种传统将社会因素从科学知识中排除出来，二者并不存在真正的关系。他们对这种科学例外论提出了反对：科学思想和医学洞见不会发生在真空中。它们成长于那些有着特有教育和特有生计的人们的思想中，并与他们经历的其他部分无法分离（Lloyd and Sivin，2002：xi）。在《道与名》一书中，希腊和中国的研究都是始于社会和制度框架的讨论（包括社会特征、科学家出身、生计、社会关系），再进入各自科学的基本问题（包括科学观念和思想）的探讨。在席文和劳埃德的分析中，希腊和中国这两种文化在表述思想时所使用的不同的概念，例如希腊的自然和元素，中国的气、阴阳、五行、道等，都是思想者对当时制度和盛行价值做出回应的结果，社会因素不是什么外部的东西，思想因素和社会因素进行着相互作用（Lloyd and Sivin，2002：3），与夏平的"工具模型"类似，席文的"文化整体"在对中国科学史的分析中，采用了利益模式对科学知识进行工具主义的解释，显示出明显的社会建构论特征。

二 利益导向下的古代研究者

席文的"文化整体"突出了历史情境，而进入情境的一个重要入口便是具体的历史人物，即那些从事科学实践的具体的人。席文感兴趣的问题是：古代中国的科学家是怎样看待他们自己正在做的事的？他们自己对于他们试图要做的事情是怎么说的？（Lloyd and Sivin，2002：6；席文，2002a：502）席文认为，聚焦于人物是研究中国科学的重要方法。当然，这里的科学人物并非指孤立的个体，而是一定社会关系中的有意识的个体，围绕这样的科学人物所要探讨的问题便包含了众多社会学指向的内容。

（一）寻职谋生：社会雇佣模式的塑造

席文对中国科学史研究的社会学倾向使得他首先关注于中国科学的社会和制度框架，在这样的研究议题中，席文关心的是获取科学家身份的社会条件，包括生计、雇佣关系、身份、社会阶层等。

在古中国或希腊，需要取得什么才能成为一个哲学家、科学家或医生？这是否会取决于个人所出自的社会阶层？那些努力这样做的人靠什么生活？他们的技术工作在自己的职业中扮演怎样的角色？这些问题的所有答案会根据时代和学科而有所变化吗？希腊和中国又有何不同？（Lloyd and Sivin，2002：16）

这些问题的可能答案都指向了社会因素，包括社会阶层、寻职谋生等。席文给出的答案是，中国具有特殊身份的一群人——"士"。他认为，中国的士具备接受教育的机会，哲学家和科学家通常都出身自这种身份，并且由于受到资助而得以扩展。席文指出，汉朝以前，大多数人文哲学家通过寻求资助过活，到了汉朝，那些希望得到官员身份的思想家大多数还为统治者著书（Lloyd and Sivin，2002：190）。知识分子通过"食客"等身份进入被国家资助或官方雇佣的体系中，研究者的生计问题与学问著述联系在了一起。席文认为，中国古代学术的内容从资助到官员的雇佣，再到汉代后期世系模式的各种派系中逐渐演变而来，它们反映并影响了中国学问的社会环境；那些潜藏在科学和医学中的能力被扩散到中国社会的不同等级中，但精英们的文化修养根基使得这些能力又汇集到了接近顶层的位置，而这种社会分配被汉朝之前的资助形式和期间的官员身份所塑造（Lloyd and Sivin，2002：79，22）。因此，古代知识分子和科学思想家无法与他们的社会身份、受雇与资助的情况分开，而是同他们的生计紧密地连在一起，"汉代知识分子进入了比较有保障的官僚体系，虽不是所有思想家与科学家都这么想或这么做，但这毕竟是实惠可行的升官发财之道"（席文，2002b）。

（二）维持生计：与统治者保持一致话语

在国家资助或雇佣的模式下，席文聚焦于古代研究者的动机问题。

席文认为，人们所想的东西是无法和他们是谁分开的，也无法和他们想要的东西分开。他问道，是什么激发了个人或集体从事理性的研究？这个问题引导他对科学的内容和思想进行历史的重建——对怀有某种动机的中国学者一般是怎样不断形成对宇宙的看法，直到将此编织成综合性著作的（Lloyd and Sivin，2002：188-189）。在这种目的导向下，席文指出中国古代研究者在制造知识时会有策略性的特别考虑，其间渗透着研究者自身的利益关切。

> 如何让读者相信身体是一个小宇宙；身体与天、地的相似之处是什么；对于更大的理解框架来说，这种联系的结果是什么；探索宇宙和微观宇宙之间的关系，可能会怎样影响一个人自身的生计和地位——这些问题在那些思考者的脑海中相互作用。（Lloyd and Sivin，2002：189）

在席文看来，研究者在制造知识时，会考虑该研究带来的结果及与之有关的切身利益。在这样的关切下，席文要求科学史的分析放大焦点，将他们职业的社会和政治维度也包括在内。他特别提到一个被忽视但很显著的话题，即以统治者为目标的一种单向的话语（Lloyd and Sivin，2002：189）。为了获得资助，维持生计，中国古代的研究者努力将所制造知识内容和统治者保持统一，这便是他们的利益。因此，古典中国的作家倾向于将天、地的研究看作统治者意图的结果，以保证一个稳定的社会秩序；而医学的思想体系也倾向于集中在君主的意志上，皇帝对老百姓的慈悲反应就是要去掌握医学的学说，并将之编纂于圣典之中。

> 对道德意义和政治关联的强调意味着，从业者不可能仅仅为了实践的意图去采集资料。例如，汉朝后期的《神农本草》就不

仅仅是一部关于医学内容的信息收集。每一项都按照政治的等级制度进行了分类，并与阴阳、五行的宇宙节奏相符合。（Lloyd and Sivin，2002：191）

在席文看来，虽然在中国，学者的影响有可能左右国势，但也不时会有风险。"学者因失宠而遭囚禁流放、宫刑杀戮的例子不胜枚举，其中不但有天人宇宙论家吕不韦和淮南王刘安，也有医生淳于意和历史家与太史令司马迁。"（席文，2002b）因此，各种学科由于受到政府的支持和资助，在发展自己的概念综合体时，尽管学者的著述不断通过增加新概念而产生了有力的分析，但他们仍努力让自己与国家的社会、政治秩序的观点保持一致（Lloyd and Sivin，2002：237）。

（三）政治主宰下的科学人物

在上述利益导向的社会学解释下，席文对沈括、王锡阐等古代的科学家做了专门的人物研究，将社会建构论渗透其中。以沈括为例，席文认为，"欲理解沈括为官的困境及其科技实践成型的成因，必须先要考察他那个时代动荡的政治环境"（席文，2005b）。他指出，11世纪下半叶变法运动鼓励了一种对实际事物特别关注的价值导向，这种导向对官僚体系产生了重要影响，它不仅要求官吏多才多艺才能获得升职空间，也反映在对官员务实、量化的政绩考核指标上。沈括便是在这样的社会情境中为官的一员，他可以广泛涉猎多种关于自然的知识领域，"无拘束地满足自己的好奇心"。作为王安石变法的支持者的代表之一，他还需要不断改进各种技术，在天文学上做出成绩。因此，席文将沈括在科学技术方面的成就归因于他的官员身份。

沈括仅仅是11世纪那些把自己在科学技术方面的兴趣（尽管是业余的）完全同各种公务职责结合起来的博学之士中的一名。

沈括这些人所以在科学思想上能够保持智力上的前后一贯，看来只是公务生涯前后一贯的一种反映，它正是在这样的生涯中形成的。换句话说，他的研究兴趣显然是与他作为官员的各种责任和义务联系在一起的。（席文，2002：503）

席文在对沈括的研究中，考察了民事事物与科学的关系，认为"在所有的制度中，官僚制度是最能影响知识分子的成熟思想和科学态度的"（席文，2005b）。官僚制度无疑对沈括一生的科学和技术有着深刻的影响。宋代的执政当局对科学和技术两个领域的活动给予大力支持，"沈括的求知欲，他的个人经历和能力的培养均离不开从事的公职"（席文，2005b）。并且，技术人员受到的政府待遇甚至都超过了政府官员，包括燕肃、苏颂等同时代的多才多艺的人都在北宋的中心管理机构担任职务，"因为只有国家的财政才能维持燕、苏、沈等在科技领域内的训练项目及实现宏大理想"（席文，2005b）。

不仅如此，在席文看来，中国封建官僚制度下的政治生活的导向主宰甚至"垄断"了中国古代的科学，"国家的行政管理事务为一些科学和技术方面的大工程提供了模式，此模式几乎垄断了如数理天文学、占星术学和制图学等学科的规则"（席文，2005b）。这种政府的公务生活和价值观的影响之大甚至到了能够与中国传统自然观相互矛盾而依然奏效的地步。席文发现，中国的有机自然观主张天人和谐统一，然而沈括1077年的回忆录中给盐下的定义却是："盐意味着财富，它是来自海洋而又永不枯竭的利益来源。"（席文，2005b）席文认为这使人震惊的定义并非沈括的疏忽，而是"因为他是国家的'财政部长'，他希望从自然中获取财富来维持国家的财政支出"（席文，2005b）。在席文看来，作为王安石的忠实支持者，沈括在经济上为国家利益开发自然资源的主张和早年的工作经验构成了对这一概念的解释。

三　中国科学知识的社会建构

席文的"文化整体"突出了历史情境，而进入情境的一个重要入口便是具体的历史人物，即那些从事科学实践的具体的人。他们并非指孤立的个体，而是一定社会关系中的有意识的个体。席文通过对古代科学的国家资助或社会雇佣模式的分析，展示出行动者的目标和动机都与政治有着千丝万缕的关系，知识分子始终围绕政治旋转。

（一）政治修辞术：知识合法性的保证

在目标导向下，社会和政治构成了中国古代科学研究者制造科学知识的工具性资源，成为他们的修辞工具，以努力争取自身的合法性。席文认为，秦汉以来，思想家把国家概念和气、阴阳、五行等宇宙观结合起来，但这并不是因为有什么经验证据，只是因为气、阴阳、五行思想在政治上具有特殊的重要性。

> 政治上之所以重要，是因为这些概念运用到自然上，可以解释自然过程，从而反过来证明秦汉统一的政治举措是基于自然法则的。他们声称，帝王的礼仪贤行维系天地与天下和谐，而反对基于天地自然法则的权威必将受挫，就像逆四时而行必将失败一样。另一方面，他们想让权力无限的帝王接受某种约束。帝王百官只有各司其职才能维系宇宙、国家秩序，帝王根据天地法则构建政府，而百官则负责具体政策举措；百官在实现帝王意志，但帝王却不能干预具体政务。（席文，2002b）

以《黄帝内经素问》为例，席文认为，这一著作并不是在讨论大宇宙与小宇宙之间的对立，而是国家与人体之间的对应。黄帝问岐伯，"愿闻十二藏之相使，贵贱何如"。医学体系的关键之一，就是脏腑的主次等级，相当于国家的官僚体制。席文认为岐伯的回答认定内脏体系相当于身内的"官僚体系"，即心脏就像帝王，主使机关部门的正常运转。这种执掌能力在两个体系中都十分关键，而人体健康与否相当于国家政治是否安定。对天文学而言，中国人把宇宙看作是一个大的国家体系，在公元前300年至公元前100年，许多政府部门都被搬到了天上。除了中宫以外，还有东南西北四宫，相当于帝王的四方行宫，形成了中国天文学的"星官体系"。在席文看来，政治观念在中国古代科学和医学著作中的修辞屡见不鲜，《九章算术注》中刘辉的序言通过包牺氏画八卦、周公制礼等牵强附会的政治修辞，试图让这本著作与帝王相关联，从而获得一种权威的认可（席文，2002b）。

在《道与名》中，席文对《周髀算经》"天圆地方"的宇宙模型与数学理论，以及曲尺和圆规的作用进行了分析，将其解读为蕴含政治意味的内容，认为这种圆—方的逻辑依据中，天和地互补但又对立，这与那种维系又隔离了统治者和其公务人员的情况是相似的（Lloyd and Sivin，2002：217）。而对于《九章算术》，席文在不无赞赏地总结了这个以算法为特征的问题集的特点时，将《九章算术》解读为蕴含政治的学问，它的内容和特定问题的范围揭示了官僚政治的关切：有些章节明显地与政府的运作保持一致，例如，城墙和筑堤的建设、税谷的调动；最后一个类别的第一个问题，涉及了四个行政区超过44000户家庭的税收；其他问题组，比如商品的分配、投资的份额，都反映了平民的小规模交易；其他问题仍然与管理者和商人有关，这些都反映了数学家与国家之间含糊暧昧的关系（Lloyd and Sivin，2002：230-237）。

在"中国科学的基本问题"的标题下，席文将汉代包括天文学、数学、医学等在内的关于自然的思想和知识进行了社会学重建，唯一的特例——汉朝的炼金术——也在社会学的维度上加强了他的论证。汉朝的炼金术与其他的自然知识极为不同，原因在于它是唯一一个未受国家资助的科学，由于它处在政治限制之外的自由状态，故并不具有上述科学的这种与政治相关联的特点，这反映在它微观宇宙思想的独立性上（Lloyd and Sivin，2002：234，237）。而对于科学概念在不同领域和不同时期的变化，席文则认为，社会因素的内在构成是不容忽视的，即"赞助或国家雇佣是这个变化当中的一个组成部分"（Lloyd and Sivin，2002：226）。

（二）对称性解释：政治决定的天文学

席文在对元朝《授时历》的研究中，就对该历的"巨大成功"与"无所作为"这两方面都进行了说明，且贯之以同样的社会原因对二者进行了对称性的解释，成为 SSK 强纲领对称性、无偏见性等重要原则在中国语境的史学践行。

一方面，对于《授时历》的成功，席文采用"文化整体"的方法，将问题转化为：为什么《授时历》的一系列创新出现在这样一个王朝更替的动荡时期？这一问法将研究指向了社会政治维度——历法改革发生在蒙古人占领华北之后元朝政府确立之初，当时处于战争时期，也是王朝更迭时期，当时元朝任命的汉人负责人极少，但为什么改历反而如此成功呢？通过考察，席文认为：

> 《授时历》的巨大成功源于：（1）当时王朝正统的需要；（2）社会情形改变了帝国体系中天文学机构常见的体制状态；（3）一批汉族天文学人才与一个蒙古人主的结合；（4）将长期遗留的科学技术问题一并解决的决心。（席文，2002b）

在具体的分析中，这四方面无不渗透着社会和政治因素的致因性解释。首先，这项"改革在政治上意义非凡"。一个新的汉历体系将标志着蒙古统治者的胜利与合法性，因此改历由国家资助进行。由于元朝把汉人列于最低等人，而改历项目的重要人物却都是汉人，这成为当时元朝社会中的"特异现象"。为了了解参与改历的专业天文官是如何聚集在一起的，席文考察了他们的私人关系，发现了这当中有一个关键人物——刘秉忠。几乎所有参与改历的人"都是权倾一时的刘秉忠的圈内人"，他们或是他的弟子，或是同窗，或是支持者。"他们全心全意地支持刘秉忠，先后在上都和大都建立了天文机构。"（席文，2005a）席文在分析中特别强调了忽必烈的重要作用。由于忽必烈非常欣赏和器重汉人的"阴阳"才能，因此刘秉忠和这些人都得到了忽必烈的赏识，"从这个意义上来说，他们不是在为一个野蛮的外族统治者卖力，而是在给一位识贤重才、奖赏丰厚的主子效力"（席文，2005a）。正因如此，改历项目一反元朝排汉的现象，促成了一种新的天文学机构的体制状态。至于学术方面，则由于"蒙古朝廷更需要一个让汉人认可的、纯粹汉式的历法。元朝政府不允许汉人和其他地区的天文学家交流信息，因此《授时历》的创建自然没有受到重大'非汉'因素的影响"（席文，2005a）。元朝政府慷慨资助、大力支持，组织建立天文台，配置大型仪器，资助天文调查活动等，并把对新历法的验证工作推到新的高度，这促成了多种创新，获得了更为精准的观测。

通过分析可看出，尽管席文认为《授时历》的"巨大成功正是由于政治、官僚、个人活动和科学技术等方面的完美结合"（席文，2005a），但这四方面无不渗透着社会因素、政治因素的解释。特别是，社会学因素已经进入了对天文学知识解释中，并成为关键性因素。

另一方面，对于《授时历》的局限性及改历中毫无革新的步五星技术，他指出，《授时历》中的步五星法的绝大部分要么抄袭100多年前的方法，要么就只是引用那些方法，没有任何创新。"原因很明显，他们没有足够的时间进行这项工作，因为他们的主子急需一部历法，政治需要是第一位的，改历小组说了不能算数。"（席文，2005a）换言之，天文学的研究要服从政治需要。

作为无偏见的对称性分析，席文进一步探讨了中国自汉朝到元朝的历法体系对行星运动的推算一直不发达的原因。席文认为，自公元5世纪起，日月食的推算已经相当准确，"虽然突发的行星现象也是一种警告，但由于已经失去了政治上的优先权，因此无论行星运动在科学意义上多么有趣，还是得不到重视"（席文，2005a）。席文明确地表达了政治在科学研究中的决定性作用，自然现象让位于政治需求。"天文学家认识到五星的运动各有差别，但掌握这些差别需要长期、持续、精确的测量，这就需要有来自政府的新的优先动机，需要时间和经费。"（席文，2005a）因此，步五星的毫无建树与历法其他成功的部分一样，都由政治动机决定。席文将社会学解释对称性地贯彻在"无偏见"的研究中，中国的数理天文学成了社会建构的产物。实际上，这正是一种将社会学因素置于致因性解释的 SSK 式的分析。正如他本人所说，在面对一些问题时，一旦考察了政治维度，问题的回答就变得不再困难了（席文，2009）。

（三）工具性资源：作为政治方案的中国科学

席文指出，中国古代的宇宙论、社会、政治、伦理思想、医学的基本学说都极大地重叠在一起，这种智力模式与政治上追求稳定的诉求紧密相关，他们试图在混乱中寻求政治的解决方案。自孔子起，哲学家就试图阻止那些看上去无休止的混乱（Lloyd and Sivin，2002：236）。他认为，与希腊人对"真理的掌握者"的追求不同，中国古代大多数的"道的追随者"持有一种非常不同的纲领，那就是为统治者提建议，并加以引导。

> 他们不得不比他们的对手更加具有说服能力，……为了达到这一目的，他们借用或重新定义已经存在的概念，如"气"，来产生一个综合性的东西，它包含有天、地、社会、人体相互作用以

形成一个单一感应的宇宙。对宇宙秩序综合性的理解加强了谏言者对有序行为的坚持，甚至是对统治者。一些统治者或多或少接受了这些顾问加于他们的角色。（Lloyd and Sivin，2002：241）

如此，中国古代的科学知识主张成为一个个解决秩序问题的方法，犹如夏平将波义耳的实验哲学纲领解读为解决社会问题的政治方案。按照夏平的观点，自然秩序承载着道德、社会、政治的意义，因而在广阔的社会中存在对自然科学中模型、理论、态度的调用，也即"自然概念的社会调用"。当然，在"工具模型"中，夏平认为社会和政治也同样构成了制造科学知识的工具性资源，自然与社会和政治互为工具和资源。在这个意义上，包括科学知识在内的所有文化形式都被作为工具箱的资源参与到利益驱动的社会网络中。而在席文的研究中，中国古代的政府依靠微观宇宙的概念来组织其功能，并对其政权进行辩护。例如，在一个朝代开始时，皇帝要从一个暴力的支配者变成天地的中介，宇宙中良好秩序的礼仪守护者，以便使他的统治合法化，而反过来，国家赞助又影响了各种科学学说的出现。所有这些都说明了，国家的支持和由此而导致的控制强烈地影响了知识分子对智力的追求，正如那些偏爱和谐与对称的概念也反过来塑造了政府的各种机构（Lloyd and Sivin，2002：226，241，238）。这种对科学作为政治方案的理解方式，与夏平"科学史所盘踞的领域与政治史相同"的观点形成了呼应。

这种将各种文化形式视为利益资源的"工具模型"突出地表现在席文对中医的研究中。席文采用"自然的社会使用"和"社会构成了制造知识的工具性资源"的分析模式，指认了制造医学知识的活动与政治活动互为工具和资源，以实现各自的目标。他认为，汉朝的医学逐渐远离了早期的宗教和超自然推理，医治者开始将医学和身体领域、政治领域联系起来，使用一些新的、明确的概念来引导他们的实践。

医学的内容成为实现政治目的的资源和工具，反之也是如此，政治理论家从医生对新陈代谢和气的循环图像中借用了内容，在其他的使用中，他们在著作中运用这些内容以劝说皇帝避免直接卷入行政机关（Lloyd and Sivin，2002：231）。同时，席文认为，正统的医生也不断地完善自己的理论，成为政治范畴的概念工具。例如，"斜"的本意是"歪"，其对立面是"直"，它很快变成了暗示精神的污染，哲学家运用它表示心怀不轨的行为，而它在国家意识形态中则变成了"异教"之意，此后医生又把它作为病原体的术语，看作是"气"的一种类型（Lloyd and Sivin，2002：232）。在对《神农本草》基本框架的研究中，席文指出，这本最早的本草学说也利用了政治的模式：药方中，作为上药的"君"是主要的药物，作为中药的"臣"是辅助药剂，作为下药的"佐"是攻击病原体的附属药品，"使"是引导其他成分达到紊乱位置的药物①（Lloyd and Sivin，2002：233）。席文认为，这本书对365种药使用了一个"三层分类"，以融入汉朝不朽的理想。医学按政府官员的等级制度分类，利用政治模式作为修辞，表达了一种正统的统一和合法性。"他们将国家秩序与身体的秩序并列起来。当他们描画统治者时，他不仅参与了宇宙秩序，而且还实施对身体预防和治疗的神圣工作。"（Lloyd and Sivin，2002：236）

（四）医学社会学：维护社会正统

在对中医的研究中，席文将医疗的社会关系置于研究的焦点，并援引文化建构主义的观点，认为医学的形式与内容甚至是其价值体系的决定性特征都应该归因于它所赖以建立的那个社会的结构和价值观，

---

① 《神农本草》原文为：上药一百二十种为君，主养命以应天，无毒，多服久服不伤人。欲轻身益气，不老延年者，本上经。中药一百二十种为臣，主养性以应人，无毒有毒，斟酌其宜。欲遏病补虚羸者，本中经。下药一百二十五种为佐使，主治病以应地，多毒，不可久服。欲除寒热邪气，破积聚愈疾者，本下经。（尚志钧，1981）

任何形式的知识都是一种社会制造物（Sivin，1977）。这样，科学和医学便在席文的分析中成为一种维护社会正统秩序的力量。

在稍早的另外一项研究中，席文对吴昆《医方考》中的 11 个案例做了细致研究，除了考虑到传统医学理论，他更加突出医患的社会地位和相关的社会规范与习俗。他将病人置于社会网络中，追问这样的问题："在什么意义上，治疗意味着改变病人的态度？"（Sivin，1995：14）

席文选取了两个例子说明了治疗意味着旨在改变人的态度。其中一个案例记载了一个女孩订婚后由于常年见不到出门做生意的未婚夫而茶饭不思、卧床不起的案例。朱震亨把脉后告诉他父亲，这是思致气凝，不能只靠药物治疗，如能让她或喜或怒便能治愈。他父亲借口指责并掌掴她后，她气愤哭泣，在澄清此事后她便开始进食，这是因为"悲驱气，怒克思"之故。在朱震亨的建议下，她父亲安排未婚夫返回，从此女孩的病再未复发。席文对这个案例进行了社会学的解读，认为在古代一个准新娘如果渴望离开娘家，急于转变身份，是一种不孝的表现，因此尽管婚期提前，但这个女孩必须要接受父亲的教训，因为她有了一项罪状，即"相思病暗示着一种不合法的事情，而不是涉及结婚的订婚事宜"（Sivin，1995：15）。

另一个案例则描述了一个已婚女子在得知母亲过世后悲痛不已、思母不止。医生韩世良认为必须通过技巧来治疗。于是丈夫贿赂了女巫，在为女子母亲做法事的过程中，女巫假托母亲附魂，对女子责骂埋怨，宣布以敌对关系替代母女关系，女子暴怒并反唇责备。此后女子不再思母，病情治愈。席文认为，按照当时的社会规范，已婚女子属于新家庭而不属于娘家，她对母亲无法停止的想念无疑妨碍了她在自己婚姻家庭中的活动，从一种惯常的观点看，这意味着不忠。席文指出，虽说这个案例从理论上是"怒克思"，但更为基本的是，这种反向疗法使用了"背叛"来阻止新娘的"背叛"，即丈夫哄骗他妻子，使她相信她深爱的母亲欺骗了她。之所以这么做是因为妻子没有对新家庭进行毫无保留的照顾。从丈夫的观点看，欺骗的方法是使他妻子恢复健康幸福的最好办法。当时的人们期望丈夫从家族利益高于一切的观点来看这件事，因为每个中国家庭都依赖于从其他家庭而来的一个女人的重要性而得以延续（Sivin，1995：15）。

席文在这项研究中的出发点是要强调中国医学中的对身与心的整体性考虑，并说明由于情绪与物质之间的相互作用及其所引发的变化，中国的医生能够智慧地调用各种社会、情感、身体的因素来治疗疾病。但这种对"非物质医学"的强调突出地表现为一种社会建构论。在这两个案例中，"被涉及的不仅仅有治疗。社会和医学反常之间的边界——在'做错了'和'因为你病了所以没做对'之间的边界——由社会中的价值决定，并由医生和其他人进行监督管理"（Sivin，1995：16）。换言之，医生的作用是调整一个人的社会角色，而治疗则听命于社会成规，医学成为对社会正统的伦理纲常的监督者和矫正者。

* * * * *

采用 SSK 式的分析方法，席文将中国科学置于"文化整体"中加以考量，但最终将多种维度的"整体"化约成了社会因素。在这种情况下，古代中国的科学思想成为社会建构的产物，科学理性成为社会的牺牲品，专业知识让位于社会地位的优先解释地位："医生的收入取决于其个人的声望，一定程度上取决于其老师的声望。但医生的声望不一定取决于疗法。许多医学家有名，是因为他们的非医学的高阶官职或者是因为他们是杰出的文学家"（席文，2010b）。同样，如果一个私人的天文从业者想以一个医生同样的尊贵而立足，取决于其社会地位，而不是专业知识的等级（Lloyd and Sivin，2002：227），这构成了对合理性标准的挑战甚至颠覆。特别是，在"文化整体"中看不到自然维度发挥作用的情况，导致物质维度缺失或被置于最次要的地位。

尽管席文的"文化整体"并没有采取决定论的明确表述，但在实际的研究中，其明显的社会建构论倾向与SSK形成了呼应。

第四节　本章小结

席文的"文化整体"方法论视角无疑扩展了中国科学技术史的研究视野，但这种试图综合思想史和社会史、融合内史和外史的做法仍是"布鲁尔式"的，即用社会实在论取代了自然实在论。"文化整体"的多维度最终收缩于社会这一维度，科学知识的内容取决于社会因素，中国古代科学成为特定历史时期社会政治的建构物。这种相对主义色彩导致了科学与非科学、理性与非理性、先进与落后之间界线的消解，其结果正如巴恩斯与柯林斯等人所认为的那样，"自然"在科学研究中没有作用或起着很小的作用。席文"文化整体"在对中国科学史的分析中，显示出明显的利益模式和工具主义色彩，行动者的目标和动机与政治有着千丝万缕的关系，知识分子的生活始终在绕着君主的一极旋转（Lloyd and Sivin，2002：235），这些都是SSK的研究旨趣在中国科学史研究中的一种体现。历史学家埃岑加也尖锐地指出了席文工作与SSK的一致性：

> 他（席文）接受知识的社会学和人类学，以及这如何导致学者们将宇宙论，或"过去的人"的科学，或其他地方（但也在西方）视为仅仅是人在成长时所构建的简单现实的一部分。就SSK而言，该公设是按迪尔凯姆的术语来提出的，根据迪尔凯姆的观点，自然秩序重复了社会秩序。最近我们谈论社会与自然秩序，或知识与社会秩序，或认识上的主张与社会—政治制度的共同演进或共同生产。（埃岑加，2002：574）

第三章

后李约瑟时代：文化相对主义科学观

本章提要：在西方科学论中，SSK 为女性主义、后殖民主义等科学研究提供了认识论与方法论的基础。在研究路径上，由 SSK 衍生出的各种社会建构论强调科学的情境性与地方性，人类学中具有地域、文化内涵的"地方性知识"，在科学论中则被拓展出社会、性别、种族等内涵。这在方法论上产生了强调不同情境的"地方性路径"（local approach）：SSK 的科学史——"陌生人说法"，人类学取向的科学史——"文化持有者的内部视界"，后殖民主义科学史——作为弱者的"种族科学"，女性主义科学史——女性的"边缘人立场"。这些"地方性路径"为反辉格史打开了性别、种族等多种向度，建构出历史人物的"自我理解"。在多元文化科学观的旗帜下，这些"地方性路径"也出现在对中国科学史的研究中。席文将巫术等所谓"大众医学"列入科学史研究范围，采用人类学方法对其进行合理性解释；费侠莉从女性的边缘立场出发，以社会性别为基本范畴，指出《黄帝内经》的身体观隐藏着对男性至上的认同；白馥兰的后殖民女性主义技术史则明确反对"五四视角"下的"女性受害论"，认为传统技术所表达的社会正统价值观规训了妇女，使其将自己整合进社会秩序。这些研究在社会建构论的框架内，通过文化、性别、种族、阶级等地方性特征将科学划归为社会因素，内史被外史取代，中国科学的客观性和真实性遭到质疑，形成了一种文化相对主义的科学观。目前，国内学界中对社会建构论及此框架下"地方性知识"的研究不乏推崇，在多元文化科学观的口号下，文化相对主义成为一种被宣扬和支持的编史主张。以西方为借镜，文化相对主义对科学的解构已衍生出许多现实危害，在中国语境下更形成了一种悖论：一方面，"地方性知识"为中国本土知识主张提供了辩护的话语资源；另一方面，对各种社会建构论的推崇和使用又使得本土科学遭到解构，这构成了对其合法性论证的自我否定。同时，多元文化和文化相对主义催生出的文化保守主义在对中国科学文化的认识和对科学史的研究上表现为极端的反辉格史立场，由文化所标记的"地方性知识"被看作是古今、中西一劳永逸的身份，使过去与现在、中国与西方永久分离。

第一节　科学史研究中的文化相对主义

李约瑟之后，随着西方后现代科学研究的发展和深入，以席文为首的一批西方学者采用文化相对主义的科学观，除了运用社会学的分析工具外，也使用人类学、女性主义等视角和相关的方法对中国科学进行研究。费侠莉采用女性主义视角对中国医学进行了社会学重建，白馥兰则采取后殖民主义的视角对中国的相关技术进行了"本地人"的解读。这些科学史研究采用不同的"地方性路径"，强调社会文化维度，对中国科学的客观性和真实性进行质疑甚至解构，形成了一种文化相对主义的科学观。

一　科学史中的"地方性路径"

"地方性路径"这一术语来自英国科学史家斯科德（James A. Secord）。他认为，目前的科学史研究充斥着对"地方性知识"的强调，主张情境主义的立场，将科学视为情境化的知识，构成了一种科学史研究的"地方性路径"。"地方性路径"与近些年来人类学、科学论中反复被提及的"地方性知识"有着密切的关联。"地方性"从一种知识形态，如何转变为一种研究路径？这需要对"地方性知识"的内涵不断拓展的过程做一分析。

（一）人类学中的"地方性知识"

"地方性知识"的说法来自阐释人类学的代表人物吉尔兹。20世纪60~70年代，作为对结构人类学中普遍主义再度兴起的回应之一，吉尔兹主张将文化看作是"意义之网"，对其可解读出千变万化的意义，故而"放之四海而皆准"的知识不复存在，被赋予了文化特质的地域性知识便应运而生。"地方性知识"认为每一种知识都附着特定地点和场合的含义，它们都"有彼时彼地的合理性"（叶舒宪，2001）。吉尔兹的"地方性知识"一经提出，便获得了深远的意义。由于每一种地域性的知识都具有平等的地位，不存在孰优孰劣的区别，因而"地方性知识"对于传统的一元化知识观和科学观具有潜在的解构与颠覆作用。"地方性知识"所要传达的意义是"世界是一个多样化的地方"，它反对一元性标准，承认与推崇多元文化观。从人类学的观点看，"我们其实都是持不同文化的土著"（吉尔兹，2000：203），因而并不存在高低之分。正是在这个意义上，"地方性知识"所透露出的"认知相对主义"获得了一种反对西方中心论的战斗力。吉尔兹认为，"地方性知识"形成了对理查德·罗蒂《哲学与自然之镜》中对中性框架认识论全面攻击相呼应的另一个战斗口号，从而反对"我们富有逻辑，你们是糊涂的乡巴佬"这样的谬见（吉尔兹，2000：281，200）。

"地方性知识"的意义已超出了文化人类学的知识观和方法论的层面，与后现代对宏大叙事、后殖民主义对西方文化霸权的批判形成了呼应，成为经历所谓"后学"洗礼的知识分子所认同的一种立场和挣脱欧洲中心主义和白人优越论的一种契机（叶舒宪，2001）。

（二）科学论对"地方性"的拓展：社会、性别、种族

在 20 世纪 80 年代的科学论中，"地方性知识"的命题暗合并呼应了建构主义自身的叙事主题。其中，吉尔兹的关于"深描"的人类学概念的微观模型更是成了新的科学文化史的基础（Secord，2004）。人类学中具有地域与文化内涵的"地方性知识"，在科学论中则被拓展出更多的地方性内涵：在科学知识社会学那里，地方性是与社会利益有关的情境；在女性主义那里，性别成为重要的地方性资源；在后殖民主义研究中，种族特性则构成了地方性的新向度。

回顾当代科学论，"地方性知识真正的始作俑者当数库恩"（盛晓明，2000）。库恩的"范例"突出强调了具体情境的解题活动，而拥有同样范式的科学共同体总是在一定的情境中对知识进行生产和辩护，因而知识的普遍性不再成为不证自明的命题。在《科学革命的结构》中，库恩放弃了规范主义的分析方法，以案例研究示范了一种关注情境的历史主义方法，将亚里士多德物理学、普里斯特列的化学置于历史情境中，试图理解其合理性。

如果说在库恩的研究中，"地方性"的品质已经初现端倪，那么科学知识社会学则明确地将这种与情境相关的"地方性知识"加以强调和发挥。SSK 采用"利益模式"的社会学说明，长于对社会建构论的宏观分析，将科学知识放入具体的社会、文化环境中进行考察，展示科学知识生产过程中的情境性，主张科学就其核心而言是社会利益性的和社会建构性的。而巴斯学派、巴黎学派、约克学派则擅长微观研究，在"实验室研究"、"科学争论研究"、"科学文本和话语分析研究"三个主要研究点对知识生产过程的偶然性进行展现和建构。在 SSK 展现知识制造的社会特性的案例研究中，其关注"地方性知识"要求而进入相应的情境中进行分析。科学知识的产生发生于各式各样的普通场所，科学家通过谈判协商、实践手段和实验仪器来获得结果，理性规

则或普遍性的科学逻辑已经不再起效，科学知识是负载着科学家个人或其共同体的认识和社会利益的一种特定的社会塑造，展现了科学知识制造的非正式性、偶然性、情境性（蒙本曼，2010）。不论是宏观研究还是微观研究，科学都是一种情境性、地域性的活动，是一种偶然的、历史的文化或一种生活方式（邢冬梅，2008：2，50）。

在一些相互交叉的社会建构论的路径上，某些 SSK 的微观研究在 20 世纪 70 年代中期以来，就使用了人类学的种族志方法，以人类学家的身份进入实验室，对诸如实验室等具体的科学场所做田野调查，形成了科学论中的"实验室研究"。这不但在方法上秉承了人类学，同时也在观念上充分展现了科学的地方性品质。20 世纪 70 年代末，拉图尔以人类学家的身份对美国加州萨尔克实验室进行了近两年的田野调查，在最终成果《实验室生活》中展现了科学事实在实验室铭写装置中被建构的过程，还原了科学知识的情境相关性。诺尔 – 塞蒂娜的《知识的制造》也是一部以人种志研究为基础的著作，在对伯克利大学中生物化学等相关实验室的研究中，她展示了科学研究的机会主义和情境性，认为科学知识是在社会情境中建构起来的。20 世纪 90 年代，阿曼和塞蒂娜在《通过谈话思索》一文中探讨了科学家在研究过程中是如何思索的，认为科学家在科学实验过程中的思考不是发生在头脑中的认知活动，而是由社会性的谈话这种外部刺激所引起并决定的，他们把实验室比喻为乡村广场，用以强调实验室中发生的谈话的偶然性与随机性（刘珺珺，1999）。

在建构情境性的科学知识时，人类学的、女性主义的、后殖民主义的研究立场逐渐汇合，对"所有知识都是地方性知识"这一命题达成了基本共识。科学除了具有文化特性外，还可能具有性别、种族和全球帝国主义的特性（哈丁，2002：3）。哈丁本人则采用后殖民时期的科学技术研究视角，质疑了"欧洲科学史的标准故事"，其中，"地方性知识"构成了后殖民话语的中心地位。哈丁分析了欧洲在殖民扩张过程中对殖民地科学传统资源的借用、结合与转变，从现代科学与欧洲扩张互为需要的因果关系描述，分析了现代科学的欧洲文化成分，认为地理环境、社会利益、认识上的推论资源、社会组织四方面的文化异质性，产生了包括欧洲现代科学在内的一切科学技术传统的概念框架和内容，而它们在文化上都是地方性的（哈丁，2002：239）。SSK的社会利益、女性主义的社会性别、后殖民主义的种族，以及人类学中的地域或文化，都在"地方性"这个交汇点上合流，大大拓展了科学论中"地方性知识"的内涵。

（三）科学史中的"地方性路径"：情境主义

科学论中对"地方性知识"的强调与拓展对科学史研究产生了重要的影响，作为对这种"地方性知识"的呼应，科学史家越来越多地关注科学的情境性，并采用与语境密切联系的知识研究的路径，逐渐表现出一种"情境主义"的科学编史学。正如著名的科学史家斯科德所总结的，近些年来，科学史家已经发展出卓越的技巧，把科学安放在时空的地方性背景中，对于科学史研究的一个标准模型就是把具体的各种工作尽可能地定位于紧密的语境中，将它们必然地约束在它们所产生的条件中（Secord，2004）。

夏平和谢弗的《利维坦与空气泵》便是在这一路径下进行的经典科学史工作。正如上一章所论述的，《利维坦与空气泵》揭示了新的实验哲学在复辟英格兰特殊环境中的产生，挑战了关于科学价值无涉的超然假设。女性主义和后殖民主义也在历史研究层面反对"内在主义的"科学知识史。哈丁问道："阶级、种族、性别、帝国和殖民的利益和话语过去怎样形成了科研项目并且在20世纪后叶继续这种状况？……在这种关注的激励下，政治学家、历史学家、哲学家、社会学家、人种志学者以及从事实际业务的科学家，加入了史学家的行列，以解释现代科学与其时代的经济、政治和社会关系的其他部分的历史整合。结

果证明，科学与其社会之间是一种共建的关系。"（哈丁，2002：2）

"地方性路径"是一种对目的论主导下辉格史传统的当代回应，它反对采用今天的科学或观点解释过去发生的事情，力图恢复科学史自身的解释规范，将自己置于当时的历史情境中去解读。由于放弃了现代的衡量标准，各种研究视角对"地方性路径"做了不同向度的强调。人类学取向的科学史研究关注"地方性知识"，强调从当地人的视角看问题，主张以"文化持有者的内部视界"（native's point of view）（人类学家马林诺夫斯基语），而不是以外部的文化体系进行评价，这在空间上为反辉格史立场拓展了视野；SSK 科学史研究则基于对称性原理，拒绝拿胜利者的观点对历史做出因果解释，更重要的是，将研究对象置于当时的社会情境中，为反辉格史观打开了以社会利益和关系作为历史解释的新向度；后殖民主义则以欧洲殖民扩张为出发点，清算西方科学与欧洲殖民地扩张的关系史，支持"种族科学"（ethnoscience），在欧洲科学之外重新确立编史基础，强调以"弱者的生活为思考的出发点"，主张站在殖民地的立场上讲述历史，这从地理上继而从文化视角对反辉格史进行了拓展；女性主义采取社会建构论立场，揭露社会性别的建构过程，批判并拒绝男性中心的现代科学框架，编史学上主张以女性的视角看问题，并常与后殖民主义结合，继而主张一种边缘人的立场进行编史，这为反辉格史打开了性别、种族的向度。这些新的研究进路常常相互缠绕，建构出科学史人物的"自我理解"。尽管并不是所有的科学史家都采用了"地方性路径"，但很大程度上，这些工作变成了科学史讨论的焦点，以至于"情境主义"和"文化的"这些词语几乎成了近来科学史界最为广泛流传的研究口号（Secord，2004）。

（四）后李约瑟时代的"地方性路径"

近些年来，起源于西方科学论和科学史界的上述基于"地方性知识"的情境主义编史学主张也开始逐渐出现在对中国科学史的研究中。

如第二章所述，李约瑟之后的科学史家在摆脱传统的实证主义框架后，提出了自己的编史学方案，其中最具代表性的就是席文。席文"文化整体"的前提要求便是将研究的问题置于当时的社会文化情境之中，将科学视为处于特定的社会、政治、经济、文化环境中的实践活动，从而将关注点聚焦在谋生、权威关系、社会身份等问题上，并对此采取了 SSK 式的科学史分析。席文对李约瑟目的论下的辉格史观的批判性回应，最为直接有力的策略就是切断与现代的联系，回到历史情境，将科学视为文化。在这方面，席文既示范了这种"地方性路径"，又积极呼吁学者们尽可能采用不同的路径以打破进化论史观。他积极倡导年轻一代的学者学习和使用属下研究（subaltern studies）、人种志、话语分析和其他路径的方法进行历史研究，而不会为这些方法的优点和不足而犹豫不决（Sivin，2000：24）。

除了席文的社会建构论之外，其他研究中国科学史的西方学者也采用了不同的"地方性路径"，包括人类学视角、女性主义视角、后殖民主义视角等。例如，白馥兰对中国传统医学、建筑、手工艺技术的人类学和女性主义的研究视角，费侠莉对中医的女性主义研究取向等，这些不同取向的情境主义编史学都突出了中国科学的情境特征，成为后李约瑟时代的鲜明特征。在"地方性路径"下，后李约瑟的反辉格史逐渐走向一种反目的论、反进化论的科学史观。这种新的研究计划提倡历境主义的科学史研究方法，强调关注当时科学家的"自我理解"（self-understanding），即试图重建那时的人们是如何理解自己的实践和概念的，而不是现代文本作者应怎样评价他们的工作（Lloyd and Sivin，2002：9）。近些年，中国科学史及编史学研究中的这种"地方性路径"似乎蔚然成风，成为一种流行的标签。

二 多元文化的科学史观

与追求文化的普遍性和统一性相对立，多元文化论主张文化的多元性，承认并捍卫文化的多样性。在当代科学的社会和文化研究中，多元文化的科学观主张每种文化、每个民族都有自己的科学，且在对称性原则下，所有文化中的科学无论是在价值上还是在知识上都是平等的。

（一）从"地方性知识"到多元科学观

在当代科学论中，对"地方性知识"的认同往往伴随着对多元文化科学观的认可。SSK 对多元文化科学观的认可与它的社会建构论的相对主义立场联系在一起，正如巴恩斯所认为的，社会学的研究把所有制度化的关于自然信念的体系都看作是同等的，即把多种信念模式确认为是科学（巴恩斯，2001：57，64）。在这种情况下，SSK 弱化了真理的具体内容，而将其指向科学内容的结构和对外部世界的潜在关切，尤其是突出了与社会、文化的相关性。布鲁尔认为，真理表达了我们对世界存在方式的一种思考的终极图式，而重要的是，"这种图式可以以许多各不相同的方式来填充"（布鲁尔，2001，62）。SSK 明确地远离并驳斥了目的论模式下的真理观念，同时强调行动者自己的立场，"从社会学角度考虑，有必要把所有信念体系当作是同等的来对待，而且它还证明了，为什么行动首先必须与行动者自己的主旨和典型化活动联系在一起"（巴恩斯，2001：97）。在这种多元的科学观立场下，科学具有不同的模式，存在可替代的各种信念。

人类学、女性主义、后殖民主义由于强调"地方性路径"，也在不同的方向上成为多元文化论的支持者和理论贡献者。人类学对多元文化的认可是与"文化相对主义"的基本原则联系在一起的。人类学家的人种学调查揭示，民族间的信仰和道德价值及其实践具有多样性。20 世纪 30 年代，美国人类学家鲍尔斯反对古典进化派关于人类社会发展阶段的单线进化论，寻求基本的文化单位、文化价值和各文化之间的差异，他提出的"文化相对主义"已成为人类学中的一条基本原则。文化相对主义认为，人类经验中有很大一部分，尤其是道德与伦理，本身就是可变的而非普遍性的，这一部分人类经验与实践被称为"本土文化框架"（local cultural frameworks）（韩晓玲、陈忠华、周国辉，2004）。在文化人类学家看来，每种文化都有自己的本土文化框架，因而文化不再是大写的，它因多元性和多样性获得了复数的形式。

后殖民研究一开始就与反对一元普世的科学观联系在一起，提倡科学的多元文化观。在历史研究中，哈丁反对那种"理性的人"（欧洲人）的孤立的历史，提倡多元文化的历史，从边缘立场主张科学多样性，在一元科学观下受到了不公平待遇的观念体系，诸如原始民族的自然知识、民间信仰、巫术、迷信等都在多元文化的科学观中获得了合法性。

（二）多元的科学史观

多元文化的科学观在科学史的研究中产生了重要影响，并有新的体现。与上述这种否认单一连贯历史的观点相对应，夏平认为，既然不存在任何单一连贯的故事，那么"就有理由讲述多种多样的故事，而每个故事都意图关注那个过去文化的某种真实特征"（夏平，2004：9）。夏平心目中的历史图景是达尔文式的生物进化模式，也即"讲述通向人类的生命进化之树的众多分支的故事——而不做任何假定，认为这些故事恰如其分地描述了几十万年前生命的状态"（夏平，2004：6）。这种多元的历史观关注科学众多替代性的方案，具有众多的可能性。正因如此，夏平尤为赞同巴恩斯的观点，主张按照行动者的目的和实践讲述多种多样的故事，展现自然信念的多样性及多重实在。

这种基于"地方性路径"的多元文化观下的历史研究，也是以席文为代表的科学史家在研究中国科学史中所秉持的一种基本态度。当席文批判传统的实证主义科学观，以多元的、地方化的科学观取代一元的、普遍的科学观时，不仅"科学"的概念发生了变化，其边界也被拓展，形成了多元的科学观。席文的多元文化的科学观，一方面是指各个文明的多元文化，也即各种地理意义上的"地方性知识"；另一方面是前者的继续细化和分化，即在同一种文化中存在的众多可选择的科学方案。前者在理论上为后者提供了方法论基础。

对于前者，以医学为例，席文认为，虽然现代生物学界定的身体在每个地方在很大程度上都是一样的，但处于每个社会甚至每个亚文化中的人们对他们自己的身体和其他人的身体，以及他们的病痛所抱有的看法是不相同的（Sivin，2000：29）。"文化整体"方法论就是为了解不同的文化情形如何把观念和社会制度导入了不同的发展方向（席文，2005a），将科学在每一个文化单元中进行研究。这种宏观的多元文化科学观构成了他所谓的科学史的比较研究。

对于后者，针对中国科学史的研究领域，席文进一步将研究单元细化，用放大镜考察科学史，认为无论是欧洲还是中国，这样的研究单位根本无法容纳巨大的多样性。席文指出，当我们关注实践和活动的丰富的多样性及社会尺度，而不是关注于少数派，关注医疗健康而不是医学典律时，"欧洲"这个词就是个太大的单位，以至于没办法进行任何使用，而中国作为更大的单位，同样也是不合适的（Sivin，2000：26-27）。因此，一方面他呼吁应该增加地域维度的地方性研究，另一方面则从社会文化的维度，试图将中国社会中的精英与大众、城市与农村、汉族与非汉族等不同层次纳入进来，尤其关注当地非精英的文化传统，民间信仰和巫术迷信，江湖医生和宗教人员等便获得了研究的合法性。

（三）多元知识体系的同等合理性

席文在发生学上阐发了上述医学多元主义。这种多元论更多地是来自人类学的洞见，即治疗并非始于医生。他认为，正如其他社会一样，中国人首先依靠自己来治病是很正常的事。当这不起作用时，他们才开始选择各种医治者、药物、宗教等，人类学家称之为"医学多元论"。他认为，精英医生只提供了所有人口中一小部分人的健康护理，而更多的从业者则属于非精英。而医学史通常被写得好像是中国的每个人接受的都是同样的治疗，然而这对任何社会来说都不是真实的。这种情况说明"科学"和"迷信"并不是彼此专有的两个领域，二者在社会等级间存在持续的方法与认知的流动，在大众医学的神性观点与各种高端传统的宇宙和现世的假设之间来回穿梭（Sivin，2000：28-29）。因此，真实的情况是，在历史上甚至是现在，都存在大量的巫术和宗教治疗。而对这些的研究，席文呼吁年轻的学者应学习当代人类学的技巧。席文强调了这种新的编史学在西方所获得的发展，他认为，这种多元的医学史观超越了医学思想，扩大了焦点，将整个健康医疗已建立或替代性的实践与大众的或个人的实践的范围结合了起来（Sivin，2000：23）。

席文首先是对各种治疗传统进行甄别。他对以往作为整体的中国医学进行了细化分析，认为它实际还分成经典的医学和大众的医学，虽然二者更多的是共存而不是对立的关系。大众医学包括巫术、铃医、法术等原来并不在标准科学史中出现的东西。他通过"疗效"这一关键性的焦点问题，将所有这些形式都纳入医学的范畴中加以研究。随之而来的结果是，除了正统的医生，巫师、法师、女医也进入了研究视野。同时，研究的材料也发生了重要变化：从研究正统的作家的作品，开始变为研究一些非常分散的记录或非医学作品，如小说、诗歌、自传等。

席文在历史画卷中关注并强调历史的复杂性，因而他试图将历史中的各个维度都囊括进研究当中，以拼合出一幅完整的画面。这些路径在吸取人类学的基础上所形成的多元文化观，认为科学存在多样性，且这种多样性之间具有平等地位。精英与大众的区分使研究内容不仅包括经典医学，而且包括与经典对应的替代性的传统和实践。科学史中这些多样内容的进入在很大程度上使得传统思想史方法所依赖的合理性标准不再适用。尽管这种多元文化的科学观对反对一元的科学观起到了积极的作用，但不可否认，这种科学观的相对主义色彩也是十分明显的。

三　人类学方法对中国科学史的研究

在人类学"文化相对主义"的原则下，文化人类学要求研究者以"文化持有者的内部眼界"去看待其文化，提出对研究对象的尊重、重视和移情（empathy）潜入（吉尔兹，2000：43），对"地方性知识"的表达有先驱作用的吉尔兹也主张对文化的"理解"，而不是"评价"。达成这种理解的关键在于，理解者对被理解的对象应持有一种"内部视野"。这种观念构成了席文科学史研究的基础，在具体的社会学的历史建构中贯彻着对"他们的理解"的努力。

（一）多元文化中的"内部视野"

如前所述，席文对科学采用人类学定义，实际上是指以"文化持有者的内部眼界"来定义何为科学。在人类学的意义上，中西、古今的科学所使用的基本抽象概念是不同的，每一种文化都有特殊的抽象概念，普遍性只是针对边界内部而言，这样，席文在希腊科学、中国古代科学、现代科学之间画上了严格的边界。

人类学为席文的情境主义编史学提供了洞见，即文化塑造了人们的行为和选择，应按照当时人们的想法进行思考和分类，历史上的人们与今天的人们存在不同的看法。以医学为例，"如果我们假定任何地方的患病经验都一样，我们就会犯严重的历史错误"（席文，2010b）。古代中国的疾病经验与今天是不同的，因此应该用人类学意义上的内容来解读早期的中国医学作品。例如，《伤寒论》中的"寒"、"热"不是指现代生物医学上的体温高低，而是指患者体验并告诉医生的体内感受，体内冷感的"寒"与体内热感相对。正是在此意义上，席文将"伤寒"译为"冷损害紊乱"（cold damage disorders），以说明"伤寒"本身并非现代意义上的伤寒，而是涉及不同发热种类的许多不同疾病（席文，2010b）。

（二）仪式治疗：法师驱鬼的合理性

受到西方医学人类学对治疗发生学研究的启发，席文指出，找医生治疗只是治疗的一种形式，并不是医学的全部内容。传统中国人口多而医生少，作为大多数的穷人从不看医生，而是采取大众医学的方式，例如，寻求采草药的邻居、铃医或法师的帮助。当把视野从所谓的精英医学转移开，席文看到了大众医学的广泛性，而人类学则提供了更为广阔的用武之地。按照西方医学人类学的发现，治愈疾病存在三种情况：患者的自我恢复对应着"身体的自响应"，通过物理和化学治愈疾病是"技术响应"，而身体对仪式和其他意义象征的响应则是"意义响应"。席文认为，这些人类学的洞见对历史研究同样有价值，即对疗法的充分分析应该包括身体自愈能力、疗法的仪式和象征环境的效应以及技术方法的价值（席文，2010b）。

对于"意义响应"，文化人类学则通过仪式来解读基本的文化模式。席文认为，"仪式"观念是人类学提供的诸多有助于文化研究的极为精妙的概念和方法之一。按照人类学的观念，生活中的仪式呈现的是基本的文化模式。席文通过对仪式所透露出的文化中的信念和意义的探讨，强调信念治病的重要性。

中国和西方的医生也都用信念治病。医生的行为方式、他所使用的语言、他使用仪器的方式，都会使患者发生变化。仪器不仅仅是诊断和治疗的工具，它们也是医生的知识和技能的象征，医生能用而他人不能用的象征。它们是包括医生和患者在内的某

种仪式的一部分，我们可以把这种仪式称作一种科学仪式。运用
科学的能力受人敬佩，给医生以极大权威，从而可以以序治乱。
这就是人类学家认为我们要充分理解现代科学就需要分析其技术
价值和象征价值的原因。（席文，2010b）

在这种仪式解读中，与传统科学观将仪器看作是一种物质性的力
量不同，席文更加强调仪器作为象征性工具的内涵。他把仪式的重要
性与身体对信念和意义做出的响应联系在一起，特别关注了与精英医
学并存的大众医学，例如巫术。

通过对"仪式"的分析，过去在科学史中的巫术治疗仪式也被席
文纳入了中国医学的范围，法师作法驱鬼也获得了合理的解释。席文
认为，古代中国的人遇到身体感觉异常时，通常会认为是鬼神附体，
而治疗方式是请法师作法驱赶鬼神，因为人们相信法师有控制鬼神的
权威。"不论这种控制是不是客观事实，这都无关紧要，反正人们信它。
这种信念往往比药物更有效。"（席文，2010b）而这种信念依赖于怎样
一种治疗框架呢？为此，席文研究了大众法师的基础框架，并将之与
经典医学的基础框架加以对比。席文指出，精英医生医治的理论基础
是宇宙进程观，关注身体与宇宙相一致的变化和循环，运用阴阳、五
行和六经等概念作为分析工具来纠正身体失调，恢复身体运行的平衡
与和谐。而大众医学则是基于对灵魂社会的理解。普通人相信除了人
类社会之外，还存在一个灵魂的社会，它分为神、鬼、祖先，并和人
类的帝王官职系统具有同样的组织形式，这种天官系统对神灵的世界
有着相同的权威（席文，2010c）。相应的，大众医学认为人得病的原
因是着魔，即危险的灵魂或鬼魂入侵了身体并阻碍它的正常运作。大
众医疗者就是神灵机构里的专家，例如法师，他能知道是哪一个鬼魂
附体了，并通过仪式加以解决。这样，在人类学多元文化科学观下，
大众医学便在与精英医学的对比中获得了独特的合理性。

四 女性主义视角对中医的研究

美国学者费侠莉秉承了西方女性主义对性别的社会建构的基本观点，将女性及性别问题纳入具体的历史情境中，深入中医学知识和实践的内部进行考察。《繁盛之阴：中国医学史中的性（960—1665）》（以下简称《繁盛之阴》）便是这样一部作品。在该书中，费侠莉首先将中医理论进行了解构，将其视为中国历史语境中的编史学"想象"，在此基础上，重建了宋、元、明（960~1644）的中医妇科，将中医置于中国封建社会父权制的语境下，不仅将中医标准的身体观做了政治上和性别上的解读，还对清朝的医学话语做出了社会性别的分析，将其看作是对男性至上的认同。这一著作成为在后现代影响下的社会建构论对中国传统科学的一次有代表性的操练。

（一）"想象的整体"：对传统中医基础的解构

费侠莉受到福柯的家族历史理论的影响，认为历史是经过一种可疑的一致性和连续性的描述而形成的，它的可信性是值得怀疑的（费侠莉，2006：48）。对于中医的历史，费侠莉则将质疑的焦点会聚在《黄帝内经》中关于身体的理念和思想。传统中医的身体观主张天人合一、阴阳和谐，以阴阳、五行作为基本的解释范畴，主张阴阳同体，为治疗实践提供有效解释。而费侠莉则认为，《黄帝内经》所建构的"标准的身体"，虽然在后世各朝代乃至今天都一直被奉为一种正统经典，然而，这样的历史却是不可信的，它只是把"连续和一致的假设作为组织原则"在历史中不断发生作用的结果，由此造成了一种被想象出来的"整体"。在《繁盛之阴》中，费侠莉将女性视角作为一个突破口，着力展现和突出了那些"一致性"和"连续性"在历史中的断裂之处，从而挑战了中医身体理论的可信性及其在临床治疗中的可靠性。

1. 不可调和的矛盾：宋朝的修正

费侠莉首先展现了这种历史的"假象"在宋朝遇到的挑战。宋朝把《黄帝内经》和其他著作视为医学的经典和权威，"刻板的黄帝的身体的模式"成为临床推理的基础，因而原则上并没有背离阴阳同体和男女性别相同的模式。然而，费侠莉却发现，在实际的辨证诊断当中，他们则关注女性的生殖功能，提出了"女性以血为主"的理论，认为血失调是女性内部疾病发生的本质原因，并对女性疾病使用"别方"，把月经作为一个医学过程，将其作为女性生理正常状态的证据。对此，她认为这一理论实际上表明了性别的不同，修正了原来那种假想的男女同体的观念（费侠莉，2006：85）。

在费侠莉看来，这只是断裂的前奏，更加不可调和的分裂与矛盾发生在女性的怀孕和分娩的医学领域中。宋代的医生试图把怀孕的身体与他们的学说结合起来，用阴阳五行学说来解释人体怀孕后的变化。如陈自明在《妇人大全良方》中把"十月怀胎"的模式奉为正统，建构了怀孕生活。然而，费侠莉认为，在具体的临床实践中，这些精心建构的理论并不具有指导意义。"与阴阳同体的、能够生殖的皇帝的身体不一样，怀孕的身体和分娩的身体是抵抗性别差异的对称性，它使医生们想到一个基本模型，这个模型说明女性的身体是不洁的。"（费侠莉，2006：112）正是由于这些"不洁"的观念，儒医们在具体的临床中另寻他法来调和与正统医学之间的裂缝，形成了一种带有仪式意味的产科学。陈自明和其他宋朝的产科医家在实践中会采用复杂的仪式历法和超自然的力量：通过产图确定吉利方位，建议物品的摆放、胎盘的埋藏方位；要求产妇不能将血、粪和产后阴道的排泄物污染地面，以免使神明不快。费侠莉指出，"所有这些建议都把分娩看成是一件危险的、会带来污秽的事情，它需要在一个严格隔绝的地方进行，而且还要对超自然世界的外部影响特别注意"（费侠莉，2006：97）。

在费侠莉看来，尽管宋朝的妇科理论做出了理论化的努力，试图把怀孕和分娩解释归结为阴阳五行过程，但在"黄帝的身体"的框架内，它存在难以整合的困难。分娩产生的理论困难几乎无法克服，它根本无法轻易地调和进"黄帝的身体"这一经典的权威观念，而宗教仪式则进入其中，对女性不洁的身体进行净化和协调，医生便陷入一个神秘世界，在那里他们不再拥有医学的权威话语。

2. 徒劳的调和：明朝的冲突

进入明朝的考察后，费侠莉继续论证道，《黄帝内经》中阴阳同体的"黄帝的身体"在明朝依然面临矛盾和断裂。费侠莉发现，明朝的妇科理论变化与社会制度有关，由于明朝性别隔离更加严重，相应的医学理论则转向男女同治的主流理论体系，"妇人以血为主"的模式不再流行，妇女"别方"使用受到限制，推崇以器官为出发点，以气行血。产科的接生仪式受到批评，分娩不洁的看法也得到了部分的抛弃，而强调了产后阴阳损耗的治疗。费侠莉认为，这些都表明了明代与宋代一样，更加努力地与阴阳同体的理想化身体观保持一致。

然而，在费侠莉看来，这种努力很大程度上也是徒劳的——对女性身体不洁的看法，同样在明朝继续上演着："人体秽浊的观念依然存在，只不过在对'胎毒'的解释中改头换面。现在，医家们把人们的秽浊和受精期、妊娠期体内的热毒，以及影响儿童的疾病联系在一起。"（费侠莉，2006：160）这样，在明朝，由怀孕和分娩对理想化身体观所造成的挑战依然存在。在费侠莉看来，这种混杂了宗教仪式、医学理论、污秽观念的复杂空间表明了明代医学的"折中主义"，以妇科为代表的中医传统的一致性是令人费解的。

（二）"真实"的历史：中医理论的社会建构

当编史学的想象破裂之后，中医面临历史解释的危机。那么，对女性主义来说，"真实"的中医到底是怎样的？面对这一问题，女性主义给出了自己的答案——社会建构论，她们所使用的工具便是"性别"。费侠莉用妇科领域的产生和发展作为撬开《黄帝内经》身体理论缺口的楔子，将社会性别与儒家学说紧密联系在一起，对中医的实践和文本进行了考察，展示了中国语境下医学理论的父权制密码，即从中医理论到具体的实践，都充满着男性中心主义的偏见，科学并非客观中立的真理表达。

1. 性别政治：《黄帝内经》对男性至上论的认同

在费侠莉看来，中医的性别密码首先存在于作为标准的理论中。她认为，"黄帝的身体"被后世的医者奉为经典，其本身便存在政治上的隐喻，即采用了社会学的手法假托君主的力量。这种修辞策略中暗含了性别的关系，男女是具有生育潜力的互补的一对。费侠莉认为，《黄帝内经》的身体观实际上蕴含了一种性别政治。

> 《内经》，无论对构成人体微观世界的关系、阴阳解释多么晦涩难懂，当把身体想象成黄帝的集合体和健康的时候，就提及社会中男性至上的认同了。黄帝的身体得道于传说中的医生岐伯，他使君主变得贤明，一方面身体达到长寿，一方面国家统治良好。人位于三维和谐的世界（天、地、人），用通俗的话来说，代表了以男性为主宰的世界。（费侠莉，2006：50）

以此为起点，费侠莉从女性主义的视角指出了中医理论所推崇的理念与临床实践之间的深刻矛盾，并展示了临床实践努力与正统理念保持协调的过程。她认为，中国医学思想一直努力维持并重复身体的阴阳同体的观点，然而，与阴阳的平等关系形成对照的是，血气则讲的是身体上性别的等级关系、从属地位，构成了一种福柯式的权力语言（费侠莉，2006：277）。这样，在她看来，阴阳同体只能是理想的东西，它并不能为女性身体的健康提供一种可靠的观点。

2. 污秽的血：医学理论对女性的压制

除了经典的医学文本，费侠莉还从科学知识内部解码了性别密码，从符号学的视角对明朝医者程茂先的医学话语进行了社会学的解读。她认为，在程茂先的医学话语中，"血气"是表示最基本的生命力的词语，但对病人失调症的分析方式上则又强调血依靠气，血的地位是次要的，具有依赖特征，并与可见物联系在一起。而在中医的话语中，气则"单独位于阴阳系统的顶端，就像天，唯我独尊，自我产生"（费侠莉，2006：77），不仅产生血，而且还是生命的原动力。费侠莉将此作为一种性别隐喻，认为阴阳气血是人类社会等级制度的写照。"在临床境遇中，阴也用来形容隐藏于女性体内的东西，性行为的秘密，出生与死亡的危险。血也用来形容是具有依赖性的和物质性的，而且是容易侵袭的，但确保了女性重要的生育功能的性质。"（费侠莉，2006：237）

费侠莉认为，宋代妇科提出了妇女以血为统帅的理论，女性由于兼有生殖的功能而被认为是虚弱的，这在很大程度上压制了母性，强化了"黄帝的身体"中对男性至上的认同，而宗教仪式则承认并调和了"血是污染"的观念（费侠莉，2006：114~115）。时至明朝，这一观念仍未得到改变。虽然明朝把妇女月经循环等同于男性的精液活动，男女被描写为异体同形，但与正统的"黄帝的身体"相伴随的女性不洁的观点始终存在，并构成了一种"污染力量"。

（三）混杂的医学话语：中医科学地位的消解

在费侠莉的分析中，由于妇科的挑战，正统的医学基础不再成为毫无疑问的、权威的科学，而是由大量持有不同身体观、自然观的人所分享的领域，由此，对于身体的治疗便充满了协商性和偶然性。作为中医的妇科知识，实际是在多元化的家庭环境中整合了宗教仪式的产物。特别是宋代产科的混杂性，使得医学并不专属于诸如儒家经验学者这样的某一群体。

1. 模糊的边界与妥协的理论：中医客观性的消解

费侠莉认为，宋代官方大力推广印刷的医学书籍并不能代表当时真正被探讨的知识和具体的实践，更为大量的知识和技能是以口头或手抄本的方式在治疗者和妇女之间传播的。由于这些书籍的撰写、出版、保存都具有偶然性的特点，费侠莉以此说明了医学传统的不稳定性。

正是由于这些不可靠性和偶然性，"正统"经常受到挑战。在理论原理逐步转化成临床经验的过程中，中医学的客观性渐渐不复存在，费侠莉以医学活动多元化为入口展示了这一复杂情况。费侠莉聚焦于临床境遇，尤其是家庭领域，发现儒士、社会精英、妻子、母亲等都参加到这种医疗实践，精英与大众、医家和业余人员之间并不存在专业界限。在专业和外行的界限被模糊的过程中，医学权威被泛化。

这一点从医学从业者的身份和关系上可以明显看到。正是医学知识的不确定性和内在矛盾性，使得持有不同身体观的治疗者都有机会进入临床治疗的领域，他们之间尽管有差别，但能在一个多元的空间中共存。在费侠莉的分析中，产婆等女性医疗者、巫医、僧人等和宋朝的医生一起组成了一幅行医者的画卷。她论证道，"大多数宋朝医生'并不很绅士'。他们的合作者包括游荡的针灸医、僧人和宣称自己曾经得到过不朽之人真传的道士，同时甚至还有在朝廷和医学精英责难和压制下的萨满教的巫医"（费侠莉，2006：107）。通过分析陈自明，甚至追溯孙思邈和巢元方的医学文本和实践，费侠莉展示了更为复杂的情况，即一些儒医也积极地参与到仪式产科中，在这里，根本不存在可识别的科学边界。费侠莉采用SSK的"对称性"解释风格说明了这一论点——临床上分娩时间过长，会使用催产药，但如果分娩日期不吉利，同样也会导致对催产药的使用（费侠莉，2006：101），并不存在所谓的合理性标准。费侠莉以女性主义为分析工具，抹平了包括医、巫的分界和差异，着重展现了掺杂在医学理论中的巫术、宗教仪式的成分和作用，及其与正统的儒医之间模糊暧昧的关系。在这个矛盾空间中，"宋朝的产科被医学史家视为巫和医的一个沟通渠道"（费侠莉，2006：100）。

2. 医学权威确立的社会学解释

由于不存在单一的医学话语形式，医生权威的建立则充满了不确定性。当医学边界具有如此的模糊性和妥协性时，现有的医学认同是如何得到认同和拓展的？儒医的科学权威是如何确定的？在费侠莉的分析，我们看到了一种社会学的解决方案。

从微观的家庭语境来看，作为这些冲突的解决方案，医生更加依赖于病人家的地位与社会权威。通过分析《程茂先医案》，费侠莉突出了医生对社会因素作为建立权威的资源的利用。"在他的医案话语中，程茂先总是从命名成年男性开始的。"（费侠莉，2006：219）她认为，在程茂先医案中，病人家庭中的儒士男人被描述为有远见、可信赖的医疗权威的支柱，儒医的权威支柱便是家长制下的儒士男人，医者总是试图与他们形成联盟。因此，尽管父权制下性别隔离增加了建立医学权威的难度，但"作为缺少一种不可挑战的科学根源的服务提供者，甚至是儒医的权威都深深地依赖于社会关系"（费侠莉，2006：218~219）。

从宏观的社会历史情境来看，费侠莉将儒医在医学话语争夺的最后胜出与统治阶级联系在一起，认为其是宋朝印刷术的文化霸权对其他形式医学进行的边缘化以及等级强化的结果。费侠莉认为，宋代的妇科之所以成为医学知识的分支，是政府发起的医学正统运动的一部分，目的是将医疗实践建立在公开的经典医学典籍的基础上，并且通过印刷使之传播，以区别于私授的、家庭式的知识传承形式。在这种多元的医学实践中，官方的传播工具在知识的传播和话语权方面压制了其他可替代的医学实践形式，使得宗教疗法的声望被剥夺，女医、产婆更加被边缘化（费侠莉，2006：273~275）。

费侠莉的历史研究受到了福柯、韦克斯、巴特勒等人的影响，认为"男性与女性的分类实际上是在各种各样文化实践的过程中发明的"（费侠莉，2006：10）。她认为，虽然身体存在基本的物质功能，但它本身并不能被认为是客观物体。这样的理论导向落实在中医史的研究中，则导致中医赖以存在的哲学——阴阳学说的解构，中医成为父权制社会建构的产物。

五 后殖民主义视角对中国技术史的研究

美国科学史家白馥兰的《技术与性别——晚期帝制中国的权力经纬》，从女性主义视角展现了在中国封建制度晚期与妇女有关的技术的情况。尽管她的研究中也采用了人类学的方法和视角，但本研究更倾向于将其理解为后殖民倾向的研究，准确地说，是后殖民女性主义的研究路径。

（一）后殖民女性主义：反对"五四视角"

后殖民主义理论作为一种非主流的少数话语力量，旨在消解"西方中心主义"，因而带有鲜明的政治性和文化批判色彩；而女性主义则关注男权，主张男女平等，批判"男性中心主义"。作为"少数话语"的代表，妇女与殖民地民族都处在边缘、从属的位置，都被白人男性看作是异己的他者，正是这种内在的相似性，使二者有了一种天然的亲和力（罗钢、刘象愚主编，1999：6）。近年来，一批被称作后殖民女性主义的批评家在这二者之间开辟了一个新的理论空间，她们批评西方女性主义的欧洲中心主义和本质主义假定了一个女性的非历史的、普遍的整体，忽视了第三世界妇女特殊的局部语境，包括她们的社会阶级和种族身份。后殖民女性主义者反对把"第三世界女性"建构成一个"无权的"同质团体、一种特殊文化和社会经济体系的潜在牺牲品（莫汉蒂，1999：422），她们试图建立一种适应第三世界妇女的理论模式和阐释策略。这种后殖民女性主义也出现在了对科学史的研究中。

哈丁则在科学论领域将这种后殖民主义和女性主义联系起来。她揭露了欧洲扩张与欧洲现代科学技术发展之间互为因果的联系，批判了一元化的科学观与欧洲中心主义、男性气概等合谋压制了包括女性在内的其他科学文化的选择方案，认为如此写就的欧洲人的理性史是孤立的历史，提倡后殖民时期的、多元文化的、全球性的历史。正是在这个意义上，她批判女性主义经验论的科学一元论命题，因为她们企图消除性别烙印而建立"纯科学"。她指出，从后殖民主义立场提倡地方性知识体系对女性主义来说是极为重要的，因为性别地方性资源的一个重要维度，"生活在同一种文化中的男女们在不同质的自然界中拥有不同的'地理'位置以及不同的兴趣、不同的推论资源和不同于其他人类同胞的知识生产的组织方法"（哈丁，2002：122）。哈丁主张从女性的立场考察各种科学资源和认识资源，认为妇女的生活应成为有价值的思考源头，这样才能找到知识生产所需的重要资源。这种边缘生活的立场可以"最大限度地消除科学中'有权就有理'的怪现象"（哈丁，2002：174），产生更客观的描述，也即哈丁所说的"强客观性"。因此，哈丁从后殖民主义的立场强调了"被主流概念框架排挤到边缘的生活"，认为妇女、少数派和少数民族、资本主义和殖民主义的牺牲品以及世界各地的穷人不应总被看作是对科学起限制作用的"监狱"，作为地方性的文化资源，他们也是科学知识生产和增长的"工具箱"。

白馥兰正是在这种后殖民话语中对中国传统技术进行了女性主义视角的研究。白馥兰的后殖民主义立场首先表现在对传统科技史中殖民主义的指认与批判。她指出，由于科技是西方优越性话语的核心要素，因此，"科技史保留的殖民主义者心态，可能比任何其他的史学分支都要多"（白馥兰，2006：6）。这种殖民主义体现为一种"大叙事"

的历史，"辉格史家"将西方科技发展解读为必然的进程，而将其他历史强行排除在外。白馥兰用后殖民理论中的"镜像"隐喻描述了这种等级模式的特征：

> 在这个认识论框架中，西方科技变成了象征一个等级结构的符号，在这个等级结构中，现代对立于传统、积极对立于消极、进步对立于停滞、科学对立于无知、西方对立于东方、男性对立于女性。（白馥兰，2006：6）

在对李约瑟编史学批判的基础上，白馥兰提出了颇具后殖民主义倾向的科技史研究方案。她认为，"一种批判性的科技史应该探讨科技体系在具体境域中的含义，并不以建立比较的等级（并强固种族中心主义的论断）为目的，而严肃深入地研究另一种世界的构造"（白馥兰，2006：10）。

正是在上述后殖民的视角下，白馥兰在对中国技术的分析中明确反对"五四视角"下的"女性受害论"。她从中国古代女性的视角出发，认为中国的妇女并非被动地遭到迫害，而是作为主动的参与者将自己整合进了社会秩序之中，故中国妇女是统治地位的文化代言人，而不是它的颠覆者。在这种对女性主义的后殖民批判性立场上，白馥兰试图"恢复一群没有历史的人们的历史"，展现了妇女科技在"中国的'文明化进程'中所起的关键作用"（白馥兰，2006：296，298），完成从"边缘"到"中心"的运动。正因如此，白馥兰更多地采用了与情境有关的地方性的合理性标准，在对中国妇女的分析中远离了当代西方女性主义者的"反抗主题"。

（二）古代技术的社会建构

在《技术与性别》中，白馥兰讨论了一组自宋代至清代对性别有着建构作用的技术——妇术（gynotechnics），它包括房屋建筑、纺织和生育三个科技领域。

1. 中国家居建筑：父权制的文化机器

对于中国的家居建筑及其技术，白馥兰凸显了家居空间的文化和政治维度，她将中国的房屋看成是"编成密码的父权制"的文本，分析了房屋建筑和家庭空间的复杂的社会结构。白馥兰认为，房屋的"墙"标志着一个父权家长制领地的边界，"门"是沟通家庭内外的有形的布告板，房屋中心的祠堂连接着家族的祖先，空间的划分和分配表达了家庭关系中的代际、年龄、性别之间的等级差别，房屋在空间上将妇女的身体隔离在高墙内闺，传达并实现了封建正统意识形态对女性规范的要求（白馥兰，2006：70~73，93）。因此，在白馥兰看来，家庭住房是微观的社会秩序，"治家乃治国之本"，房屋所编码的文化信念教会女性关于家庭和社会的规范，房屋的墙壁、楼梯以及房内进行的活动都强化巩固了性别、代际和等级之间的差序。正是在这种意义上，白馥兰认为，修建房屋不仅是物质材料的操作技能，更是建造一种灌输文化知识和技能的文化机器，"它是一种学习机制，使礼节的、政治的和宇宙观的关系转化成空间术语，在日常生活中体验、受到自然熏习"（白馥兰，2006：41），从而把个人生活编织进中国社会模式，以支撑社会的等级关系。然而，在白馥兰看来，作为房屋内被幽禁的中国上层妇女并不总是扮演男性制度的受害者和反抗者，相反，她们为自己维护家庭伦理而自豪，并理所当然地接受男女有别的等级制度。

2. 纺织技术：维护封建秩序的工具

在对纺织技术的分析中，白馥兰批判了中国历史的"五四视角"。她认为在这一权威性的中国图景中，闺房被描绘成一个与公共的经济和政治世界隔断的领域，使妇女成为父权制下无力从事生产劳动的人。而事实上，白馥兰指出，更悠久的传统是"男耕女织"的生产模式，宋代以前的纺织生产是女性的一个专业领域，中国妇女通过她们的劳作而与经济的、政治的世界相连为整体，她们对于国家、社会秩序、家庭财政做出了积极的物质贡献（白馥兰，2006：142）。纺织便是这样一种技术活动。妇女在闺房中的织机不仅生产有价值的布料，也培养了妇女孝顺和勤俭的美德。纺织把家庭连接进社会之中，铸造并加强了社会纽带。因而，她指出，"在中国传统思想中，纺织品的制造提供了一些关于社会秩序和思想规范的最基本的隐喻"（白馥兰，2006：149）。

正是因为纺织在中国具有重要的政治、社会和象征性的意义，白馥兰用纺织业在宋代的历史变化强化了这一论证。自宋代开始至清代，纺织业的商业化和精细化发展使男性逐渐取代了女性在纺织领域的地位，妇女逐步丧失了她们在纺织技能和知识领域的控制权，男性织布并销售，女性则从事报酬最小、技术含量最少的缫丝纱纺，她们不再被看作是对物质生产做出重大独立贡献的人。然而，妇女在纺织上的边缘化并没有被看作是父权制的期望所在，相反，许多男性文化精英为此感到担忧，认为这是一种有可能威胁到正常社会秩序的反常现象（白馥兰，2006：187）。政治家和哲学家还试图从政策上扭转局面，使妇女回归织机，恢复其工作及其所暗含的尊严。白馥兰分析道，由于纺织所象征的女性的美德有助于社会秩序的维护，它将妇女整合进整个社会结构中，因此，"处于中华帝国父权制最高等级的男人们不希望妇女在家庭中的生产作用被遮蔽——他们想要重建妇女的地位，彰显其作用，并赋予这种作用以女性美德的特殊荣耀"（白馥兰，2006：187）。这样，白馥兰将纺织技术视为对妇女起到规训作用的统治工具，这种工具性的解读使得技术成为意识形态的表达物。

3. 医学理论和技术：一夫多妻制的辩护

对妇女有关的生育技术的历史分析，白馥兰则受益于后结构主义科学史家和医学史家的启发，强调"权力"在分析中的重要性，即通过制造有关身体的观念或"话语"来进行思想操控，使人们不自觉地对身体进行操控，以达到统治的目的（白馥兰，2006：234）。白馥兰指出，在医学经典文献中，月经规律被认为是女性健康诊断的关键，它代表了女性精神和身体两方面的健康协调。她认为，月经规律在正统妇科医学中具有双重的象征意义——生物学意义上的繁殖能力（生）和社会学意义上的养育生命的能力（养）。相应地，生育医学理论所表达的遗传观念的总体看法则是，男性在受孕瞬间所传递的"气"是父子间天然血缘关系的基本要素，而母子之间的联系则依赖于漫长的血肉、食物、职责的联系。

然而，这些天然血亲理论在正统学者看来都是可以被社会教养超越的——"可以通过后天的教养和教育的方式来取代这些天然联系，从而在没有生物关系的人之间创建真正的血缘纽带"（白馥兰，2006：267）。因此，中国封建社会的精英生育文化则更凸显了母亲对教育孩子的重要性，即"通过道德价值观念的灌输使孩子从生物体上的人转变为社会意义的人"（白馥兰，2006：286）。这样，与月经规律的双重象征相对应，白馥兰认为，医学理论暗示了作为母亲的两种形象——生物学的母亲和社会意义上的母亲。她指出，"当时的精英男性将理想的母亲典范塑造为一个教育者，是以给予孩子正当道德抚育为象征的，而不是那些分娩、哺乳和换尿布的母亲形象"（白馥兰，2006：270）。

白馥兰继续论证道，作为清朝妇科医学核心内容的自然生育力和调经理论所暗示的母性角色的双重性，为一夫多妻制和收养制提供了医学辩护，使它们成为正当的社会性生育手段。白馥兰使用"本地人"的内部合理性指出，清朝的妻子在丈夫纳妾、收养时常常扮演着非常活跃的角色，对统治内闱的女家长角色的期望使得她们"可能意识到纳妾制度对于她们以及丈夫来说都是有益的"（白馥兰，2006：277）。医学的遗传理论和家庭的传统伦理道德都支持了一夫多妻制，这允许地位高的妇女可以正当地占有下层妇女的孩子而获得社会后代。

这样，在白馥兰看来，清朝的正统医学并不存在价值中立的生育观念，它表达了正统的价值标准，强化了阶级的差别，也强化了男性对女性，以及女性对女性、阶级对阶级的剥削（白馥兰，2006：5）。同时，白馥兰将精英家庭中妇女在相互竞争的语境下拥有的权力看作是控制生育的资源，这些生育作用的范围远远超出生物学意义上的生殖，在生育理想和生育科技赋予妇女为人所尊崇的"贤妻良母"的形象中，生物意义上的生育能力只起着相当次要的作用，因而，社会意义的母亲身份较之生物学意义上的母亲身份更具有约束力和真实性（白馥兰，2006：214，221，285）。

（三）技术：意识形态的表达物

白馥兰把科技看成是对意识形态的一种交流和传播的形式（白馥兰，2006：3）。作为对文化表达的一种形式，妇女从事的科技在白馥兰这里变成了表达关于性别和等级的主流意识形态的物质形式，"建筑"成为被性别化和等级化的空间，"纺织"成为分性别和分阶层的工作，而"生育技术"则与等级和地位相联系。白馥兰试图超越传统技术史，将这三种技术当作清朝政治和文化实践之网络的组成部分来分析，主张"把技术作为意识形态、文化、程序来分析"（白馥兰，2006：13，14），着重揭示它们对社会和意识形态的维系和巩固作用。白馥兰认为，这些技术的实践和产品都以物质的形式表达了社会正统的价值观，并通过强有力的形式规训了妇女，将她们整合进了社会和国家秩序。正是在这种意义上，白馥兰将妇术定义为"生产女性观念的一种技术体系"（白馥兰，2006：3）。

这种科技史研究在一定程度上超越了实证主义科技史过于注重技术维度的倾向，为中国科技史研究打开了新的视角。然而，在白馥兰的科技观下，科技却成为具有工具色彩的社会的表达物，为夏平所说的"对自然的社会使用"做了中国版本的科学史阐释，即将技术看作是解决社会问题的一种方案。技术的制作、操作和应用都是在社会的框架内，表达社会主流意识形态，或服务于特定的社会目的和议程，是由社会决定的：一种科技就是在其社会语境中形成的技艺，正是这一社会语境给予了生产出的物品以及生产它们的人以意义（白馥兰，2006：13~14）。

*　*　*　*　*

以席文为代表的新一代学者的科学编史学中，文化人类学、女性主义与后殖民主义研究立场往往结合在一起，拓展出性别、地域等多重视角，形成了中国科学史中的情境主义编史学策略。这种立场将各种"本土知识体系"纳入研究视野，将中国科学解读为中国特有社会文化的建构物，科学的客观性和理性被解构，构成了一种文化相对主义的科学观。

第二节　文化相对主义的史学困境

随着国外学者运用多重视角进入中国科学史研究，研究的内容、视角、方法等编史观念已发生了重要变化，特别是，"所有的知识体系都是平等的地方性知识"这一观念为中国科学的多样化研究及其价值提供了合法性。在这种情况下，国内的一些学者积极倡导和呼吁多元科学观和多元方法在科学史中的应用，对社会建构论给予了很高评价，也对其赋予了很高的编史学地位，如认为SSK的编史学消解了内外史的界限等。不过，对于这种研究存在的问题及其对中国的潜在影响，则缺乏必要的反思。

一　外史对内史的取代

强纲领SSK关注的是西方背景的科学，并得出了科学知识是在一定的社会语境下由科学共同体相互协商的产物。后殖民主义、女性主义、人类学等则将这些科学的观念与关注的问题拓展到了非西方国家和地区，及不同的性别与文化中，构成了社会建构主义的理论体系。尽管它们之间存在一些不同，并且每一种内部也存在差异，但它们共享了"科学是地域性的权力产物"这样的一致论调。各种"地方性路径"最终将解释归结于社会维度，自然维度处于被忽视的位置，并未真正消解内外史的界限。

（一）社会建构论衍生的多种路径

科学知识社会学存在的建构主义和相对主义的研究路径假定了在众多知识体系中，科学真理并没有认识论的优先地位，科学和其他知识体系是同等的，科学只是众多信仰体系中的一元，要依靠社会因素来解释。随着科学的社会研究的发展，这种相对主义也为女性主义和各种文化研究将科学知识纳入研究范围提供了基础。同时，一部分科学的社会与文化研究越来越和后现代人文主义取得一致，对科学的客观性提出挑战，主张一种科学的社会建构论。他们持有广泛共同的信念和纲领，即科学只能以其地域的历史和文化的语境来塑造和理解；科学产品是一种社会建构物；科学知识并不具有任何认识论权威；科学是通过谈判协商而取得结果，并渗透着利益；科学是一种反映意识形态的政治学等（克瑞杰，2003：3~4）。在这种逐渐形成的泛社会建构论中，SSK 提供了最初的解释模板和方法论。"对信念多样性的解释必须根源于信念者所居住的不同社会。"（基彻，2003：56）尤其当"对称性原则"成为科学论后现代研究的一条指导性原则而被过度使用时，该原则使真实的信念和虚假的信念都获得了对称平等的解释。

1. 人类学视角下的社会建构论

20 世纪 30 年代，人类学家博厄斯在对初民文化部落进行田野调查的基础上提出了"文化相对主义"的理论，主张每种文化都有支撑自己文明的自身价值，有其存在的意义。吉尔兹阐释人类学提出的"地方性知识"则使这种文化相对主义有了具体的理论主张，由此形成多元的文化观，这对科学的文化研究产生了重要影响。强纲领 SSK 在对称性原则下所阐发的"自然信念的多样性"便是对此的呼应，并使二者产生了交集和可对话的一致空间。对于在科学论中采取人类学取向和其他对科学进行文化研究的学者来说，强纲领的对称性原则构成乐于接受的方法论的指令，成为他们共同信奉和遵守的信条，即把信念当作"被描述和说明的经验事件，并不需要在实际上区分出知识和信念，我们的'真实的'知识与他们的错误的'知识'，或完善的推理与不完善的推理，……或客观的与具有偏见的判断。对于社会学的目的来说，所有评价的区分或二分法都应该被放弃"（Barnes，1991）。布鲁尔对阿赞得部落推理逻辑的分析表明，信念被看作是一种文化的自足的整体，不同的文化其信念也将不同，即不同文化决定了不同的科学，它们之间并不存在可以比较的共同标准。

2. 女性主义视角下的社会建构论

库恩的理论在为强纲领 SSK 充当理论来源的同时，也为女性主义的科学观打开了一个空间。同持建构论的社会学家一样，女性主义者凯勒（Evelyn Fox Keller）将库恩的《科学革命的结构》（以下简称《结构》）视为女性主义科学研究的启蒙与灵感来源："比起任何其它的著作来说，这本书已为有责任感的学者扫清了一个思索的空间，在这里学者能够研究科学探索中的特殊的社会与政治语境的正式角色。这样，正如《结构》一书发表几年后所表明的那样，它为科学的女性主义分析提供了一个研究领域。如果科学知识在其发展方向上，甚至意义上是依赖于社会与政治力量的，那么，我们有充分的理由假定，'性别'这个在我们的生活与世界中扮演着如此重要角色的力量，肯定在科学中也扮演着这样的角色。"（转引自蔡仲，2004：362）社会建构论是女性主义科学批判的一个出发点和意识形态上的主要支柱（格罗斯、莱维特，2008：53）。科学知识不再是价值中立的，而被看作是受到了社会语境的影响，这无疑为女性主义所主张的"社会性别"提供了可能性。在女性主义看来，现代科学所追求的一般性实际上是一种帝国主义，逻辑和形式是父权制下对女性统治的工具。社会建构论为女性主义提供了思想方法的基础和思路。

3. 后殖民主义视角下的社会建构论

强纲领与后殖民主义的科学文化研究形成了一致，这始自对"地方性知识"的认可：对信念的评价标准要根据内在于文化中的标准，或地域和语境的标准。强纲领的社会语境不仅加入了性别的社会维度，在遇到后殖民主义时，又扩展到了种族的维度。后殖民主义科学论认为，种族作为地方性的文化资源生产了特定的知识和信念，殖民地也有自己的科学知识，西方科学只不过是众多种族科学中的一种，它带有欧洲特征，并伴随着殖民扩张而形成，并不具有普遍性；非西方文化的科学应从自身的本土范畴和传统来认识和评价自己的科学。在后殖民主义这里，科学知识随着地域性的社会文化而被制造和改变。强纲领 SSK 的对称性原则将合理性分配给了不同的"他者"，不同文化传统中的人制造自然知识时都具有同等的地位，不存在成功或失败的统一标准。在这个意义上说，社会建构论不仅为后殖民主义提供了方法论指导，也为其提供了"志同道合的中心教条，即存在不同的但具有完全相等权利的科学成为可能。这一中心纲领认为社会与文化意义建构了所有种类的知识，从巫术到分子生物学的逻辑、内容和目的。没有这种社会关系的建构角色，没有他们自己的社会内在规则和价值尺度，作为理性的'另类科学'就完全失去了意义"（兰达，2003：463）。

综上，在社会建构论框架下，人类学、女性主义、后殖民主义等研究通过文化、性别、种族、阶级等地方性的特征将科学最终划归为社会因素。这在科学编史学上，则表现出不同取向的社会建构论，它们融合了包括所谓的后现代知识分子立场的学说和思想倾向，反对启蒙运动的统一认识论，拒斥普遍知识，认为所有的知识都与政治一样，同属于一种"游戏"。

（二）社会对自然的取代

席文认为，20 世纪 70 年代至 80 年代中期，受到社会科学的影响，历史研究产生了许多创新，其中最有影响的洞见是历史学家从社会学家那里得到的东西，这便是"实在的社会建构"（Sivin，1991）。席文的"文化整体"便是将多种维度归于社会这一维度，构成了席文科学史研究的核心。不少学者也指出了席文的社会建构主义倾向，认为席文的工作代表了科学与文明研究中的社会学的倾向（埃岑加，2002：574）。

实际上，席文的编史学纲领主张的是一种多取向的社会建构论，人类学、女性主义等路径都有所体现，带有比较鲜明的社会建构论背景。以医学为例，这种研究取向的一个总的观照是："性别、族群、社会阶级的不同，是如何影响健康、疾病及治疗的。"（Sivin，2000：22）尤其是，为了形成一种对中国健康护理范围内充分、全面、整体的理解，席文认为，应对建立在社会和种族特征基础上的不平等的治疗进行更多的研究。在性别的视角下，席文认为，妇女所特有的疾病不仅是生理学上的内容，而且还是社会控制的工具，是对于低下身份的反常和正常的分类（Sivin，2000：29）。正是在这种文化建构论的纲领下，席文对费侠莉和白馥兰的工作给予了认同。费侠莉采用女性主义视角对中国古典医学进行了社会学意义上的解构，挖掘了中医中的性别密码，展现了一幅中国版的 SSK 科学图景。白馥兰融合了人类学方法、女性主义视角和后殖民的批判路径，主张"作为意识形态的科技"，认为科学技术是某种文化单元内负载了意识形态的物质表达。她主张用一种对称性原则看待生育技术，"同等对待'有效'和'无效'的技术，假定它们都具有其意义和用途"（白馥兰，2006：220）。

社会建构论成为后李约瑟时代以席文为代表的中国科学史研究的一种模式，即将中国古代科学看作是在一定社会历史语境下的产物，是意识形态的表达，是社会文化建构的产物。这样的科学并不存在价值无涉的地位与知识内在逻辑上的必然性。正因如此，席文指出，在科学史中，内史与外史之争在 30 年前就已经结束，没必要再浪费时间去只做内史或只做外史（席文，2011a）。席文要求考虑文化的整体性，"不分前台与背景"研究中国科学的产生。然而，这种多种路径的文化研究是在经验研究的名义之下寻找现象背后的因果结构和不可见的隐蔽秩序，实际上是一种社会决定论。因而，这种社会建构论立场下的史学实践并未超越内外史之分，而是用外史取代内史、用背景去替代前台、用社会去占据自然。席文的"文化整体"也并未消解内外史的界限，因而无法展现中国传统科学的真实面貌。

二 科学成为"文化傀儡"

以社会建构论为先锋的后现代研究，将中国古代的科学置于中国文化社会的情境中，认为科技是社会性的和地方性的，并总是政治性的。这种多元主义的科学观将文化、社会作为单一的普遍性解释，因而中国的科学成为中国本土文化的被动产物，即中国的文化决定着中国的科学，规定了中国科学的身份与界限，科学成为"文化傀儡"。

（一）科学的文化决定论

尽管席文并没有完全否认实证主义科学观，但他本人更加认同历史学家、人类学家的观点，即科学是一种人造品。席文认为，人类的宇宙观完全是人造的产物，由于社会秩序与自然秩序同构，因此自然由社会而来。在席文看来，那些过去的人们的世界观、宇宙观或是科学，只是在人们成长过程建构的单一实在中的一个部分。作为这个巨大的建构的一部分，宇宙论只是偶然的，是人们在观察自己与他人关系时那些有关秩序的概念塑造了它。人们采用他们所知道的社会秩序来理解社会之外那些海量的混杂现象，否则它们就会毫无意义（Sivin，1991）。

席文主张在考察科学时，应该像人类学家做的那样，审视情境中的科学。而这种情境则是与社会文化相关的，柏拉图、亚里士多德、董仲舒的物理实在都是与其各自文化的价值紧密地联系在一起，科学不可能从文化的控制中释放出来，而人类学的洞见将历史和哲学汇聚在一起，让我们看到科学只是另外一种人造物品，虽然它隐藏了自己的手艺。他指出，如果我们检查每一样人类所了解的思想、感觉、行动，我们就很难持有这种观念，即定量的测量和经验性的普遍性的领域会自动地获得在其他领域之上的地位（Sivin，1991）。

在《道与名》这部著作中，席文和劳埃德从社会维度对中国和希腊的科学进行了社会文化的建构。他们认为，通过比较中国和希腊的不同文化，文化整体这一方法将有助于告诉我们，"为什么这些社会制造了他们所从事的那种科学"（Lloyd and Sivin，2002：251）。很大程度上，当代文化人类学中本身所含有的文化相对主义、文化决定论的基本前提，也内在地决定了席文的文化决定论的特征。

> 一旦认识到文化型塑了人的所有选择和行动，我们就能明白文化是理解医学的关键——医学在不同地方如何不同，怎样随时间变化。医学人类学家在很久以前就知道，两种文化中的人不会患完全相同的疾病。有很多方式把所有的身体异常划分成为种种疾病，不同文化中的人则做出不同的选择。（席文，2010b）

正如埃岑加所分析的，席文对科学史研究的前提是："文化因素决定了科学的划界，或换言之，不同科学分支的一般概念亦由文化因素决定。"（埃岑加，2002：577）

（二）科技被意识形态符号化

费侠莉在对中国医学的研究中，将中医置于中国社会父权制的语境下，不仅将中医标准的身体观做了政治上和性别上的解读，还对清朝的医学话语做出了社会性别的分析，将其看作是对男性至上的认同。在这种解读中，宋代妇科医学的发展成为统治者显示皇恩浩荡的产物，也是当时家族和血缘关系的继承模式发生改变的社会环境的产物；儒学的内外二分法构筑了社会中家庭的地位和性别差异的规范，由此形成的家庭对社会秩序负责的语境对发生在家庭的疾病处理产生了影响（费侠莉，2006：5，56）。在具体的临床治疗中，则充满了儒医与家庭男性权威的结盟和协商，与巫医、道士、医婆等医者的协作和协商，以及与病人之间的协商。中国传统的医学理论和知识成为中国封建社会父权制话语下的产物，中医在形式和内容上都被刻上了性别政治和权威意志的烙印。

在白馥兰的技术史研究中，物质维度被提上了考察议程，但遗憾的是，白馥兰将科技的物质维度解读为社会产物，技术只是被动地表达社会正统意识形态的价值观，科技失去了自身的意义与价值，沦落为表达意识形态的符号。在这种科技观下，社会因素决定了物质维度。以制陶为例，白馥兰认为制陶技术的材料和技术方法并不具有任何优先性，"制陶工业并不由难题、材料、知识事先决定"（白馥兰，2006：18），社会的品位和需要才能够对它构成解释。白馥兰所主张的"作为意识形态的科技"表达的实际上是一种社会文化建构论，认为科学技术是某种文化单元内负载了意识形态的科学和技术的物质表达。在这种负载着政治编码的文化建构论中，中国的科技成为文化的被动表达物，没有了自己的生命。

三　对普遍性与客观性的解构

建构主义路线的相对主义科学观对破除欧洲中心论具有重要意义，但从消极意义来说，这种科学观颠覆了科技的客观性和普遍性。这种建构主义所奉行的对称性原则将真理与虚假、理性与非理性之争还原为社会与文化，从而消解了理性与非理性、真理与错误的界线；普遍性的科学也被分裂的"地方性知识"所撕裂，在"无法比较"中走向了相对主义。

（一）科学普遍性的消解

席文在对中国科学史的研究中否定了全球性普遍科学的可能性，将社会知识和思想的变化归因于社会。

> 科学和技术虽已遍布世界各地，然而，从超越欧洲的思维方式的意义上讲，这还不足以使它们成为全球性的。一个朝代接着一个朝代，新思想同旧思想之间的较量往往是没有结果的，结果总是由社会的变革和政府的法令来解决。各种传统的观念被简单地排斥于教育体系之外，理由是：它们是原始的、迷信的、倒退的、只适合于下层社会的，等等。（席文，2002a：506）

如前所述，如果说白馥兰的中国技术史从宏观角度将建筑、纺织、生育技术所包含的客观性融化在社会语境下的意识形态中，那么费侠莉的中国医学史则从微观的角度将中医的普遍性与客观性进行了解构。费侠莉受到福柯的家族历史理论的影响，认为历史是经过一种可疑的一致性和连续性的描述而形成的，这种历史的可信性是值得怀疑的（费侠莉，2006：48）。在费侠莉看来，对《黄帝内经》所建构的"黄帝的身体"正是把"连续和一致的假设作为组织原则"在历史中不断发生作用的结果。她认为，这种标准化的"身体"在后世的朝代乃至今天都一直被奉为一种正统经典，但这样的历史是不可信的，它只是一种整体的想象。费侠莉挖掘和突出了历史中那些一致性和连续性的断裂之处，对可信服的历史表示怀疑和挑战，以证明《黄帝内经》根本就是一种抽象的东西，在实际的临床治疗中不具有可靠性。她认为，"在分娩和怀孕之间紧张的历史关系中，我们可以看到阴阳双重的身体是怎样受到女性差异的挑战的"（费侠莉，2006：51）。

费侠莉对中国医学的体系内部及其历史的解读，反映了一种反对普遍性的科学观，反对整体性、一致性的科学史观，表现出一种相对主义的、怀疑主义的科学史观。她对中国的编史学传统评价道："这种传统是如此理想化它的古典源泉和医学理论传承的连续性，以至于它成功地隐蔽了自己过去的许多奥秘。我认为这种前现代科学体系的变化模式是通过分散权威，通过遗忘和学习，以及通过对旧知识的这种利用、保留或改变或随意组合而形成的。"（费侠莉，2006：14）

（二）科学客观性的消除

在对医学的研究中，席文主张以一种整体的方式考察疾病的多种维度。不过，在采取这样的方法时，治疗中的药物和检测等技术因素被文化和社会因素所取代了。

> 历史学家不再将治疗仅作为有效与否的技术来分析，相反，他们将它看作是社会的相互改变，在其中，药物或其他检测可能不再那么重要。比起仪式或其他象征性行为，在病人的具体的环境中，医生的重要性也不如其他医疗会见中在场的人们重要。（Sivin，2000：22）

因此，尽管席文对医学史的研究重视疗效，但他在很大程度上否认并排除了使用相关技术对医学进行测试的可能，而主张从社会和文化方面对医学的疗效进行研究，采用诸如"仪式"这样的社会学和人类学概念对古代的功效进行理解。

对此，白馥兰的身体观做了很好的诠释。在她看来，存在多元的身体观，也可称作是"地方性"的身体观。

现象学的身体（有血有肉、有骨骼和筋腱、有心肺或等器官，有神经和官能的肉体——也许与非物质性的心理、灵魂和精神相协调的，也许截然不同的身体——通过它我们存在，也认识到我们自己还存在在这个世界上）在不同社会中的建构和组成是有差异的，即使在同一社会里，身体也是由不同的人以不同的方式理解和经历着。（白馥兰，2006：232）

白馥兰强调自然身体与"社会身体"、"政治身体"的不可分离性，在很大程度上否认了身体这一自然物的客观性和与身体有关的理论的中立性。在这里，虽然身体代表着物质实在，但这种自然实在是文化建构的，具有社会的规范含义，客观的身体并不存在。而在费侠莉的分析中，也不存在什么医学知识的客观性及医学知识的普遍性。在她看来，由于妇科的挑战，正统的医学基础不再成为毫无疑问的、权威的科学，对于身体的治疗充满了协商性。尤其是宋代产科的混杂性，使得医学并不专属于某一群体，而成为由大量持有不同身体观、自然观的人所分享的领域。关于身体的知识——医学知识和理论，也是权衡折中博弈的产物，其中充满了矛盾、模糊、权益性的修辞策略。在这当中，"自然"并没有发挥什么作用。

四 陷入封闭的文化单元

相对于传统的对文化同质性的诉求，多元文化努力为宽容和理解寻找机会，为避免冲突和应对冲突寻找可能，这是极大的进步。不过，这种通过利用后现代概念而实现的多元文化科学观，认为文化系统的多样性意味着每个系统只能按照自身的价值观和信仰系统进行评估（周宪编著，2007：92，282），拒绝接受与外部评价体系的沟通，对话过程被遮蔽，进而走向一种文化相对主义。在当前中国学界所倡导的多元文化科学观中，便表现出一种文化相对主义的科学观，在编史学上则主张采用"地方性路径"以实现这种科学观。这种编史学过于强调地方性和差异性维度，忽视了全球性维度，其结果将会造成不同民族科技之间的永久隔阂，从而陷入"地方性"单元的困境中。

（一）"我们"与"他们"：生活在不同的世界

席文科学编史学中一个总体特点是对文化边界的强调和突出，即不同文化之间、过去和现在之间的区别。在对这种强调中，"我们"与"他们"成了生活在不同世界的人群。

首先是现代与古代之间存在的文化边界。席文认为，现代科学的概念非常狭小，而古代的包括所谓科学的各种领域是浑然一体的，因而，用现代的科学概念来研究古代的科学是不恰当的。现代与古代所使用的概念和知识体系均不相同，故而辉格史的研究方法绝不可行。社会学倾向的情境主义要求放弃进步史观和目的论，放弃将现代科学作为分析标准。在他看来，领略"河岸风光"是科学史研究的意义所在。在后李约瑟的编史学中，情境主义使得人们沉浸在过去的世界中，拒绝现代的知识在历史解释中的可能性。席文"文化整体"的情境主义主张便是对这种文化边界的史学要求。以医学为例，席文对疗效的定位已经超出了现代科学技术的范畴，这不能不说是一种真知灼见，但由于其过于坚持古今文化边界而放弃了与现代科学技术沟通的可能，从而走向一种由时间维度所分割的文化单元。

其次是不同文明之间的文化边界。席文强调不同文化有自身的独特性，它们所发展和孕育出的科学也是大异其趣的。在《道与名》中，中国和希腊有着各自不同的"文化整体"，席文和劳埃德的比较研究便是对这两种"文化整体"进行比较，以便更加清楚地了解每一种文化中的科学所独有的特征。在这项研究工作中，"文化整体"所要强调和追求的是"差异性"，《道与名》中劳埃德和席文明确的分工和简单清晰的并置格局证明了这一点。当我们考察中国和希腊古代的科学时，它们之间成为两个被各自文化所标划的独立单元。

（二）过度的情境主义：陷入地方性单元

通过定义理性和真理为内在于社会语境的特性，社会建构论的确给予不同地域文明以尊重和承认，不过这种做法将情境主义编史学过度使用，将不同的科学约束在其地方性的传统和其自身的标准中，使科学陷入各自的文明单元中。同时，由于不同的文化塑造了不同的科学，且地位相同，过度强调多元科学观也使得普遍性的科学纲领成为不可能。传统与现代、东方与西方，每一种文化都有着由自身特殊的抽象概念而界定的边界，普遍性只是针对边界内部而言，文化成了划定和识别科学边界的工具性标记。这种知识观囿于现有的各地域传统的社会关系与文化之中，不仅限制了我们对客观的物质世界的认识与把握，同时还使得根据地域外知识来批判性地评价地域内传统关系和意义的工作失效（兰达，2003：456）。

情境主义编史学所持有的文化相对主义科学观对差异性的强调与夸大，将最终使科学陷入各不相同的地方性的单元。正如科学史家斯科德反思的，"情境中的科学"暗示着不想区分前台和背景，"作为文化的科学"提供了关于有机统一体和整合的诱人的可能性。通过文化史理解科学，科学被看成是截然不同的符号世界的一部分，它的意义由符号网络决定。然而，这样做却存在危险：第一，这样的文化系统被看作是始终如一的、整体的、有明显界限的、拒绝改变的；第二，对科学地方性情境的强调会导致狭隘的古物研究；第三，为了追求一种普遍性考察，这种做法可能过多地依赖于其他史学家的意愿，使科学史同化到一般历史中，这虽然在很多方面是极为可取的，但其潜在地与创造一种聚焦于科学本身的大画面的目标不相合，与走向更大的全球史和比较史的目标相违背。这样，科学被限制在文化的边界中，"地方性知识"成为一个不断被重复的教条，而无法成为一种带来新的图景的东西；在这样的科学史研究中，我们对地方性和具体的知识理解得越多，就越难看到它是如何流动的（Secord，2004）。

在中国科学史的研究中，以席文等为代表的新史学进路由于对情境知识的过度强调，在对李约瑟潜在的"欧洲中心论"进行批判的同时，又陷入了文化单元的封闭界限，文化之间的差异性被过度放大，中西比较研究的工作实则重申了文化间的差异。正如哈特所说，在席文的研究中，西方和非西方之间仍然存在一个假想的分水岭，中国和西方这两个"想象的社群"仍然成为科学史分析的出发点（哈特，2002：600）。后李约瑟时代的编史学把科学描述成与文化背景密切联系的地方性实践活动，科学不再具有统一和普遍的特征，然而，这种情境主义却进一步确认了西方与现代科学的同一性。席文和夏平一中一西的研究工作无疑对西方和科学间的一致性做了一体两面的回答，却并没有超越不同社会文化分水岭的研究思路。在"地方性知识"、"多元文化"、"情境主义"过度泛滥的今天，对它们的反思也应被提上日程了。

* * * * *

以席文为代表的编史学路径在社会建构论框架的相关研究，并没有超越内外史的框架，而是用外史替代了内史、社会替代了自然，科学成为社会文化的"傀儡"，这种文化相对主义将中国科学史永久地封闭在时空中，中国科学的客观性和普遍性被消解。

第三节 文化相对主义科学观的现实影响

社会建构论框架下的科学论所持有的文化相对主义颠覆了科学的普遍性与客观性，过于强调地方性和差异性维度，忽视了普遍性与全球性维度，不仅造成不同民族科技之间的永久隔阂，同时也带来了多重的现实问题。就当前全球化背景和中国特定的国情，文化相对主义潜在的不利影响是值得我们警惕的。综观当前的科学编史学，尽管李约瑟问题已被席文等人打上了一个"并非问题"的印记，但对于当前情境主义编史学中文化倾向的某些缺陷，李约瑟的工作仍然存在可以借鉴的重要矫正因素（埃岑加，2002：564）。

一　社会建构论在全球造成的危害

从 20 世纪 70 年代中期起，以英国爱丁堡学派为起点的社会建构论逐渐发展壮大，并以锐不可当之势占据了科学的社会和文化研究的半壁江山，产生了极大的号召力和凝聚力。"科学同其他知识体系是同等的社会建构物"的基本观点逐渐成为女性主义、人类学家、后殖民主义者等具有后现代倾向的学者的方法论来源，共同的立场使他们取得了广泛的一致，最终形成了一种几乎取代传统的社会学和科学史研究的新的研究纲领，成为席卷科学论领域的潮流。然而，社会建构论对科学的过度解构也引发了各方面的问题及对此相应的反思。

（一）学术界：科学与人文的冲突

社会建构论对科学的解构在人文科学及社会科学的广大领域蔓延开来，受到激进学者的欢迎，却引起了科学家的愤怒，并使其发起了反击式的保卫战。1994 年，美国的生物学家格罗斯（Paul R. Gross）和数学家莱维特（Norman Levitt）针对这种论点编写了一本名为《高级迷信》的论文集，批判了学术左派的极端论调及其带来的不良后果。作为对该书的回击，1996 年，文化研究领域的主要学术刊物《社会文本》（Social Text）杂志计划发起一期名为"科学大战"的专刊，为建构主义、文化多元论、女性主义等科学批判研究进行辩护。纽约大学理论物理学家艾伦·索卡尔（Alan Sokal）受到《高级迷信》的启发，向《社会文本》杂志递交了一篇名为《超越界限：走向量子引力的超形式的解释学》的"诈文"，其中引用了大量社会建构论、女性主义科学哲学、后现代主义、科学的文化研究等著述，将这些科学的文化批判与量子引力学相结合，以投其所好。随后他又在另一本期刊中对这次恶作剧进行了曝光。"索卡尔事件"震撼了美国学术界，并迅速席卷全球，引发了持实证主义立场的哲学家组成的科学卫士和后现代思想家之间的"科学大战"。美国的《纽约时报》、英国的《泰晤士报》、法国的《解放报》等参加了讨论，一大批著作问世并加入论战，对后现代思潮的反思从对认识论相对主义的批判进入对其政治意识形态的批判（蔡仲，2004：38~39）。这场大战使得科学家和人文知识分子之间进一步加深了隔阂，成为"两种文化"的冲突在新时代的重演。

（二）科学教育：解构科学的客观性

除了在学术界引发争议外，弥漫于学界的文化建构论也影响到了各种教育思想和教育活动，产生了一系列不良的社会后果，尤其表现在科学教育中。美国科学哲学与历史教授诺里塔·克瑞杰（Noretta Koretge）发现，各种后现代科学评论被毫无批判性地引入科学教育，引发了许多负面影响。亨利·柯林斯和特雷佛·平奇的《勾勒姆》（1993）、苏·罗瑟（Sue Rosser）的《对女性友好的科学》（1990）和《面向大多数人的教育》（1995）都通过出版渠道进入了科学教育领域。《勾勒姆》为在校学生消解了科学的客观性："在描述了小学生进行有关确定水的沸点时所采用不成熟的实验结果后，他们声称在教室中，小学生就结果的'谈判'与工作在第一线伟大科学家的工作方式没有实质不同：爱丁堡、麦克尔逊和莫雷……都是琼克斯、布莱恩斯和斯姆杰斯（指书中的小学生名字——译者注），只不过前者穿上了以自己名字命名的'博士'整洁外套。"（转引自克瑞杰主编，2003：405）

SSK 和女性主义对科学客观性的解构和对普遍科学的拒斥，与后殖民主义和人类学立场对多元文化的推崇契合一致，鼓励了诸如女性的、种族的等立场。美国教育界的多元文化课程和制造"对女性友好"

的科学产生了不良的社会影响。女性主义的科学教育改革主张重新安排教学内容和教学秩序。由于数学真理依赖于文化，课程的设计应考虑性别和种族的接受程度，教学大纲出现了旨在教会学生认识数学的"种族主义"及数学知识政治学，并使学生学会批判数学中的欧洲中心主义和大男子主义的教学目标。"同性恋的数学"和"统计学课堂上女性研究"也在"文化多样性"的旗帜下被提上了讨论日程（克瑞杰，2003：411~412）。

（三）第三世界：为民族主义提供辩护工具

后现代科学论不仅对西方世界造成了不利影响，还给第三世界带来了负面效应。印度生物学家、社会学者米拉·兰达（Merra Nanda）对此进行了深刻反思。在后殖民主义那里，现代科学只是西方"权力意志"的文化表述，其普遍性被看作是"贬低地域利益和知识，合法化外部专家知识的"西方策略（转引自克瑞杰主编，2003：450）。这样的观点迎合了印度民族主义和其他文化保守主义，包括女性主义和环境主义在内的后殖民主义的印度左派团体便采用了这种论调。不仅如此，后殖民主义还为所谓的"种族科学"——"印度科学"、"伊斯兰科学"、"第三世界女性的科学"敞开了大门，科学的理性屈从于不同国家的"生活形式"，印度科学的合理性只能根据其"自身的术语"来评判。地方性的、情境的知识成为印度民族主义者和激进知识分子的政治辩护工具。

在印度，一方面，印度民族主义者反对印度早期旨在普及科学的"人民的科学运动"（People's Science Movement，简称PSM），对该运动及其他人权和民主运动的参与者进行攻击，同时，那些捍卫科学态度和人文精神的人，由于"挑战"了印度的传统文化习俗而被称作文化的"叛逆者"、西方的"买办"。印度国内的"爱国者"甚至谴责那些反对寡妇自焚的人，认为他们是"贬低纯粹种族实践的文化异己分子"。

另一方面，印度的民族主义者鼓吹后现代或后殖民主义的"另类科学运动"，要求排除外部专家，重新评价地域利益和知识。印度社会学家、人类学家玛格林反对将现代的牛痘免疫法引入印度以取代印度天花女神的祷告的传统免疫法，认为用西方逻辑思维对印度非逻辑中心论的强加，是对印度传统免疫法一种公开的侮辱。根据文化建构论，他们放弃了对客观真理的追求，反对把西方"殖民主义者的知识"的行为当作"解殖"的表现。旨在推进印度国民科学教育的"人民的科学运动"也在印度知识分子采纳了后现代建构主义立场后遭到反对和抛弃。

类似的情况也出现在了巴基斯坦。受到后殖民主义和后现代主义的影响，巴基斯坦激进的宗教意识形态认为现代科学与伊斯兰认识论相悖，"伊斯兰运动"对在校教授进化论和相对论的活动进行威胁，反对国家对"科学魔术"的资助。政府对"伊斯兰科学"进行资助对巴基斯坦的科学实践产生了严重而有害的结果。正是由于科学的文化批判理论对遥远的陌生人产生了意想不到的影响，真实地影响了他们的生活，兰达拒绝接受西方赐予第三世界的这一看似具有"解放"效果的礼物（兰达，2003：457~462）。

（四）西方学者的自我反思

由于后现代的科学论造成了一系列理论上和现实上的不良影响，在"科学大战"爆发后，许多有责任的学者开始反思科学的社会与文化研究出现的问题。科学家亨利·鲍尔（Henry Bauer）认为，目前的科学的社会与文化研究想表明科学和其他的人文活动间没有区别，这种反科学的态度已走得太远。科学社会学家巴纳德·巴伯（Bernard Barber）指出，强纲领的相对主义倾向已经产生了负面影响，我们需要超越这种影响，以获得进步。社会学家斯迪芬·弗尤兹（Stephan Fuchs）则对女性主义"立场认识论"放弃科学客观性进行了批判（舍格斯特尔编，2006）。克瑞杰和基彻也指出，后现代科学论"已经走向了非常荒谬的地步"，"某些研究已经滑向了严重的错误方向"（克瑞杰，2003：8；基彻，2003：42）。曾经是 SSK 阵营中的社会学家史蒂芬·科尔（Stephen Cole）在《科学的制造》和《审视科学》两部著作中对文化建构论予以了详细的驳斥，后期的安德鲁·皮克林也从 SSK 内部对社会决定论进行了反思和超越。

当然，正如许多学者非常中肯地指出，尽管并不是所有的科学的社会与文化研究都采纳了一种激进的后现代立场，但存在于科学论的这种立场及其引发的问题是值得反思和警戒的。他们为超越以"科学大战"为表象的文化相对主义科学观做出了大量学术努力，克瑞杰主编的《沙滩上的房子——后现代主义者的科学神秘性的曝光》（1998）、奥利卡·舍格斯特尔（Ullica Segerstrale）主编的《超越科学大战——科学与社会关系中迷失了的话语》（2000）等便是这方面具有建设性意义的著作。

二 热潮中自觉性反思的必要性

中国科学史的研究经过一代代科学史家的不懈努力和开拓逐渐形成了一门学科。除了像李约瑟这样的西方研究者外，竺可桢、席泽宗、陈美东、李迪等老一辈的中国史学家也为中国科学史研究做出了奠基性的贡献，新中国成立以来更是出版了一系列中国科学史方面的重要著作，如卢嘉锡主编的《中国科学技术史》、路甬祥主编的"中国近现代科学技术史研究丛书"、"中国古代工程技术史大系"等。李约瑟之后，席文等西方学者在批判的基础上提出了情境主义的编史学路径，对中国国内的科学史研究，特别是编史学研究产生了很大影响。一些学者主张多元文化，甚至支持文化相对主义，"地方的"、"本土的"成为被追捧的时髦词语，中国语境下编史学研究对社会建构论、文化相对主义等问题的自觉性反思相对不足，这些都是值得我们深入思考的。

（一）社会建构论、内外史与编史学观念

由于学术互动和文化接触，西方当代的科学论成果逐渐为国内所了解，构成了国内 STS 研究的重要内容。一些学者一方面从事科学编史学的工作，另一方面对西方的科学论进行研究，尤其是对科学论中科学史及其对科学编史学的意义和影响做了较为深入的研究，对在社会建构论框架下的人类学取向的科学史研究、后殖民主义和女性主义等科学编史学进行了探讨，取得了大量成果。他们秉承了西方科学论中对差异性的强调，主张多元文化的科学观，宣扬在科学史研究中的文化相对主义立场，高度评价 SSK、女性主义、人类学、后殖民主义在编史学中的作用，积极倡导情境主义的编史学路径。

这种颂扬所表现出的对西方科学论的认知是值得商榷的。目前在科学编史学中存在一种看法，认为 SSK 把科学知识的内容纳入社会学研究的范围，得出科学是社会建构物的结论，"内史"不复存在，因而 SSK 打通了"内史"和"外史"之间的壁垒，消解了"内史"与"外史"的界限，"形成了一种统一的科学史"；除了强纲领能够完成"消解内外史"的使命外，"从女性主义的立场出发，同样可以对这一划分进行解构"（刘兵、章梅芳，2006；刘兵等，2015：19）。基于这样的认识，一些学者对把社会建构论框架下 SSK、女性主义、后殖民主义的科学观及科学史观引入中国科学史研究做出了乐观的评价和展望，认为女性主义科学史对西方科学价值中立、性别无涉的历史的揭露，以及科学的社会建构论的科学观将会为中国科学史研究开辟广阔的空间（章梅芳、刘兵，2006）。相应的，一些学者对白馥兰和费侠莉的工作给予了高度评价，有的认为费侠莉的工作在西方女性主义科学史研究的基本框架下，将中医看作是建构的、渗透性别关系的、多元的"地方性知识"，为女性主义科学编史学在中国科学上的运用拓展了科学史的研究领域和新维度，"从某种程度上修改了传统研究的一些结论"（章梅芳、

刘兵，2005）；而白馥兰的《技术与性别》则"表达了对传统技术观的挑战，暗含着对传统编史学观念的反思与颠覆，彰显了使用新的技术史研究视角和方法的可能性及其独特魅力。此三者，对于中国科学技术史的研究者而言，都具有重要的启发意义"（章梅芳，2007）。这些学者指出，"近几十年来，科学社会建构论、女性主义、人类学、后殖民主义思潮在科学技术史研究中的影响日益突出，可以预见对它们的综合运用在某种程度上会成为必然趋势，并且这将进一步大大推动科学技术史的发展"（章梅芳，2008）。这种对西方社会建构论及其编史学的颂扬与呼吁已然逐渐出现于许多学术期刊中，文化相对主义的科学观似乎已在中国科学编史学界蔚然成风。

（二）"地方性知识"、多元文化与文化相对主义

文化相对主义的立场构成了消解"李约瑟难题"的理论来源，"因为都是地方性知识，所以就无须去讨论'为什么中国没有产生近代意义上的科学'的问题"，中国古代科学史研究便获得了合法性地位（章梅芳、刘兵，2006）。"在当我们采取了新的、不将欧洲的近代科学作为参照标准，而是以一种非辉格史的立场，更关注非西方科学的本土语境及其意义，'李约瑟问题'就不再成为一个必然的研究出发点，不再是采取这种立场的科学史家首要关心的核心问题了。"（刘兵，2003）针对李约瑟的目的论史观，有学者指出，"在人类学和女性主义视野中，科学技术史都不再是客观的、单一的、线性的进步过程，而是具有相对性和情境性"（章梅芳，2008）。

这些观点从对以现代西方科学为解释框架的辉格史方法的批判，走向了对本土文化语境和地方性维度的强调，在编史学上未经反思地赞颂社会建构论框架下的女性主义、后殖民主义研究视角，认为"哈丁对'地方性知识'概念的拓展、费侠莉的中医史案例研究，更是表明在人类学的科学技术史研究中结合女性主义视角，将会进一步丰富

我们对不同民族和地区科学技术知识独特性的理解"（章梅芳，2008）。

对地方性的强调使编史学研究走向了文化相对主义的科学观。"在人类学和女性主义的科学技术史中，基于文化相对主义立场和地方性知识观念，非西方科学的差异性本身就构成了其科学史研究的合法性基础。"（章梅芳，2008）在当代中国，文化相对主义的科学观则和近些年来对科学多元论的认识有着重要关系，这对科学史的研究产生了一定影响。比较有代表性的观点是，认为在科学史的研究中，引进带有文化相对主义特征的"地方性知识"的研究，是对多元历史的承认和尊重（刘兵、卢卫红，2006），因而"随着像'地方性知识'这样的东西越来越成为科学史研究的重要内容，基于某种文化相对主义的多元论的科学观，也就自然成为科学史研究的一种重要立场"，"文化相对主义是承认并进而研究地方性知识的基本条件"，对于人们是否接受文化相对主义"其背后的立场差异，主要在于研究者是持一种一元论的还是多元论的科学观"，因而相对主义对于科学史而言是无可回避的哲学立场（刘兵，2009：76，2015；刘兵等，2015：50）。对这种观点来说，多元文化的科学观必然导致要接受一种文化相对主义的立场，新的编史学便在多元文化与相对主义之间进行了过度的推论，画上了未经反思的"等号"。

（三）热潮中冷反思的必要性

文化相对主义在当前国内科学编史学及科学文化研究中渐被支持和推崇的声音，与"科学大战"前的美国学术界颇为相似。当前中国的 STS 界中，借用格罗斯的话来说，一些学者和学术"对所谓后现代思想的深刻性和研究方法的丰富性颂扬不已"（格罗斯、莱维特，2008：83）。具有文化相对主义立场的学者建立了所谓的"科学文化"学派，通过出版刊物和召开研讨会，反思和批判科学主义，认为"科学定义本身不过是一种修辞策略，并不具备本质主义的含义"，主张吸收西方的社会建构论等成果（柯文慧，2007：256，238），将多元文化观落实到多元科学观中，为传统科学争取合法性。

一些科学文化研究的观点和立场较为简单地消费西方的学术思潮，对其缺少批判性和方法论自觉，西方学界对社会建构论的理论反省与突破还需要在方法论上得到足够的重视。中西社会文化环境不同，类似于20世纪90年代西方"科学大战"的事件未必会真的发生在当代中国，但不可否认的是，文化相对主义对西方乃至第三世界已然带来了诸多不良的现实后果，对此持批判性的反思态度是必要的。对于中国科学史而言，出于一种学术责任，我们应认识到这种文化相对主义科学观在科学史研究中是需要警惕的。科学史研究的目的不仅是理解过去，还应指向当下，面向未来。中国几千年的科学文化需要在新的时代挖掘继承与创新发扬。文化相对主义科学观满足于欣赏地方性科学的"河岸风光"而驻足不前，将问题焦点转移、科学观念泛化，这对中国现代化进程中对传统科学的继承发展与创新将造成潜在的不利影响。

三　警惕新时期的文化保守主义

与文化相对主义潮流相关的后现代思潮自20世纪90年代进入中国后，其后现代话语为中国的本土主张提供了辩护的话语资源，成为中国的"新保守主义"。这种保守主义表现在中国科学文化研究中，便形成了这样一种悖论：一方面，利用"地方性知识"的话语资源赋予了各种传统科学以合法性；另一方面，对各种社会建构论的推崇和使用又使得本土科学遭到解构，这构成了对其合法性论证的自我否定。按照这一思路，中国科学史的研究面临走向虚无主义的危险，中国现代化进程中的科学技术发展与创新也会面临潜在的危害。

（一）"后学"与新保守主义

文化保守主义在中国由来已久。回顾中国的近现代史，明末清初的国粹派、五四时期的东方文化派和学衡派、1935年王新命等十教授的《中国本位的文化建设宣言》、1958年新儒家的《中国文化宣言》，都反映出文化保守主义思潮的倾向。21世纪以来，文化保守主义并未消退，2004年，70余位文化名人签署并发表了《甲申文化宣言》，这一年被称为"文化保守主义年"。文化保守主义视文化的纯粹性高于一切，对于中国特殊的历史和国情来说，这一立场是值得我们深思的。

在中国的文化保守主义历程中，值得注意的是20世纪90年代以来的"新保守主义"。从这一时期开始，由于中国知识界对后结构主义、后现代主义、后殖民主义等西方文化研究思潮的引介和研究，中国学界中与文化相对主义思潮有关的文化保守主义重新活跃起来，国内热衷于谈论"后学"，保守主义常常用流行的后结构主义、后现代主义、后殖民主义等西方的文化研究思潮作为依据来支持其保守观点，对中国的"五四启蒙"运动和20世纪80年代从近代西方文化中吸取的现代性价值进行否定，同时又在中西对立的基础上试图以本土文化特征代替现代性（赵毅衡，1995）。

西方的"后学"对启蒙以来的现代思想的全面反思和批判，进入第三世界的语境下，则很容易变成维护自身传统和本民族利益的依据，从而趋向保守。后现代主义、后殖民主义和后结构主义等"后学"在进入中国后，则成了中国新保守主义的一种话语资源，对新启蒙主义的现代性立场进行解构，试图以本土文化的重建来应对全球化的挑战（李永东，2007）。20世纪90年代，一些学者提出"中华性"的概念，认为中国的现代性是在西方话语中现代性的"他者化"，这种现代性已经走向终结，有必要以"中华性"来代替"现代性"（张法、王一川、张颐武，1994）。这一立场批判"现代性"而张扬"中华性"，对"五四"以来的启蒙主义进行了批判。作为对抗西方的话语，"中华性"表现了新保守主义立足于民族主义的反现代性的文化策略。不过，这种"中华性"在解构西方的中心主义话语时，又创造出了另一个中心话语，最终落入本质主义的窠臼（陶东风，1999a）。

（二）中国的 STS 研究与文化保守主义

作为"后学"影响下的学术领域，当前中国的 STS 研究也开始显露出类似的保守主义倾向。20 世纪 90 年代，国内的科学哲学、科学文化研究、科学编史学研究等领域开始关注并研究西方科学论，一些学者较早地引介了科学的社会建构论等成果，21 世纪以来日渐繁荣，学者们积极学习、吸收这些带有后现代特色的科学论成果，并试图在一些领域中加以运用，科学编史学在这方面取得的成就较为突出。在"地方性知识"的解放效果下，一种"近代西方确立起来的科学只不过是其中的一种而已"（章梅芳、刘兵，2005 等）的论调充斥于相关研究中，通过对科学主义的批判，这些研究走向反现代性和反科学，认为"传统的价值就在于传统自身，而不在于外界的评断"（田松，2007：48），呈现对中国传统文化和科学的保守主义倾向。

文化保守主义的一个明显表现便是对中国传统科学话语之"失语"的焦虑。文化保守主义控诉西方科学将一种机械论的、还原论的观念变成主流意识形态和大众话语的一部分，不断侵蚀传统文化的话语，认为"全球化与现代化所到之处，本土的、地域的、传统的文化，便被砸得支离破碎、七零八落"（田松，2010：6）。以营养学为例，文化保守主义认为，中国的话语方式被营养学所建构并统治，人们的基本思维方式和世界观发生了转变，中国的传统文化"失去了话语权"；在现代营养学观念下，人的地域差异、种族差异、文化差异要么被抹平，要么就被认为并非本质；根据"地方性知识"的合法性，这种超地域、超文化的普遍性却是一种"幻觉"，而地域性的传统话语长期稳定，成为在"历史中不变的智慧"；"欲亡其国，先亡其史；欲亡其史，先亡其语"，我们应回到自己传统的话语中，回到几千年来中医及其所根植的中国传统文化的话语方式来言说中国人的生活，因此，"我们就是不需要蛋白质"（田松，2010）。面对现代社会的科学发展，文化保守主义采取了一种对西方的对抗性姿态，主张"知识分子的自我拯救之道是拒绝做'西方外来形态'的代理人"（赵毅衡，1995），成为偏执的传统文化守护者。

（三）民族科学的"纯粹性"、变动性与交融性

"后学"批判西方中心主义，反对普遍性，承认地域价值，其文化相对主义主张对西方具有自我约束的作用，有助于克服西方文化中心主义以及现代性和全球化的弊端，具有进步意义。但它否定西方现代文明、启蒙理性和历史进步，认为其不仅在理论上不可取，还会带来实践上的灾难（杨春时，2009）。富人的减肥药不能当作穷人的粮食，对第三世界的国家来说，一方面要面对现代化，另一方面又面临重建传统的现实问题，后现代非西方中心的价值取向在第三世界国家迎合了某些民族主义者的文化保守主义情绪，成为他们保护本民族文化，应对全球化的文化策略（丁立群，2007）。从理论上说，中国版的"后学"，一方面斥诉西方"后学"的反本质主义，批评西方现代性话语的普遍主义与西方中心主义；而另一方面又悖论式地坚持另一种本质主义，即族性－身份观念与华夏中心主义，试图寻回一种本真而绝对的中国身份，并把它与西方"现代性"对举，构成一种新的二元对立（陶东风，1999a）。这种执迷于重返本土的"文化部落主义"制造出了一个新的民族主义话语，但其仍然复制着本质主义的中／西二元模式，用民族文化的差异性取代现代化的普遍文化理论，成为狭隘民族主义的张扬者（王岳川，2001）。从社会发展的现实层面看，正如印度化思潮所显示的，如果今天我们忽视甚至否定西方文化 500 年来为人类文化的发展做出的辉煌贡献，那么将可能导致人类文化的全面倒退，可能成为"文化战争"的根源，威胁人类未来的发展（乐黛云，1997）。

无论是追求"中华性"，还是走向"我们就是不需要蛋白质"的文

化保守主义，问题的症结在于，这种保守主义情结试图把中国的民族文化传统看作是一种固定僵死的、已经完成了的东西，只需要在未来不断延伸即可，而不需要整合吸收其他外来文化。这种想象模糊了文化变化的本质，尤其是对当代的中国，"在全球化趋势中，如将自身文化看成是凝固不动的，一味返回源头而对抗发展，则有可能使民族文化身份建构延搁，社会发展滞后"（陶东风，1999b）。

文化保守主义在科学编史学中表现为极端的反辉格史立场，将由文化所标记的"地方性知识"看作是古今、中西的一劳永逸的身份，使得过去与现在、中国与西方永久分离。通过采用极端的情境主义立场，中国古代的科学知识被永久地锁在了当时的历史情境中，只能以彼时彼地的价值标准来评价。按照这样的思路，科学编史学的研究对"地方性知识"合理性地承认，只能变成一种不断重复的论调，成为一种自我臆想的教条。

编史学中的文化保守主义倾向是值得我们警惕的。正如基彻所说，"有些事情走得过头了。我的目的是指出问题出在那里，科学元勘怎样才能做得更好"（基彻，2003：42）。对"地方性知识"的过分强调存在放弃跨文化交流与对话的倾向，正如李约瑟本人也曾警告这种将民族科学思想绝对化的倾向，因为这种做法否认了普遍性知识的可能性。他认为，不同的知识综合体将会使人走向封闭且彼此不协调的文明单元的概念，并进而走向历史悲观主义。

要警惕一种危险，即走向另一极端的危险。这可能使斯宾格勒的概念复活：各种已经衰亡的（甚至今天仍存在的）非欧洲文明的自然科学乃是完全独立的、不能混合的思想模式，更像不同的艺术作品一样，是不可调和的、无关联的一系列关于自然世界的不同观点。这种观点可能会被用作历史种族主义理论的冠冕堂皇的借口，将近代以前以及非欧洲文化的科学看成完全按种族特

征来决定，并将其生硬地限制在它们自己的范围内，而不是人类前进步伐中的一部分。（转引自埃岑加，2002：585）

一方面，改革开放以来，中国的现代化建设取得了巨大成就，科学技术达到了前所未有的发展水平。但另一方面，我们也必须承认，中国仍然是一个科学精神相对匮乏、科技能力需要进一步大力提升的发展中国家。科学史作为一门连接科学的过去、现在与未来的学科，应该也能够在这一进程中发挥重要作用，这凸显出科学编史学研究的重要性。特别是面对后现代思潮之于中国思想界的影响，如何批判性地评价、吸收和借鉴以李约瑟和席文为代表的两代科学史家的编史学成果，立足于中国的国情把握普遍性与地方性的张力，是一个需要我们认真思考的重要问题。

承认多元文化的科学观并不意味着普遍的科学成为幻觉，也不意味着古代科学与现代科学、中国科学与西方科学之间不能再有沟通和交流，进而走向文化相对主义。在"后李约瑟时代"崇尚情境性的"地方性知识"的文化倾向中，李约瑟的科学观不但没有随着反辉格的呼声被消解，反而更具有借鉴和矫正作用。正如一些学者指出的，对李约瑟而言，科学以普遍性使得跨文化交流成为可能，这一认识在今天仍然是有意义的、有效的、切中时下政治弊端的，SCC的最终目标是促进不同文化之间的相互理解，极端文化相对论使跨文化比较或对话变得毫无意义（卜鲁，2002：254；埃岑加，2002：585），在当代中国，李约瑟留下的理性主义遗产仍是不能丢弃的一笔宝贵财富。

* * * * *

尽管对科学的文化批评与反思具有启发意义，但如果这种文化批判以差异性否定普遍性，拒绝建设性的对话，"成为民族主义的狭隘排外，成为以族性为中心的本土化神话，成为丧失国际学术公共性的自说自话，就需要质疑了"（王岳川，2001）。在中国科学史的研究中，面对与后现代有关的新潮流，应深入了解与其有关的社会建构论的编史学立场和策略，除了要看到积极因素，还要对其理论的内在矛盾及现实影响有充分认识。在采纳情境编史学的主张和文化多元论的科学观时，应同文化相对主义划清界限。既要接受现代性，迎接全球化的浪潮，也要警惕全球化带来的文化单一化的危险，在积极的开放中保持民族文化的特性，在接受现代性中警惕西方文化中心主义（杨春时，2009）。

第四节　本章小结

应该承认，不同文明的科学与文化是相对的，但文化相对主义作为一种研究立场，如同文化普遍主义一样，都是不可取的。对文化相对性、多元性的承认与尊重，并不意味着必然要走向文化相对主义立场。文化相对主义易滑向一种虚无主义，不仅可能影响到科学事业的正常发展，甚至还会引发令人担忧的社会问题。目前在科学史研究中的文化相对主义倾向使得科学成为社会文化的表达物，使科学失去了自己独特的生命。"从长远的观点来看，对科学理想的毁誉和颠覆绝不是一种政治上的进步。"（克瑞杰，2003：420）就中国的科学编史学而言，不论是李约瑟研究，还是席文的社会文化研究，关于中国科学的大多数研究文献都假想了在不同的文明之间有一道不可逾越的屏障，都是以轻信想象的中国与西方，以及构成它们的分水岭为出发点的，如何走出"科学与文明"的常规分析框架（哈特，2002：614~615），开拓新的研究领域的路径，成为科学史研究有待探索的问题。

第四章

超越文化分水岭：后人类主义的反思与批判

本章提要： 20世纪八九十年代，科学论内部通过反思传统科学哲学和 SSK 的自然／社会二分模式，在理论内省中逐渐走向后人类主义的科学观。从该观点看，李约瑟以实证主义为立场，基于"自然"一轴进行"理性重建"，而席文则采用人类主义的立场，基于"社会"一轴进行社会学重建，二者都以某种本质主义解释为科学史强加了一个叙事结构。在广义对称性原则下，后人类主义者拒绝先验的理性或社会解释框架，将自然和社会、人类和非人类都视为建构科学的力量，强调各种异质性要素内生于科学实践中，在阻抗与适应的共舞中相互交织，辩证发展，由此进入了当代 STS 的"本体论研究"。由于"自然"与"社会"内生于科学实践中，不仅内外史的分界被消解，不同文化（西方与非西方、过去与现在）之间的分水岭也不复存在，"地方性知识"成为被全球重塑的杂合体；科学史的分析单位从单一的"科学"、"技术"或"社会"转向了"科学、技术与社会的综合体"，即"技科学"。后人类主义科学观与中国古代天人合一、主客相融的科学存在某些相通之处，具有借鉴的可能性。从后人类主义来看，当摆脱二元论框架，社会、自然、物质、思想等都内生在中国科技的实践中，共同编织了中国传统科技的历史。蒋熙德对中医案例的研究、基于物质文化的筹算之操作性和实践性的研究、吴文俊对中国传统数学的史学实践与当代创新等具有后人类主义编史立场的研究，为超越传统／现代、地方性／全球性、本土／西方、多元／一元的藩篱提供了可能的方法论启示。

第一节　后人类主义的实践转向

由于建构主义过于强调人类的社会与文化因素，及由此产生的文化相对主义等诸多问题，以社会建构论为特征的科学论受到了各方面的挑战，其中不仅有来自外部的批判资源，更有着内部的理论反省。SSK 内部的一些成员突破社会建构论的理论困境开启了新的出路，女性主义和后殖民主义也在自我批判中逐渐走向了新路径，他们通过对传统实证主义和科学知识社会学的反思批判以对二者进行超越，由此形成了后人类主义编史学，这为反思李约瑟和席文的中国科学编史学提供了理论资源。

一　反思历史叙事的二元结构

以 SSK 为代表的社会建构论框架的科学论，打破了传统的实证主义科学观，极大地挑战了传统的科学观，使之在新的情况下难以维系。不过，随着研究的深入，以社会建构论为基础的这些研究越来越显示出诸多问题，也引发了内部成员的反思与批判。

（一）社会建构论的理论内省

《实验室生活》之后的拉图尔反思道，SSK 将所有的不确定性都归因于人，而感觉输入则完全保持中立，对称性原则实则处于深深的不对称中，社会建构论仍是康德式的自然与社会的二分状态；社会建构论采用一种现代主义的框架，将主客强行地拆分，使二者之间的连接产生断裂，在社会与自然之间制造了一种先天界线，即外在于我们的自然和高高在上的社会，进而从一种封闭的社会定义出发来解释自然

（拉图尔，2008a；卡伦、拉图尔，2006）。这种二分法在"认识论的鸡"（Epistemological Chicken）之争中表现得尤为突出。柯林斯和耶尔莱所努力捍卫的社会和自然严格二分的观点，要么接受人类力量，要么接受物质力量，但绝不同时接受两者。正是在这个意义上，皮克林称SSK是"现代主义者、人类主义者（humanist）、二元论者"（皮克林，2004：22）。林奇则批判SSK对其理论溯源——维特根斯坦的遵从规则的解读是错误的。SSK的"规则怀疑论"认为社会因素能够解释规则和行为之间的不确定性，其结果是强调社会语境及其偶然性，使行动者变成某些形式的文化木偶、文化傀儡（林奇，2006：291）。皮克林则批评道，SSK总在试图寻找隐藏在现象背后的社会结构，强调像社会结构、社会利益、人类技能等这样的社会学的致因解释，把人类主体作为科学活动的中心，具有还原论和决定论的色彩。皮克林指出，SSK的科学史研究中注重对科学实践和情境的强调，也热衷于讨论作为科学知识的构成要素的物质力量，但是由于它"把科学文化仅仅表现为单一的概念网络，把实践仅仅视为由利益建构的一个开放式终结的筑模过程"（皮克林，2006：5），因而当它即便触及了物质世界时，也将其视为和其他的科学知识构成要素一样，将其归并于人类力量。在这个意义上，皮克林批评在夏平的爱丁堡颅相学争论的经典研究中，物质技术以及概念化过程是由相互竞争的集团的利益关系建构的，科学的物质性维度更多地被还原为一种社会因素，还原论的外衣仍然保持着，故SSK意义上的实践概念是"站不住脚的、理想化的和还原性的"（皮克林，2006：5）。

（二）异形同质的实在论

以社会建构论为代表的很多文化研究批判传统的科学实证论，但二者存在深刻的一致性，即二者都是在主客体两极化的框架内对科学做出解释的，SSK从一种封闭的社会定义出发来解释自然，这种做法和传统的实证主义从先验的自然定义出发来解释争论的做法一样，二者都是一种本质主义的表现。皮克林进一步指出，实证主义和 SSK 的相对主义都坚持某种实体性的、持久不变的东西，不同的是，SSK 坚持社会实在论，而传统实证主义坚持自然实在论，"二者属于同一种形态"（皮克林，2004：227）——都将科学视为一种表征活动，将知识看作一种表象概念（劳斯，2010：188）。传统的科学哲学将科学视为对自然世界真实面目的反映和描摹，科学是表征自然的活动，而 SSK 则把人类和社会的维度置于首要位置，将科学对自然的表征理解为人类力量的成就，甚至将物质力量要素和其他的科学知识构成要素一样，都归因于人类力量。对科学的表征性语言的描述反映了其背后的科学观，即理所当然地认为，科学应该首先被看作是知识体系和各种陈述，对 SSK 而言，他们的问题就是要解释为什么特定事实或理论被生产出来，以及它们为何被集体性地接受了（Pickering，2001），对传统的科学实证主义而言，则是从先验的自然定义出发解释科学知识。

社会建构论引导下的多种文化研究都采用了一种 SSK 式的、决定论的、人类主义的立场，社会角色、社会利益、意识形态等因素被看作是非突现的致因，成为决定意义的解释资源。由于女性主义和后殖民主义的科学论研究建立在社会建构论的理论和方法论基础上，因而也难逃二元论的人类主义窠臼。以强纲领 SSK 为代表的科学论在对实证主义进行批判的同时，却用"社会实在论"取代了"自然实在论"，走向了其自身理论批判的反面，构成了实在论的"两极相通"（邢冬梅、蔡仲，2007）。社会建构论框架下的历史叙事也重演着异形而同质的现代主义叙事，二者都以某种本质主义解释为基础，为科学史强加了一个统一化的叙事结构。

（三）"百川归海"与"河岸风光"：中国版的"两极相通"

尽管以席文为代表的新一代科学编史学批判李约瑟的实证主义的

科学史观，采用一种情境主义的编史学策略，但社会建构论的基本编史立场，导致其仍然因循着李约瑟式的本质主义的历史叙事，其并未跳出二元论的框架。李约瑟式的理性重建源于实证主义科学观下的自然一致性的观念，这种科学观反映出作为"自然之镜"的科学，其主要特征是"见物不见人"，科学史被编写成理论的逻辑思想发展史；而席文、费侠莉、白馥兰等人的科学史观也难逃林奇、皮克林、拉图尔等人对布鲁尔的对称性原则的诘难，即社会建构所做的不过是用"社会傀儡"去取代实证主义的"自然傀儡"，社会成为一种预先就存在的解释框架，社会在先，科学在后，有什么样的社会因素，就决定有什么样的科学，科学史完全附属于人类社会史，失去了自己独特的生命与历史。李约瑟与席文等人都是基于"自然与社会"的二分来编写中国科学史的，所不同的是，李约瑟是基于"自然"这一轴来编写中国科学史，而席文等人却是基于"社会"这一轴来重构中国科学史，这种做法构成了布鲁尔对称性原则在中国科学史中的翻版（蔡仲、郝新鸿，2012）。这种社会建构在哲学上仍然保持着基础主义（由自然转向社会），语言观上保留了表征主义的反映论（科学是对科学共同体的社会利益的反映），认识论上走向了相对主义，社会学上则走向了知识社会学，其并未跳出传统科学哲学的窠臼——自然与社会、内史与外史的二分，其关注的仍是作为理论或知识的科学（蔡仲，2008）。

席文等人在科学史中的社会建构论可称为皮克林所批评的"人类主义"编史学路径，即具体的历史情节被同化为一般的图式，认识论法则、人类角色以及他们的利益、约束和限制等构成了传统理论所具有的实体性解释变量，历史则变成科学理性、社会利益或其他因素持久发挥作用的一系列例证，无止境地重复着同样的故事（皮克林，2004：280）。在"人类主义"编史学路径中，科学史没有真正意义上的时间，它往往满足于对不同变量间的静态相互关系的考察，忽略了其中的变化，而始终不变的参数是原因、语境、制约因素等（Pickering，2001）。

在席文等人的科学史研究中，中国的数学、天文学、医学、建筑等科学技术成为社会关系、政治需要、父权统治等因素持久发挥作用的一系列例证。

值得注意的是，在这种人类主义的编史学框架下，"物质文化"实质被消除了。席文的"文化整体"考察的与给定问题及该问题存在于其中的文化有关的所有维度中——理念、社会关系、经济、宗教、政治、亲属关系等，并未体现物质维度，而中医在费侠莉眼中成为父权制的显现，技术及技术之物则被白馥兰划归为意识形态符号。在这种科学史中，包括自然与社会的所有的历史参与者不能公平地享有历史的真实，人们无法看到诸如仪器、工具、研究对象等"物质文化"，中国科学的历史亦无法得到真正的把握。

二 走出二分法困境的理论努力

正如拉图尔所言，主客二分、自然与社会二分框架下的科学编史学，导致"时间无所作为，历史徒劳无功"（拉图尔，2008b：456），科学成为无时间性的"木乃伊"（哈金语）。在此框架下，科学论衍生出一系列二分法的解释模式，包括实在论/建构论、全球性/地方性、中心/边缘、西方/本土、传统/现代、男性/女性、第一世界/第三世界等。科学编史学呼唤一种超越现代主义、超越传统二分法的叙事方式。

（一）走向实践：SSK 的自我反思

超越二元论的努力首先出现在科学论内部。20 世纪 80 年代晚期，科学论各研究路径和主张发生了一些新的变化。以拉图尔和伍尔伽为代表的法国巴黎学派早年与 SSK 有着类似但又有所差异的旨趣，之后的拉图尔和卡隆则提出了"行动者网络"理论，被视为是对 SSK 的彻底决裂；辗转美国的爱丁堡小组成员之一安德鲁·皮克林则在"冲撞理论"中彻底告别 SSK 的社会学理论取向，提出了后人类主义的科学观；美国的哈罗德·伽芬克尔（Harold Garfinkel）、迈克尔·林奇和埃里克·利文斯通（Eric Livingston）的常人方法论研究与实验室生活研究联系起来；伊恩·哈金（Ian Hacking）的《表征与介入》（1983）、卡特赖特（Cartwright）的《物理规律如何说谎》（1983）、亚瑟·范（Fine）《不确定的游戏：爱因斯坦、实在论和量子理论》（1986）则在他们自身的领域内发展了经验性研究方向，这种研究虽然与 SSK 有所交叉，但逐渐凸显出不同的旨趣和对其的背离（皮克林，2006：2~3）。

除了从 SSK 的"社会学理论"中挣脱出来的路径外，其他研究也与此形成了呼应，如科学哲学家特里蒙特（Tremont）研究小组的成员琼·藤村（Joan Fujimura）、斯塔（Leigh Star）等学者发展出了实用主义和符号交互主义的观点，美国科学哲学家劳斯结合解释学和分析哲学，超越了传统的实证主义和社会建构论的科学观，走向科学实践哲学。科学论出现了深刻而明显的裂缝，SSK 与行动者网络理论及其他的实践研究之间的分歧越来越大。

继早期科学论对实验室的研究后，新的实验室研究从 20 世纪 90 年代后开始反叛社会建构论，以莱恩柏格、诺尔 - 塞蒂娜和伽里森的一系列实验室研究表明科学并不是以某种"社会或文化形态"为先决条件的（蔡仲、肖雷波，2011）。近年来新的实验室研究挑战了"观察负载理论"的观点，凸显了实验室中的复杂情况。哈金在《表征与介入》一书中一反理论史的主流而进入科学实验的案例研究，强调科学的操作特性和表征特性，凸显了实验的基础地位、意义及其实践特征，呼吁从表征走向介入、从理论走向实验。他在实验操作的互动中凸显了物的存在，提出了"实验有自己的生命"的口号。同时，富兰克林（A. Franklin）、伽里森、古丁（David Gooding）以及梅奥（Deborah Mayo）、范·本德格姆（Van Bendegem）、罗伯特·阿克曼（Robert Ackermann）等人也都深入科学实践的具体形态，进一步推进了新实验主义的研究

（吴彤、郑金连，2007）。这些研究从 SSK 将科学实践理解为单一的社会因素的观点拓展开来，为 SSK 为走出自身困境、走向科学实践做出了富有成效的努力。

（二）告别社会性别至上论：女性主义的自我内省

女性主义科学论反思并批判了社会建构论框架下女性主义思考科学的基石——生理性别与社会性别的二分法，呼吁非二元论的思考方式。女性主义理论家格罗兹（Elizabeth Grosz）认为社会性别并不是添加在生物学基础上的意识形态（Grosz，1994：58），应避免这种本质主义。温迪·福克纳（Wendy Faulkner）以及理查兹（Evelleen Richards）、舒斯特（John Schuster）从强调性别差异走向了反本质主义的批判，不断拓展和深化对科学技术与性别关系的理解（西斯蒙多，2007：173~176）。对早期观点进行修正的一个重要代表是唐娜·哈拉维（Donna Haraway），哈拉维在"情境知识"（situated knowledge）的口号后提出了反对二元论的"赛博宣言"（Cyborg Manifesto），倡导女性主义技科学（feminist technoscience）实践。新一代的女性主义者在 20 世纪 90 年代的赛博研究、人类 – 动物研究，以及各种后人类主义研究中逐渐远离了社会建构论，关注社会技术关系的话语和物质方面及物质化过程纠缠在一起的方式，形成了更加多样的理论进路和方法论进路，包括互动主义、能动实在论、赛博女性主义、后人类女性主义等，展现了政治、经济、科学技术和物质世界彼此互动的非二元论科学图景（Asberg and Lykke，2010）。这些后人类主义的女性主义技科学研究受到了学界的呼应，国际学界知名杂志推出一系列研究专刊，如 2004 年《女性主义理论》（*Feminist Theory*）推出的"新物质主义"专刊，2010 年《欧洲女性研究期刊》（*European Journal of Women's Studies*）推出"女性主义技科学的物质本体论转向"专刊，2011 年《北欧女性主义和性别研究期刊》（*Nordic Journal of Feminist and Gender Research*）推出的

"后人类主义的性别研究"专刊，进一步推进了女性主义对社会建构论的反思与超越。

（三）走出地方性分析单元：后殖民主义的自我超越

后殖民主义科学论强调"地方性知识"的情境性，这容易导致在"地方性的"或"本土的"知识形式与"西方的"、"全球的"或"普遍的"科学之间的冲突和分歧。新近的后殖民研究在对此反思的基础上提出了全球技科学的主张，其主基调是将"地方性知识"的生产一个处于看作是互动的动态生成过程（Seth，2009）。后殖民理论学者安德森（Warwick Anderson）概述了过去20年科学、技术和医学的后殖民研究的轨迹，认为后殖民的科学研究曾经为第三世界"压抑的知识"提供了合法性，为种族科学提供了福柯意义上"叛乱"的需求，但其本质主义诉求导致了封闭的分析单元。与强调情境性的"地方性知识"不同，后殖民技科学则凸显了"地方性知识"的杂合性和异质性，探索知识和实践是如何清晰地穿过文化并存在于其中的，并试图解释科学和技术在此流动过程中的交换、转译和转变。在对"老一代STS学者的方法论"（安德森语）的告别中，以安德森、亚当姆斯（Vincanne Adams）、赫特（Gabrielle Hecht）等为代表的后殖民理论学者在2000年前后开始通过工作坊、学术专刊等形式，批判性地吸收行动者网络理论将后殖民研究和科学论带入一个富有成效的对话，引发了一系列话题，形成了后殖民技科学（postcolonial technoscience）的研究。安德森于2002年在《科学的社会研究》（*Social Studies of Science*）中与赫特主编了名为"后殖民技科学"的专刊，该专刊倡导一种越发引人关注和研究的新方向，即全球网络化的后殖民技科学，引起了国际STS学界的关注。2005年，英国另一国际知名期刊《作为文化的科学》（*Science as Culture*）也继续围绕"后殖民技科学"这一导向，刊登了一系列论文来推进关于科技全球化与地方化关系的动态性研究，再一次引发了人们对这一新方向的注意。

* * * * *

李约瑟对中国科学史的理性重建和席文的社会学重建，都是以自然与社会二分为基础的研究框架，使得内史与外史仍处于二分状态。席文、费侠莉、白馥兰等人在社会建构论的框架内采取了人类主义的解释，将科学归因于特定的社会文化，这反映了一种"人类主义"、"非突现"、"表征主义"的"传统的"科学观（皮克林，2004：43）。西方科学论的后续发展逐渐突破了人类主义，从后人类主义的视角解释了科学的图景，从以二元论为框架的科学论走向了非二元论的研究，这些成果为我们思考编史学提供了启示。基于拓展了的文化概念，科学不仅仅包含表征，还具有物质性的、社会的、时间的维度，呈现一种实践的、操作性的图景，这种科学编史学超越了社会建构论和实证主义传统，以不同的研究路径进入了后人类主义的理论空间。

第二节　后人类主义编史学：走向生成本体论

后人类主义者认为，二元论的现代性框架不仅造成了人类与非人类的分裂，而且还造成了西方和非西方、现代和前现代之间的对立。为此，拉图尔提倡一种三重的对称性：除了对真理和谬误进行同样的解释（第一对称性原理），还要对人类和非人类同等对待（广义对称性原则），此外，对西方人和他者，更不应有任何先验的区分（拉图尔，2010：103~104）。皮克林的"操作性的历史编史学"、拉图尔的"物的历史"、安德森的"地方性身份的全球塑造"等编史学都将研究科学理论转向研究活生生的科学实践，拒绝先验的理性或社会解释框架，超越传统的表征主义，形成了一种去中心的后人类主义科学编史学立场。它强调各种异质性要素内生于科学实践中，在文化整体中相互交织的生成过程，形成了当代 STS 的"本体论研究"。

一　本体论视域下的广义对称性原则

布鲁尔的对称性原则用同样的社会原因解释真理和错误，将社会作为基础性的解释资源，自然被抹杀，造成对社会和自然的非对称处理，导致社会实在论。拉图尔批判布鲁尔的对称性原则的非对称性，提出了广义相对性原理，将自然和社会纳入本体论的范畴，形成社会-自然的生成本体论。

（一）广义对称性原则与技科学

拉图尔将布鲁尔的对称性原理称为第一对称性原则，针对这一原则所造成的不对称问题，卡隆、拉图尔等人在行动者网络理论的框架下，提出了广义对称性原则，即研究者应将自己置于人类和非人类的中间位置，将二者置于对称平等的地位，追踪二者的历史。在对巴斯德的历史研究中，拉图尔认识到，"如果我忽视巴斯德的工作，我将坠入实在论的巢穴，如果我忽视乳酸菌的作为……我将陷入另外一个巢穴……社会建构主义的巢穴，极力忽视非人类力量的作用"（Latour，1992）。拉图尔的广义对称性原则将人类和非人类、自然和社会都纳入研究的范围，自然和社会成为问题的一部分，而不是解决方案的一部分，不论是自然还是社会，都成为参与科学的行动者（拉图尔，2010：109），从而克服了社会建构论的不对称性，"把科学（包括技术和社会）看作是一个人类的力量和非人类的力量（物质的）共同作用的领域"（皮克林，2004：11）。

拉图尔认为，行动者不仅包括人，还包括细菌、原子、文本等物，行动者是一种异质性的力量。卡隆将圣布里厄海湾的扇贝作为与科学家和渔民同样的行动者进行研究（Callon，1986），拉图尔在《法国的巴斯德化》（1984）中将细菌等作为行动者加以讨论。广义对称性原则打破了传统自然、社会二分框架下自然决定论或社会决定论的两难困境，由此形成了社会 – 自然的杂合本体论。

与广义对称性原则相对应，后人类主义不再将自然或人类作为决定论的解释中心，而主张"去中心"的内在演化。这种"去中心"的内涵是，自然、社会、仪器等异质性的文化要素内生性地参与到实践过程中，彼此交织在一起，编织了科学的历史。由于不存在任何外在的变量，这些异质性要素没有任何一个能够预先作为解释框架，后人类主义的历史研究彻底告别了传统规范框架的本质主义做法，科学史的分析单位从单一的"科学"、"技术"或"社会"转向"科学、技术与社会的综合体"——"技科学"。

技科学强调与科学内容相关的所有因素，其中包括人类和非人类、科学和技术、自然和社会等异质性行动者结盟而共同构成的各种杂合体或网络。拉图尔使用"技科学"这一术语旨在表达科学、技术或社会的去中心的交杂状态，在这当中，"不存在一套确定的规则能够担当解释实践和终结的重任"（皮克林，2004：231），自然、社会等异质性因素彼此紧密地缠绕在一起，没有一个因素占据中心地位。以去中心的技科学为视角的科学史研究，强调不可预先设定分析框架的突现式的过程，旨在展现科学是如何在物质的、技术的、实验的、理论的、社会的等各种异质性因素的交织作用中生成的。

（二）社会 – 自然本体论

对于自然与社会的关系，拉图尔批评道，人们总是将自然看作一极，社会看作另一极，然而现实中并不存在纯化的社会或自然。他指出，自然与社会之间实际上存在连续性，并非决然分离、对立；从广义对称性原则出发，社会因素也不是一个稳定的解释变量。按照行动者网络理论，行动者的"利益"极其容易在具体的情境中不断被"转换"，人类或社会变量在科学实践过程中随时处于变化之中，"社会"、"物质"与"概念"一样，其本身都是这个微妙而不确定的结盟过程的一部分。拉图尔在《法国的巴斯德化》一书中追踪了那些推进巴斯德网络建造的转换问题。巴斯德为了传播他的微生物理论，不仅要与细菌谈判，还要在不同的社会世界中与各种行动者谈判，努力使他们加入他的微生物理论的阵营，他要把炭疽病的知识和技术从实验室迅速扩展到社会并被运用，以使他的微生物理论稳定地成为"事实"。拉图尔认为，如果我们能不去惊叹于这种奇迹，而是去关注网络是如何扩展的，我们一定会发现，就如何实现从农场到实验室的转换问题，农民代表和巴斯德之间存在异常有趣的谈判（拉图尔，2005：402）。

这种过程性的动态科学观念使得自然和社会不再成为抽象的两个对立的端点，而是被赋予了时间性和历史性。正如卡隆所说，并不存在纯粹的自然与社会，存在的是一种交杂的状态。在广义对称性原则下，真实的世界中根本不存在纯粹的自然或纯粹的社会，存在的都是二者的混合物，如果要谈论自然和社会，实则谈论的是居于二者之间的杂合体（hybird），这些居中之物（in-between）便是社会自然（socionature）（卡隆，2004：46）。自然和社会都不单独具有本体论的决定性解释地位，社会－自然的杂合体却具有本体论的地位（刘鹏、李雪垠，2010）。

在自然和社会的混合本体论中，人类中含有非人类因素，非人类中也含有人类因素，二者通过转移的过程将彼此"内折"进自身（Latour，1999：193），相互嵌合在一起。自然和社会既是某个网络的行动者，也是由其他行动者转译的结果。正是在这样的意义上，广义对称性原则强调自然和社会作为转译过程的结果，及二者的"共生性"，这使得对科学及科学史的研究超越了传统科学观的决定论（自然决定论或社会决定论），从认识论框架进入了本体论领域。

（二）科学文化的多元异质性

在广义对称性原则下，后人类主义修正并扩展了关于科学文化的传统观念。作为对实证主义传统和社会建构论传统的批判性替代，后人类主义将多元性与异质性视为科学文化的基本特征，其中不仅存在传统科学史中的自然要素，也存在社会建构论中的社会性因素，形成了一种新的意义上的科学文化的"多元主义"（皮克林语）。在这方面，皮克林、拉图尔、哈金、劳斯等人都从不同的研究方向上形成了呼应和共识。

皮克林在更加广泛的意义上阐释了科学文化的概念。他认为，"具体的科学文化不应该被认为是一种单一的事物；科学文化由多种多样的异质性要素所构成"（郝新鸿，2011）。科学是在复杂的多元文化的活动中被"制造的事物"（made thing），"这种'被制造的事物'的过程包括技能、社会关系、仪器和设备，以及科学事实和理论"（皮克林，2004：3），其中，物质维度作为一种必不可少的维度进入了科学文化的范围。皮克林的操作性术语从"力量"的向度赋予了物质文化以重要性。在他看来，世界不仅充满观察和事实这样的表征内容，更充满了各种力量，尤其是物质世界的力量，细菌、基本粒子、岩石等物质在科学实践中同样大有作为。

劳斯从科学实践哲学的角度拓展了科学文化的内涵，他认为，"物质文化同样属于'文化'研究，包括世界抵抗或强化人类试图理解它的方式。文化和自然之间的区分，或有意义行动及其无意义的物理环境之间的区分因此就属于意义的领域，意义是文化研究处理的对象，而不是构成领域的界线"（劳斯，2010：30）。

对后人类主义者来说，科学文化具有与以往不同的新的含义，它是异质性的，不仅包括"物质文化"，也包括社会实践、语言传统，或身份、共同体和团体的构造（劳斯，2010：219）。正是在这个意义上，劳斯主张一种"知识联合体"的观念，这种联合体的特点是异质性的，各种异质性要素在知识的实际形成和维护中共同发挥着作用。科学文化的多样性、异质性也体现在哈金的研究中。哈金提出"混杂"（motley）

的观念以代替对科学的"统一性"的理解（哈金，2006：32），挑战了传统科学文化的表征主义。以实验室科学为例，科学文化由各种异质性的要素组成，哈金识别了"观念"、"事物"、"标记" 3 个分类中的 15 个要素，各种异质性要素在实践的过程中相互作用导致了实验科学的稳定性，特别是"物质性的方面对于这种稳定化过程的作用要比传统的科学的社会研究的学者们所认为的重要得多"（哈金，2006：35）。

二　操作性的编史学：异质性要素的共舞

后人类主义编史学从科学实践中异质性文化要素出发，探索科学事实的历史生成问题，传统的本体论分类，如自然／文化、人类／机器、主体／客体、身体／心灵等被打破，在实践的冲撞中走向各异质性要素共同生成的本体论。在其中，社会就像自然一样，是建构科学的实践过程中的异质性要素之一，科学不再由"自然"或"社会"单向度来决定。科学是在文化整体的实践中被塑造并自组织地生成出来的，也即科学实践的异质性的建造过程。

（一）恢复时间性：走向操作性的编史学

皮克林批判了以往科学史的"无时间性"，即认识论规则或人类利益成为实体性的解释变量，在这样的历史解释中，"一切都在变化，但没有变动发生"（皮克林，2004：280~281）。基于此，皮克林提出需要超越科学的表征主义编史学中的真理、利益或其他主导话语，主张"操作性的编史学"，展现后人类的突现关系（皮克林，2004：272~273）。

对于操作性的编史学，首先，它将"力量"置于一个极为显著的位置。其次，它强调了物质力量和人类力量相互作用与较量的图景，仪器则格外凸显了这种较量，科学家在物质力量的领域中不断地周旋着，科学技术被看作是一种与物质力量较量的持续与扩展（皮克林，2004：7）。再次，由操作性编史学勾勒出科学基本的操作性图景，形成一种富有辩证法色彩的动态演化过程。例如，在建构气泡室的操作性理解中，皮克林通过对通往目标的途中不期而遇的各种失败与阻碍的操作性描述，指出了物质世界之力量——阻抗的存在；通过对格拉泽面对阻抗一次次尝试性的积极应对的描述，展现了人类对此的适应。人类力量和物质力量相互交织、持续作用，展现出一种阻抗与适应的辩证法，也即"力量的舞蹈"（Dance of Agency）。

值得注意的是，后人类主义的编史学从时间生成的角度赋予了物质维度的历史地位。皮克林指出，"物质维度在主流科学史研究和科学哲学研究中，长期被忽视"（皮克林，2004：2），在对历史的解释中，学者们的责任似乎就是在不同的人类行动者之间分配表扬与批评，似乎只有他们才能解释那些行动，而不是诸如合成染料或世贸中心的金属框架等物质力量（Pickering，2005a）。在后人类主义者看来，物质世界也是书写历史的一个重要部分，包括物质维度在内的各种异质性要素共同交织而生成了科学的历史，"人类不可能也不需要独自去承担其极为厚重的历史"（Pickering，2001：198）。

皮克林的编史学将物质维度赋予了其失去已久的重要性，认为"世界始终不停地处在制造事物（doing things）之中，各种事物不是作为智慧化身的观察陈述依赖于我们，而是作为各种力量依赖于物质性的存在"（皮克林，2004：6）。皮克林在多元科学文化的基础上关注科学实践在真实时间中的演化，把科学实践看作一种文化的扩展，着眼于科学活动的社会维度和物质维度的转换，展现了人与物、自然与社会相互交织共同进化的图景。在皮克林那里，物质世界不再是僵死的，它具备了与人类力量同等的能动力量，与人类力量共同舞动出一幅阻抗与适应的舞蹈画面。

基于实验室研究的后人类主义编史学的分析，强调物质因素（如实践仪器或工具）具有自己独特的生命，是科学历史解释中的重要组成部分，应与自然因素和社会因素地位等同，并且这种物质世界正是自然与社会的汇聚之处，它是科学实践得以发生的真实世界。当 20 世纪 80 年代，科学论内部的实证研究和社会研究开始注意到物质文化和科学实践，在科学研究中全景展示仪器、设备、实验组织体系的作用时，那种传统科学哲学和社会建构论将知识体系作为研究对象的做法被打破了。这些实证研究突出了科学活动中惊人的多样性和异质性，概念的、社会的、物质的等成为思考科学的必要维度，历史的维度以一种新的姿态重新回到了科学实践中，并赋予科学以生命。

在操作性的历史编史学中，由于不存在任何的认识论规则或社会结构的隐藏法则，因而社会因素、概念因素及物质因素内在于实践中，实践的冲撞过程能够自己完成各种层级安排。"在任何意义上，'社会性'作用都同科学的技术层面一样依从于实践中的冲撞。计划、目标、科学家的利益、人类活动者的活动范围和社会关系、各种规训和专业技术，所有这一切本身都是实践过程中的问题，它们都不会外在于实践、控制实践。"（皮克林，2004：235）这种操作性的历史研究便意味着，"历史学家的任务应该去探求科学与社会之间开放式终结的各种转换，这些转换在生产与消费的世界中不断以瞬时突现的方式建造或摧毁各种文化要素的联合和联结，这些转换不存在任何先于实践的确定性的目标和目的"（皮克林，2004：272）。

（二）技科学的历史生成性

当摆脱表征主义的编史学立场后，在操作性的编史学中便不存在历史解释的中心。那么，是什么在主宰着历史过程？科学结果是如何在多元异质性的文化元素中稳定下来的？后人类主义编史学对此做出了自己的回答，即科学的各种异质性要素在去中心的演化中存在自身的调整和适应的内在机制，通过异质性要素内生性的编织过程而使科学得以稳定。

对皮克林来说，正是辩证的演化过程构成了科学实践的文化拓展轨迹："科学实践是通过在多元的文化要素之间建立或摧毁某种连接和联结而被组织起来的，特别是，科学事实的产生紧紧依赖于在机器操作的异质性王国和知识表征之间建立的各种联结，这种联结过程具体显示二者之间的突现式冲撞和相互作用式稳定。"（皮克林，2004：25~26）劳斯呼应了科学知识发展中的冲突和抗拒的积极作用，他指出，异质性文化建造"知识联合体"的实践本身能够相互强化并维持自身，"而无须假定一个潜在的科学家共同体，假定一个关于理论或方法论预设的科学共识，或者假定偶然地体现于这些特殊实践中的知识具有一个可多重实现的'内容'"（劳斯，2010：177）。

哈金则从实验室研究的路径对科学史中强调不确定因素的做法予以批判，提出了科学的稳定可靠性及其原因机制。他认为，实验要素的分类（观念、事物、标记及其操作）在实验运转时会相互调节，在此过程中会产生一种维持自身稳定的自我辩护结构。这种结构既不是精神性的也不是社会性的，它不需要外在的致因性因素来加以解释；"数据、理论、实验、现象、仪器、数据处理等之间有一个博弈"（哈金，2006：33，56），实验室把各种异质性要素整合为一，创造事物、观念、数据等稳定。哈金指出，实验室通过创造控制和隔离的条件，应用能量和物质对客体进行干预，实现对现象的创造，这里并不存在纯粹的表征。异质性要素通过调节进行修正进而最终趋于稳定，当理论和实验仪器以彼此匹配和自我辩护的方式携手发展时，稳定的实验室科学就产生了，这是一种关于人、科学组织以及自然的共生现象，这种去中心的异质性动态过程赋予了实验现象以真实性（哈金，2006：57，60）。

特里蒙特研究团体的早期学者之一琼·藤村利用"标准化整合"（standardized packages）、"边界对象"（boundary objects）及"转换"（translation）的概念，展示了不同的社会领域在时空中的相互作用而共同编织了分子生物学中"致癌基因理论"的实践过程。一方面，她采用了斯塔与格里斯默的"边界对象"概念，另一方面，她吸收了拉图尔和卡隆行动者网络理论的转换思想，探讨科学知识如何在多元化的集体工作中实现稳定、维持、进步甚至创新的机制。藤村识别出了不同的"边界对象"，例如基因、癌症、致癌基因或癌基因，它们处在众多社会领域的交界面上，具有一种能够使不同的社会领域都认同的可塑性。例如，"细胞"与"癌症"对于医生、手术室的工作人员、病人、乳癌细胞生物学家与致癌基因研究者来说常常具有不同的意义，但它们又促进了不同的社会成员彼此的相互作用和多样性的交流，使得具有不同地方性观念的群体能够在谈判边界上达成一种相容。在此基础上，藤村采用"标准化整合"来理解癌症定义的突现和稳定。她认为，致癌基因理论和重组细胞 DNA 等分子遗传技术的组合促成并重组了多元社会世界的成员的转换，对多方面进行协调，使不同行动者在保持有自己独特性的同时进行合作。在致癌基因理论的研究中，包括国家癌症基金会、私人工业、大学管理者、生物和医学实验室、美国国会、生物学附属机构等在内的多样性的社会群体达成一致，致力于分子遗传研究的实践，最终制造出了一种新的癌症定义，进而实现致癌基因理论的统一与稳定。在边界对象和碱基顺序数据库这样的标准化工具的组合下，转换了众多的行动者利益，新的合作空间被打开，各种概念、技巧、物质、技术、工具等资源在不同的研究工作中进行流动，在"多种交界面"创造的空间中共同进行实践工作。在对致癌基因理论如何生成的解释中，藤村并没有将任何一个领域赋予优先地位，她认为"癌症的科学知识是在众多不同的社会世界之间的交界面处被建构的。没有一个社会世界拥有问题或解答"（藤村，2006：183）。藤村将"标准化整合"视为一种时空中的编织工具，它展示了在动态分界面上转换不同行动者利益而建构科学表征的动态过程，解释了科学实践的稳定机制。

（三）物的生成：追踪科学对象的历史踪迹

在多元异质性科学文化的考量下，"物的历史"进入了后人类主义者的视野。拉图尔以巴斯德的案例讨论了细菌的历史。"在巴斯德之前，细菌存在吗？"这个问题的答案在拉图尔看来是否定的。拉图尔打破主体和客体的分析模式，以人类和非人类这对行动者范畴进行分析，采用"流动指涉"（circulating reference）概念来界定事物的历史真实性，这里的事物既包括人类也包括非人类。"指涉"是对事物进行描述的陈述，这些描述的一系列转变带来了事物的差异，从而带来了事物的历史变化。按照这一观点，1958 年位于里尔市的巴斯德实验室培养基中生长的乳酸菌，与 1852 年位于慕尼黑的李比希实验室里酒精发酵的残渣并不是同一事物，因为造就它们的参与者、媒介、表达方式、时空、操作过程和目的都是显著不同的，两种物质是一系列不同的指涉在流动中造就的结果，它们具有不同的历史。"细菌开始是作为特性，结束的时候已经是物质了，具有清晰界限、名字和不可改变性"，物质"是将多样性的媒介聚集在一起，将其变成一个稳定和连贯的整体……它更像将项链上的珍珠串起来的线"（拉图尔，2008b：455），它体现了一种集合的稳定性。

作为后人类主义编史学的史学实践，近些年来，德国的马克斯·普朗克科学史研究所（MPIWG）从历史生成的角度追踪科学对象的历史踪迹，研究在实验的异质性情境中，即自然、知识、社会、经济、仪器等各种异质性要素所生成的综合体的历史性机遇中，科学对象，如燃素、氧、细胞、基因等，如何生成、演化或消亡的历史。该研究所的代表人物达斯顿、瑞恩和莱恩伯格等致力于研究诸如电子、DNA、燃素等认识客体的历史轨迹，并基于哲学上的旨趣提出了"历史认识论"的概念。尽管该术语表达了多重的概念，但其中表达"认识之物的历史"这一主张贯彻到了该研究所的科学史研究中。"当 1994 年马克斯·普朗克科学史研究所在德国柏林成立时，这一概念被选来表达其所从事研究的主导理念。很大程度上，这是当前在科学史家中这一标签普遍流行的有效原因。"（Feest and Sturm，2011）2008年，马克斯·普朗克科学史研究所组织了一次跨学科的会议，由此形成了2011年国际杂志 *Erkenntnis* "历史认识论"的专刊。

"历史认识论"是对传统认识论的挑战，强调从历史的角度追踪科学家研究对象"出生"、"生长"和可能的"死亡"（达斯顿语）的过程，包括蛋白质、遗传、数学实体、细胞质微粒、醚，甚至是社会、道德等。"历史认识论"关注物质事物，"包括所有它们的阻抗与适应"（Rheinberger，2005）。这一科学史研究路径与哈金所称的"历史本体论"形成了呼应，即"生成物在生成过程中是历史性的"（Hacking，2002：4）。科学史家莱恩伯格颇具影响的著作《走向认知物的历史：在试管中合成蛋白质》（Rheinberger，1997）自出版以来，"认识之物"这一术语已经进入了科学史家们的研究视野。在这本书中，他把追溯蛋白质合成的发展作为这段历史的中心，追踪了1945~1965年的分子生物学得以形成的历史。莱恩伯格提出了一种强调有形的工具和技术的科学编史学版本，通过有形之物，科学家们才能挑选特定的现象作为研究对象，也即"认识之物"（Feest and Sturm，2011）。这种生成论视角的历史考察强调各种异质性因素（理论、文化、社会、实验与仪器等）的相互作用，在这种相互作用中追踪科学的认识之物的生成与演化的踪迹。

三　自然与社会的内生性：内外史的消解

后人类主义主张去中心的自然、社会、物质、概念等相互交织演化的实践过程，打破了传统的自然与社会的二分法，强调各种异质性要素在实践中相互作用，彼此塑造的不可逆过程，形成了关于科学实践的生成本体论。自然与社会内生在这种科学实践中，成为这一过程的共生体，消解了内史与外史的划分，为科学史研究走出内外史框架、走向实践带来了新的可能。

（一）内外史：从二分到消解

后人类主义认为，传统的编史学在自然和社会二分的框架下研究科学史，导致内史与外史的出现与分离。对此，拉图尔指出，传统实证论的编史学将"细菌的历史真实性牢固地扎根于自然之中"，尽管存在演变的动态观念，但"这种历史真实性并不包括科学以及科学家的历史"（拉图尔，2008b：451）；而社会建构论则将物视为外在于历史的、等待被某个头脑发现的、早已存在之物，"历史真实性只被给予人类，激进党和皇帝，而自然被周期性地清除了所有不存在的现象"（拉图尔，2008b：460）。这两种历史导致了人类历史和自然历史之间的分界，使得科学史一直以来无法同时包含人类的历史和自然的历史。

后人类主义的科学编史学超越社会建构论和实证主义传统，主张科学是在历史中的异质性生成。面对已经黑箱化、自然化和稳定化的科学，后人类主义编史学要求科学史家抛开任何先验框架来追踪科学对象在黑箱化和自然化之前的生成史。正如拉图尔所说，"自然"是一个有待成为课题的概念，我们要全面地重新创造"自然"概念的起源（拉图尔，2008a）。在这里，有待成为课题的还有"人"、"社会"、"仪器"等概念，它们在相互交织中重新创造了自己和彼此。因此，我们面对的是"不可逆的人与非人类的联合产品"，它是人与物、自然与社会、科学和技术内在地处于生成之流（the flow of becoming）的产物。自然与社会在科学实践中的内生性与共生性，使内史与外史的划分得以消解。

自然与社会的内生性与共生性的内涵是，"人类力量和非人类力量的双向运作（works both ways）"（皮克林，2004：15），人与物的彼此重塑作用及其不可逆性和非还原性。这个生成过程发生在物质世界中，并在其中发生着多样性的进化，人与物、社会与自然的共同进化，对称地融入物质世界中。物质世界中各种异质性要素在人类和非人类的交界处，在开放式终结和前瞻式的反复试探的过程中，真正的新奇事物是在时间中真实地突现的（Pickering，2008b：3）。这种历史叙事不存在历史解释的外在因素，自然、社会、物质、概念等维度都是科学史解释中不可缺少的内在因素，其消解了内史与外史的划界。后人类主义的去中心的生成本体论打破了自然与社会二分的认识论框架，为科学史研究摆脱内外史编史框架提供了方法论基础。

（二）社会与自然的共生体

后人类主义的生成本体论意味着人与物之间是一种不可逆的彼此创造、相互塑造的交融过程。在皮克林的"冲撞的历史演化模式"（皮克林，2004：281）中，人类力量与非人类力量在阻抗与适应的辩证法中进行整合，相互交织、彼此界定，它们内生性地相互缠绕在一起，在同一时间中共同生成。在这个演化过程中，自然与人类不但不具有中心地位，并且二者都参与到这种交织演化的历史过程中，相互交织与耦合。因此，生成论的图景是人与物的相互生成，关注主体和客体通过重塑而建立起的新的角色和关系。以华色曼氏反应为例，这个对人类血液进行操作的物质程序是在真实的时间中反应物与测试人员不断地协调、修正而生成的，最终既造就了一种新的检测技术，又使得一种全新而特殊的科学共同体应运而生，每一方都发展并呈现一个与对方有关的特定形象（Pickering，2001：195）。这便是科学实践中人与物、自然与社会的相互生成和相互定义。

这种相互生成的本体论主张也是拉图尔的核心观点。拉图尔与卡隆等人提出的行动者网络理论将科学视为动态的实践，提出了"行动中的科学"之口号。在行动者网络理论中，行动者通过转译征募其他行动者而形成联盟，这种动态的实践过程同时造就了人与物以及社会的历史。在巴斯德的乳酸菌实验中，实验的参与者既有巴斯德，又有他的酵母菌，二者形成了双向互动。巴斯德开发出了手势、玻璃器皿、实验方案，在新的文化中介中，乳酸菌具有自主性，它们通过获得供给而快速生长，由此获得的能量使它们进入了与它们类似的生长在同样的土壤中的其他生物体的竞争中。在宏观层次，巴斯德借助于细菌将各种社会力量动员起来，在这个过程中，法国社会被重新构造，巴斯德本人也成了具有声望和权威的科学家，细菌则从无到有地产生了。异质性的多元行动者在参与网络制造的过程中，相互界定，相互作用，彼此的内涵都发生了改变。在网络不断伸展的过程中，历史性的含义被带入了科学史：行动者在不断转换的过程中生成而成为历史的产物。

由于上述不可逆的生成过程，科学便具有了非还原的特征，时间箭头得以恢复。拉图尔的转译社会学（sociology of translation）强调转译者对所传输之意义的改变和转化，通过转译，科学的发展已具有不可还原性，具有了历史和时间的内涵。对于物来说，1958 年之前，细菌并不存在，而对于人类来说，1958 年之后巴斯德掌握了有机体的培养，而不是被看不见的现象毫不知情地操纵（拉图尔，2008b：469）。因而，不仅物获得了历史真实性，人类世界也在一系列流动的转变中被赋予了鲜活的历史。"每一个因素都由其联合（association）来加以界定，它是在每一个联合的情形中产生的一个事件。这对于乳酸菌来说是真实的，对于鲁昂这个城市、黄帝、在于尔姆的实验室、巴斯德和普歇的个人地位、心理和假设也是真实的。"（拉图尔，2008b：466）这样，历史便将自身赋予了人类，也赋予了非人类，二者在科学实践中共同创造了历史。在后人类主义的编史学中，自然和社会是人们在同一过程建造的，因此是两个"共生体"。

四 超越文化边界："地方性知识"的生成

在拉图尔提倡的三重对称性中，第三重对称是指在西方与他者之间不存在任何先验区分，这为我们反思文化相对主义、超越文化分水岭提供了方法论基础。第三重对称是以广义对称性原则为基础的。后殖民主义在吸收和借鉴拉图尔的行动者网络理论基础上，提出了后殖民技科学，为"地方性知识"从情境走向生成、科学史研究单位由单一的文化单元走向全球互动的"大图景"提供了理论依据。

（一）二分法：文化相对主义的理论根源

拉图尔在《我们从未现代过》一书中讨论了现代制度下的"两大分界"，一是自然与社会文化的分界，二是不同文化（也涉及现代文化与前现代文化）之间的分界。拉图尔将前者称为"内在的分界"，将后者称为"外在的分界"。他认为，自然和社会的二分状态造成了不同文化间的分离，以致出现了主张不同文化间不可通约的文化相对主义。文化分水岭的根源仍在于自然与社会的二分，这是因为，现代式的内在分界使得我们将自然和社会分离甚至对立。现代人认为自己能够认识到自然与文化、科学与社会之间的差别，并且从现代人的视角看，前现代式的自然和社会是交叠在一起的，诸如中国人、美国印第安人、阿赞德人，他们所处的是一种知识和自然、符号和事物之间的混沌状态。这样，前现代和现代之间便产生了鸿沟，"我们"与"他们"之间便出现了巨大差异。拉图尔指出，"人类与非人类的内在分界定义了第二种分界——这次是外在分界——通过这一分界，现代人将自身与前现代人区分开来。对于后者而言，自然和社会、符号和事物在本质上都是共存的"（拉图尔，2010：113）。

根据广义对称性原理，拉图尔指出，实际上，前现代人与现代人之间的差别并非很大，对现代科学家群体的人类学考察表明，科学家将自然知识与社会特征的相互区分并非十分明晰，他们像前现代的部落一样，也将社会范畴投射到自然之上，尽管他们可以掩盖这一点（拉图尔，2010：116~117）。在自然社会的混合本体论中，现代人和前现代人一样，并没有在自然与社会之间进行严格区分。由于人们一直以来建造的都是自然和社会的共生体，因此，前现代人与我们是类似的。"现在，我们可以将'我们'与'他们'之间的二分，甚至是现代人与前现代人之间的区分，扔进历史的故纸堆了。"（拉图尔，2010：117~118）广义对称性原则否认了不同文化之间（例如西方与非西方之间）、传统与现代之间所谓的文化分水岭，这为批判和超越文化相对主义提供了理论基础。

后殖民科学论的一些学者在批判性吸收拉图尔的行动者网络理论基础上，从地方性的复杂运动角度出发，关注科学在全球化时代的流动，挑战了地方性与全球性、西方与东方的传统二元论，主张地方性和全球性互动的分析框架，形成了后殖民技科学研究，成为后人类主义者的同路人。后殖民技科学认为，"地方性"是在一个相互作用的动态变化中社会性和历史性地产生的（Adams and Pigg，2005：11）。这就是说，地方性的身份在知识的全球运作中被塑造，它不断地改造自己，通过挪用和配置小范围的地域甚至是横穿大陆的全球范围的对象、技能、思想、实践而不断地重新发明着自己（Raj，2006：21），因而并不存在一个超越历史的地方性概念。"地方性知识"在全球化的范围内已成为一种杂合体，兼具本土与全球的特征，体现了地方性与全球性的辩证法。

（二）清算"经典后殖民理论"的本质主义诉求

后殖民技科学观是在反思后殖民科学论的基础上逐渐展现出后人类主义立场的。早在1994年，哈丁就从后殖民主义的立场建议将现代科学定位于更加精确的历史和地理制图中，他通过使用女性主义理论，采纳非欧洲文化的"立场"，提出了一个包含第三世界知识和实践在内的多元科学。不过，其中的本质主义诉求引发了后殖民主义科学论内部的批判。按照后殖民技科学的观点，哈丁意义上的西方科学和其他科学是抽象的、本质化的，每一个都代表了一个单一的立场，它们扮演着支配和服从的角色，而没有显现出异质和杂合的特征（Anderson，2009：393）。对于后殖民主义科学论反对普遍性、强调地方性的主张，钱伯斯（Wade Chambers）则担心全球性科学可能分裂为无数地方性研究，并警告说，"没有一个更加总体的框架，我们就会陷入一个地方性历史的海洋"（Chambers，1987：314）。安德森也批评道，后殖民主义科学论将政治经济等同于一种抽象的主人叙述，导致了一种趋势，即将文化研究等同于分裂的地方性故事（Anderson，2002）。韦拉恩（Helen Verran）和特恩布尔（David Turnbull）则认为，后殖民主义所导致的"不加约束的文化相对主义反过来使少数群体膨胀，只会带来教条式的民族主义"（韦拉恩、特恩布尔，2004：107）。

后殖民技科学认识到，以哈丁为代表的"经典的后殖民理论"（安德森语）逐渐失去了说服力，这些旧有的分析风格以假设相对封闭的团体和民族为基础，已经不再适用于解释关于身份、技术和文化形式的共同产生（Anderson，2002）。学者们呼吁后殖民研究需要新的分析模式，以便以不同的方式去发现更多的异质性资源，更加充分地揭示出那些导致全球性或普遍主义主张的地方性处理（local transactions）的模式。为此，后殖民技科学研究对地方性进行了批判性反思，要求"重构地方性的技科学"，强调技科学网络的地方性、全球化的情境生产、跨国过程中的取代和重组、技科学的分裂和杂合（Seth，2009：379）。

（三）后殖民技科学：地方性身份的全球塑造

后殖民技科学并没有对全球性、普遍性科学采取拒斥态度，也没有陷入地方性的封闭单元，而是通过新的视角和分析模式同时挑战了对科学的全球性和地方性的传统解释，从地方性的角度理解全球性，勾画"人、文化和物是如何在旅行中重塑的"（Anderson and Adams，2008）。后殖民技科学利用后殖民视角拥有历史和地理复杂性及政治现实性的优势，把科学置于多重场域中，追踪它的跨地方性旅行，关注在"杂合性和不纯性的复杂边界地带"，不同种族、历史性的时间、社会阶层等差异是如何在技科学的操作性中被确定和被打破的（Anderson，2002）。通过展示科学的复杂情况，后殖民技科学挑战了殖民制度和后殖民视野中产生的二分法——全球性/地方性、第一世界/第三世界、西方/本土、现代/传统、发达/不发达、大科学/小科学、中心/非中心、理论/实践等。

后殖民技科学注重分析不同社会或文化领域之间的相互协调与质询，展示技科学全球式分布与相互交织的复杂情况。许多研究从不同的研究路径摆脱了传统的地方性与全球性二分的模式，走向了后殖民技科学的研究立场。比格的《尼泊尔的性语言和艾滋病》（Pigg，2001）一文采用文化人类学的视角关注于没有现代医学基础的尼泊尔村民使用艾滋病或其病毒概念时所进行的协商，突出了相互依赖的新模式，而不是传统的中心/边缘或多元分离的模型；安德森采用物质交换的人类学视角对新几内亚岛高地库鲁病的发现进行解释，把全球化的技科学理解为一系列地方性的塑造（Anderson，2000，2008）；阿布拉罕的《印度原子弹的制造》（Abraham，1998）研究了印度核物理和单一民族国家的互动、相互构成；藤村的《跨国基因组学：超越"现代/西方"和"前现代"/东方的边界》（Fujimura，2000）一文描述了在跨国基因研究中，西方与东方的科学和文化的重新配置；赫特的《核时代中破裂的谈话：非洲殖民力量的联合》（Hecht，2002）的研究则证明，当代原子核计划如果不包括加蓬和马达加斯加这些地方，将是不完整的，因为在这些地方的铀开采与核性、去殖民、现代课题的形成等都是无法分离的；而按照富腾的观点，美国联碳公司在印度博帕尔的灾难并非孤立的事件，它实际上展示了关于科学政策制定的多元地点和全球化的特征（Fortun，2001）。这些研究聚焦于科学家与本土人的当代互动，展示移动中的知识实践在不同的接触地带（the contact zones）的复杂状况。

后殖民科学研究的"墨尔本－迪金学派"的代表人物韦拉恩和特恩布尔对澳大利亚的两种土著人的地方性知识与现代科学的实践互动研究，使他们也进入了后殖民技科学的阵营。他们采用建构主义和女性主义研究径路，一方面指出不同文化在不同时期创造出来的"地方性知识"应该在平等的基础上加以比较；另一方面则强调，土著知识体系和西方科学体系虽然存在实质性的差别，但二者能够共存并通过质询的交互进行再解释，为彼此提供选择空间。韦拉恩和特恩布尔展示了不同的知识体系互相质询的途径及其实践性互译，质疑了不可通约性。这一学派提醒我们"不应该轻易地被赞美地方性所带来的表面的解放效果所蒙骗，因为地方性很容易变成'新型的普遍化要求'"（韦拉恩、特恩布尔，2004：106）。韦拉恩和特恩布尔建议，为了让所有的知识体系都能发出自己的声音，为了能够进行跨文化的比较和批判，我们应该坚持一种地方性与普遍性之间的联合辩证法（韦拉恩、特恩布尔，2004：106）。

（四）对科学史的启示：走出地方性的分析单元

后殖民技科学对"地方性知识"生成性的揭示与后人类主义科学编史学形成了一致立场，这对思考发展中国家的科学与文化的重要启示是：第一，地方性身份并不是纯粹的、匀质的，在西方科学和本土知识看似难以和解的裂缝中，产生了一个关于二者的杂合体。在这方面，新近的人类学已经质疑了把"本土知识"看作是反对"科学知识"的做法。第二，后殖民技科学的基本特征是拒绝将不可通约性作为理解知识差异的手段（Seth，2009），对"地方性知识"与多元文化的承认并不构成对文化相对主义立场的支持，这为一种普遍性科学提供了可能。后殖民技科学将焦点从地方性中转向了科学知识的异质性产生和传播，试图解释更加异质性的资源以及地方性交换更加完全的模式，而这种模式将会带来一种全球化或普遍主义的主张（Anderson，2009）。

这些启示对当下科学史研究过于强调地方性与差异性是有重要理论与现实价值的。安德森建议将科学史进行多元的理解，对多元的知识生产地点之内、之间的对象及社会环境等进行研究，主张把全球化技科学理解为一系列混杂的地方性的异质性活动。他认为，"如果我们特别幸运，这些历史将会创造性地使中心和边缘、现代与传统、支配与附属、文明与原理、全球性和地方性的惯常区分变得复杂化"（Anderson，2000）。后殖民技科学的这些编史学洞见与科学史研究中的反思形成了呼应。剑桥的历史学家斯科德（James A. Secord）在 1993 年便提倡一种科学的"大图景"，2004 年更是鉴于科学史研究中"被困在情境中的地方性科学"，提出了"传送中的知识"（knowledge in transit）的口号，呼吁科学史应该了解更多知识流通的形式和地方性背景中的使用，尤其是传送过程中的物质形式。当然，这并不是对地方性的全然否定，而是超越文化分水岭，在地方性和全球性之间保持必要的张力。

* * * * *

在后人类主义的编史学中，科学在物质世界的实践中呈现内在的发展动力，人与物、人类和非人类之间的相互生成，共同编织了科学的历史。这种科学演化过程是一种去中心、反本质主义的开放性过程。正如亚瑟·范所说："把科学描述为一个历史性实体，是想削弱至少如下一种（关于科学的科学）的观点，此观点认为科学有一个本质。……如果科学是一个历史性实体，那么，就不该存在这样一种宏大事业来诱惑我们，因为它的本质或本性不过是它的偶然的、历史性的存在。"（转引自劳斯，2010：73）在这种历史观下，科学的认识之物是科学实践的结果，它具有内在的历史性，并在历史中获得了客观性，因此，"客观性与真理等一系列认识论范畴也不是对预先存在对象的表征性反映，而是在历史与时间进程中生成的东西"（柯文，2011）。不同于传统科学哲学与 SSK 的非突现的、人类主义的分析，这种客观性是从后人类主义的去中心化过程中瞬时突现出来的产物的一种特性（皮克林，2004：230）。这样，在社会建构论下被消解的客观性便在人与物、社会与自然共同进化的辩证过程中得到了回归。

第三节　对中国科学史的启示：走向实践

后人类主义的科学编史学超越了传统科学哲学和科学知识社会学的认识论框架，避免了全球化浪潮中普遍性与地方性科学的两难境地，为分析不同文明的科学提供了启示，也为我们厘清李约瑟以来中国科学史的研究提供了全新的方法论视角。特别是，后人类主义对主客二分的批判性反思与超越，与中国古代科学的整体生成性具有某些相通之处（尽管仍存在重要差异），都代表了一种非现代的辩证本体论（郝新鸿，2011），二者具有借鉴和对话的可能。从后人类主义编史学来看，当视野从理论转向实践，社会就与自然一样，成为建构科学的实践过程中的异质性要素之一，而不是作为一个外生的变量，或一种预先存在的解释性框架，统领中国科学技术史的发展。中国的封建官僚社会与各种自然、思想、工具等文化因素内生在中国科技的实践过程之中，并在实践中与各种异质性因素交织在一起，共同编织了中国传统科学技术的历史。

一　借鉴的可能性：中国古代科学的主客相融性

科学源于人们对自然的认识和实践。中国古人一开始就是基于天人合一、主客相融的原则，试图在整体流动与转化中理解和把握自然，在几千年的历史发展中形成了一种生成的、整体的自然观。这种整体生成的自然观意味着，世界不是既成的，而是动态的生成演化的过程。

中国科学的这种生成论源于道家的自然哲学。老子的"道生一，一生二，二生三，三生万物"，由《易传》将其发展为一种逻辑化的模式——"太极生两仪，两仪生四象，四象生八卦"，反映了在中国传统宇宙论的视野中，宇宙和万事万物都经历了一个从无到有、从隐到显的过程，即"天下万物生于有，有生于无"；在中国传统科学中，"道"便是生成一切的终极根源，阴阳的此消彼长便是道生成一切的规律。这种生成的自然观所产生的科学一开始便呈现一种"生成科学"的特征（李曙华，2002）。

（一）天人合一：生成的自然观

中国的生成自然观有这样几个内涵。首先，它将时间置于突出和首要的位置，万物都处于时间性的生成演化之中。中国古人以时间为主看世界，"以时为正"，时间之流浑融连续、纵横不可切割，人在实践中与天地万物浑然融为一体。其次，这种生成的自然观是一种包括人在内的生成的本体论，天、地、人三才贯通，主客相融，天人合一，"天地与我并生，而万物与我合一"。在时间的范畴内，主体和客体不可能发生征服和宰制的关系，而只能同生并续（刘长林，2008a：847）。同时，正是万物之间的差异所产生的和谐才使得动态的生成演化成为可能。再次，这种生成论蕴含着价值的取向，在效法自然、顺应自然的主张中，"其真正关切的，不是为理论立规范，而是为实践立规范。由此，它更大程度地表现出一种价值趣向，而非认知趣向"（李曙华，2010：52）。对"道"的追求，不仅是知识的，也是蕴含价值的。"一阴一阳之谓道"，阴阳两种股力量相互作用，生成了宇宙万物，天地万物自然伸展的生成状态乃"天地之大德"。道和德对生命的创造和养护体现并成全了宇宙的大善。因此，"中华科学模型所含之知识是一种以道德实践为基础的知识形态。价值观念始终渗透其中，不仅认知与价值统一，而且目的犹在'导人入德'。其最高境界与终极真理皆在

'天人合一'"（李曙华，2002）。

在这种生成观下，认识活动一开始就不可能如西方那样对客体采取抽象、切割、控制的方式，而是"观"，即对客体不加任何预设、控制和限定，只是旁立观察（刘长林，2008a，847），采用与万物一体相通的体悟之观（王树人，2006）。与此对应的具有生成特征的中国科学则追求人与天地的相通与相应，"观物取象"、"取象比类"便是一种"生命实践的感通论、立象效法的整体性方法论"（李曙华，2010：51）。天人之间的"感应"、"感通"成为中国古代科学的一个鲜明特点。自然界的声、光这些最普遍的现象作为感通的一种重要媒介，在中国的科技中获得了较多的关注，使得中国古代的声光科技繁荣，共鸣的运用与诠释成为中国声学的特色；律历合篇的《律历志》也是天人感通的表现，音律通天的观念体现了中国自然与人文沟通的整体特色；科学仪器亦是"尚象制器"，候风地动仪是在地动天摇而人可象之的观念指导下制造出来的，待人以其候天风之地动；电和磁现象的发现与阐释以及相关的避雷针和指南磁针的发明，都与"感应"观念密切相关；"感应"又同"类"的思想结合在一起，"感应"多为"类应"（董光璧，1993：209，154）。在中国科学研究传统中，将对象符号化并进行取象比类，成为一个普遍而有效的方法论原则，如《黄帝内经》认为"五藏之象，可以类推"，"治病循法守度，援物比类"；在中国传统数学中，"比类"也几乎成为最有效的方法论原则（董光璧，1993：157），《九章算术》就将数学问题按其算法分类研究，称之为"纂类"。对此，刘徽在《九章算术注》的序言中说："事类相推，各有攸归；故条支虽分而同本干者，知发其一端而已。"意为事物按其类别相互推求，各有归属，枝条虽分但本干相同，由此可知它们发生于同一根源（李继闵，1998：221）。

（二）阴阳五行：科学技术的生成论模式

"一阴一阳之谓道"，阴阳代表了一系列诸如天地、昼夜、水火、寒暑、阴晴、刚柔、动静、高低的相对关系，宇宙万物依据阴阳此消彼长、刚柔相推的法则而生成始终，生生不息（常秉义，1998：77）。阴阳原理表达了一种关于"产生"、"消灭"、"转化"的生成论的主张（董光璧，1993：152），"一阴"、"一阳"是最根本的生成规律，五行则是构成世界不可缺少的木、火、土、金、水五种最基本的运行过程。从五行的功能出发，衍生出了五气、五色、五味、五音、五季、五脏、五官等种种对应规则。五行相互滋生、制约，相生相胜，形成循环过程，处于不断的运动变化之中，使得宇宙万物步调相应，秩序井然。"战国时期，齐国稷下学派的学者们，融会了从古代历律学、天文学、地理学中的五行说与医学阴阳学说（《黄帝内经》），建立统一的阴阳五行学说，使之成为更为实用的古代科学模型。"（李曙华，2002）阴阳五行模型是关于气的生成演变模型（李曙华，2003），它具体地表达了中国天人合一、万物一体的自然观，成为体现万物生成规律的一套可以把握和操作的程序或模型。这种模型贯穿到了古代科学的各个领域，古代的天文学、气象学、算学、医学、农学等都是在阴阳五行学说的支撑下发展起来的。

汉代《九章算术》的问世确立了我国以算筹为工具、以算法为特色的数学基本体系。对于中国传统数学而言，阴阳原理的生成论一开始便易于"建立概念体系的功能模式，适合于代数描述，代数描述又易于通过归纳发展算法程序，于是形成了中国科学的功能的、代数的、归纳的特征"（董光璧，1993：152）。这种算法将规则不断重复迭代，具有计算性与机械化的基本特色。例如，"更相减损术"即是两数以少减多，连续相减，直至相等，以求得"等"数（最大公因数）；方程术中的"遍乘直除法"即是用一数遍乘一个等式两端，然后连续相减进行消元。"就数学论，河洛、周易之'象数算法'可谓中国数学之体。其目的乃是通过对自然本然变化之序的直接描摹或模拟，与天地同参，通古今之变，效法自然之道，因此是关于本体的数学。"（李曙华，2009）

中国传统医学理论以阴阳、五行和气论三说为其哲学基础，人的整个身体被视为一个由经络联结在一起的功能系统，对生理病理、治疗原则进行统一说明。其理论模式突出表现在藏象、经络和运气理论上。《黄帝内经》认为："阴阳者，天地之道也，万物之纲纪，变化之父母，生杀之本始，神明之府也。治病必求于本。"（马伯英，1994：245）《黄帝内经》把身体的脏腑和经络分为阴阳，脏腑的相互关系遵循五行生胜关系，经络又把脏腑包括在内形成血气循环流注，而"运气"学说将人的脏腑、经络与天地相应，人是作为天地这个整体的一部分，必须与整体保持和谐，疾病是人与天地的不和谐，治病就是把这种不和谐调整过来，正所谓"人身小宇宙，宇宙大人身"。如医学史家马伯英所言，中医是"个体的生物学因素、自然环境、社会环境、心理因素，是以统一的阴阳、五行、气原理作全盘考虑和进行预防治疗的。诊断一个病人伤风感冒，是区分为风寒、风温、表里虚实、情志和社会关系等在内的所有因素，然后施以综合治疗。一个感冒方，包括了祛风寒（或清温热），宣肺气，平肝解郁等药物配伍"（马伯英，2007）。中国的天文学、农学及各种技术、工程等亦是以阴阳五行模型为基础的具有生成特征的科学与技术。

（三）蕴含价值的生成科学：二元论框架无从把握

综上所述，"中国的知识论是沿着实践（践履）优位、价值导引的方向发展的。其'认识论'既非'反映论'，亦非'建构论'，而是基于生命实践的'感通论'"（李曙华，2010：59）。如果说西方科学是在极端状态下的实验，那么中国则是在自然状态下的实践，是生活本身的践履。在中国古代科学中，社会、自然、人融通一体，认知与价值合而为一，不存在决定或主宰的解释力量。以李约瑟为代表的实证主义和以席文为代表的社会建构论在二元论的框架，都无从把握中国天、地、人三才合一的科学。

以数学为例，中国古代数学不仅是对现实社会生活生产问题的计算，更是将天、地、人、自然、社会统一起来，蕴含着对"道"的追求。秦九韶《数书九章》序曰，算术"大则可以通神明，顺性命，小则可以经世务，类万物"（秦九韶，1992：1）。正是基于这种"大"与"小"的观点，他把数学分为两类，即通神明、顺性命的"内算"和经事务、类万物的"外算"。即便如此，他也从未将二者截然分开，他认为，内算与外算"其用相通，不歧视二"，"数与道非二本也"（秦九韶，1992：1）。内算与外算是同一的，席文将中国数学解读为国家政治的投射或是与国家的"暧昧"关系是不恰当的。

中医亦是如此。马伯英在《中国医学文化史》中借三段引文说明了中国的医学理论是融自然、社会、人为一体的"生态医学"（马伯英，2010：799~800）。《旧唐书·孙思邈传》中孙思邈讨论了"名医愈疾之道"，说明了人与自然的类推关系，四时五行、寒暑迭代的转运和风霜雨雪的变化与人体的五脏运行、呼吸吐纳的精气往来形成呼应，生病与治病也与自然天地变化相呼应，"故形体有可愈之疾，天地有可消之灾"。戴良的《久灵山房集》记录了朱丹溪（朱震亨）治疗一女子得相思病的故事，通过掌掴其面使其发怒转而进食，后通过哄骗的方式治愈其病。徐大椿的《医学流源论》中的"病随国运论"则说明了国家气运与治疗方案之间的对应关系，主张医者应"知天时国运之理"，"实与运气相符"才能随症施治，"不知天地人者，不可以为医"。马伯英选取了自然、社会、人之心理三个方面的代表性观点来说明中医的"三态医学"：孙思邈表述了中医学的基础在于自然，朱丹溪用情绪的五行生克治疗疾病，不仅是自然生态，也是社会生态，同时还是心理状态，是三大系共有的规律，而徐大椿的论述尽管值得商榷，但是对社会生态规律的新探索，合乎中医内在的方向。马伯英指出，这些正是中医学两千年来所奉行和实践的东西。

值得注意的是，席文在《情绪的反治疗法》一文中引用了与上述朱丹溪案例基本相同的医案（见第二章第三节），虽然出处不同，描述细节有所差异，但都是朱震亨采用情绪巧治疾病的案例。不过，席文更加倾向于将其解读为医学的社会建构，大夫和父亲维护封建纲常而将得相思病的女儿视为不孝，用医学社会学的视角将这种治愈视为对背离封建社会伦理纲常的纠偏和矫正。这种解读突出了中医的社会维度，却没有将自然的维度纳入对中医的考量。天、地、人三者之间存在相互关系，阴阳五行也贯通于包括人体在内的自然。由于万物同一，相互协同、补充，因此，食物、空气、居处环境以及草药的药效药理是基于万物之间的统一和相互转换之上，而社会因素向来也是医学中从不忽视的一个部分。孙思邈《千金要方》有云："古之善为医者，上医医国，中医医人，下医医病"；"这里是把大至于治理国家、小至于治疗疾病，统一于一个框架规律之中加以认知，其统御的理念和策略是一致的。"（马伯英，2010：804）中国医者医治病人时将社会因素、心理因素、自然因素融入病情病机进行统一思考，以阴阳、气血、五行、五脏虚实的变化作为诊断和治疗的依据。中国医学中的社会、自然、人融通一体，仅凭西方的医学社会学来解释中医是不完备的。

综上，中国天、地、人三才合一的生成论内在地决定了不存在什么因素能够自足地解释其他的因素，人与天地万物都交织在一起，相生相胜，彼此相推，在时间之流中动态发展演化，生生不息。若以传统实证主义科学观的自然决定论或社会建构主义的社会决定论来解释中国科学，则从根本上忽视了中国科学的生成特性，硬生生地将中国的天人合一、主客不二的熔融贯通之态拆解、扭曲。席文等学者将中国科学放入中国古代的历史语境中进行讨论研究，拓展了中国科学史研究的视野。然而，由于其忽视中国古代科学是一种整体的生成科学，是上下皆通、内涵价值的生命实践，而只突出其社会维度，将中国这种整体生成论中的"社会"因素放大，以至于成为解释中国科学的中心话语，违背了中国科学本来的特质，因而无从把握中国科学的真正内涵与历史发展。从这种意义上说，所谓后现代思潮下的社会建构论在中国科学史的研究仍然落入了另一种版本的西方中心论。在这种社会建构论中，中国科学失去了整体的生成性，沦落为一种"以论代史"的历史"还原论"。因此，无论是传统的实证主义，还是社会建构论，这些认识论框架均未跳出自然与社会的二分框架，都无从把握中国学的生成整体论。

后人类主义的编史学超越了自然与社会的二分框架，为中国科学史研究提供了可借鉴的方法论视角。在深入领会中国科学整体生成特征的基础上，吸收并借鉴后人类主义的编史学方法将会对中国科学史研究带来新的理解。本研究尝试性地以下面三个案例做初步探讨。

二　一个医学史案例："和缓"医学实践的历史生成

美国医学史家蒋熙德（Volker Scheid）根据后人类主义的编史学提出了一种对中医的生成论解释。他认为我们不能依据近代西方生物医学的分类与本体论去研究中医，生成论意义上的本体论所体现的复杂性与演化特征则更符合中医的特点。他利用皮克林的冲撞历史演化模式，把近代中医描绘成由不同人类和非人类行动者共居于其中的一个实践领域，这些行动者包括医生、病人及其家人、国家、技术调制、草药、疾病携带者等，他们在一个不断进化的综合过程中聚集在一起。

（一）异质性要素的共同塑造

蒋熙德以清末名家费伯雄（1800~1871）为案例，考察了"孟河学派"这一独特的医学实践形式在 19 世纪中国的突现。在"和缓"医学实践风格形成的历史过程中，社会关系、政治局势、医者对"道"的追求、医学理论、药房的配置、病人的需求、药材的效果、意会知识等各个因素共同造就了这种医学实践的形成，这一研究构成了对去中心的后人类主义编史学的史学实践。

1. 作为原理的"和法缓治"

作为医学理论，费伯雄的"和法缓治"源于他对"醇"的主张。按照费伯雄的注释，所谓"醇"者，"在义理之得当，而不在药味之新奇"（费建平，2007）。"和则无猛峻之剂，缓则无急切之功。"（施璐霞、沈思钰、蔡辉，2006）费伯雄把"和法缓治"视为最为基本的医学实践原理，"夫疾病虽多，不越内伤、外感。不足者补之，以复其正；有余者去之，以归于平，是即和法也，缓治也。毒药治病去其五；良药治病去其七，亦即和法也，缓治也。天下无神奇之法，只有平淡之法，平淡之极，乃为神奇；否则眩异标新，用违其度，欲求近效，反速危亡，不和、不缓故也"（费伯雄，1982：3）。他主张使用平和之药，将不足的东西增补以回归正位，将多余的东西耗尽以恢复平衡，将机体恢复到正常状态，而不求立竿见影，追求"平淡之极，乃为神奇"的效果。这种治疗使他成为孟河四大名家之一。费伯雄的《医醇》及后来的《医醇剩义》都表达了这种"和缓"的基本实践风格。其精湛的医术享誉江南，《清史稿》称"清末江南诸医，以伯雄最著"（施璐霞、沈思钰、蔡辉，2006）。

2. 社会与政治的塑造

蒋熙德将"和缓"医学实践理解为一种在创造过程中突现的东西，其中，社会因素、政治背景内在地成为生成这种实践风格的因素。孟河所在的江南是晚清中国最繁荣的地区，费家是江苏精英的一部分，与当时一些最有权势的中国政府官员保持着良好关系，他们利用社会关系把自己打造成一个知名的医学世家。

发生于1851~1864年的太平天国运动对费伯雄本人及其"和缓"主张产生了重要影响。不过蒋熙德并没有将这一社会政治性的历史事件作为决定性的解释因素，而是展示了社会环境与医生、医学理论和医学风格的相互塑造。1860年太平天国占据孟河，这一政治运动不但毁坏了费伯雄花毕生精力收集而成的十卷本医学著作《医醇》，还使他被流放苏北，失去亲人。蒋熙德指出，这种全面破裂的社会秩序也让费伯雄有机会将其医学实践风格变为一个医学改革的纲领（施尔德，2016：112）。他认为，这种渴望将分裂归于统一的努力向来是中国智识史的传统，这既表现在政治上，也表现在学术上，医学也不例外。太平天国运动以来的晚清中国的知识分子渴望分裂的社会秩序回归于统一；在学问上，宋以来的儒家传统分裂成几个相互竞争的学派，考据派则努力维护传统；清朝时期学术性的医学也经历了一次类似的危机，即尽管他们共享古人的原理，却形成了不同的流派，传统和创新之间存在张力。蒋熙德认为，费伯雄的个人命运和学术现状使他呼吁一种归一的状态，以期达到一种醇正不杂的境界："吾愿世之学者，于各家之异处，以求其同处，则辨证施治，悉化成心，要归一是矣。"（费伯雄，1982：11）太平天国时期，费伯雄在回忆《医醇》的基础上编写了《医醇賸义》，并将其和《医方论》两部著作出版，力图在乱世中引导医学回到正统道路，提倡在传统的发展中对广泛可利用的资源进行实用主义应用，强调汇合与创新，这些卓越的著作引导医学学徒走向更为精炼的医学实践风格。

3. 传统医学资源的碰撞

在蒋熙德的分析中，古人与今人的交织与碰撞生成了新的医学实践。他认为，费伯雄采取了一种修辞，使他既不脱离古人，又能结合现实。回归统一的努力必须面对流派众多的现实，金元四大家（刘河间、张子和、李东垣、朱丹溪）是无法回避的现实。蒋熙德认为，费伯雄对既有的医学资源进行了调整，他虽然强调一种经典的医学风格，但是通过对它的重新阐释和调整，使其在当下表达出来。在《医醇賸义》开篇，费伯雄就写道，"秦有良医，曰和、曰缓"（费伯雄，1982：3），他将"和缓"作为中医之传统的根本，表明祛除芜杂而归于醇正。然而他又指出，"予非教人蔑古荒经，欲人师古人之意，而不泥古人之方，乃为善学古人"（费伯雄，1982：12~13），即师古而非迷古才是对古人最好的学习。对于当下，费伯雄则指出金元四大家虽"未免有偏胜处"，但"各有灼见，卓然成家"，因此，"学者用其长而化其偏，斯为得之"，故不可以"宗东垣则诋诃丹溪，宗丹溪则诋诃东垣"。他批判那些盲从传统的人，"非东垣、丹溪误人，不善学东垣、丹溪，自误以误人也"（费伯雄，1982：10~11），他倡导后学者能够不拘成法，参古更新，而不要各偏异辞，互相诋毁，掺杂个人的偏见或学派门第之见。费伯雄将正统古老的医学传统和当时金元的医学实践结合起来，提出了自己的理解，"取其精华，去其糟粕"，复归于一种"醇正"，这种醇正正是"和法缓治"。

在传统与创新的冲撞之意义上，费伯雄"必须利用过去来建构一种关于当前所需要的东西的准确理解，并以一种适当的方式回应它"（施尔德，2016：117）。他指出，"学医不读《灵》、《素》，则不明经络，无以知致病之由。不读《伤寒》、《金匮》，则无以知立方之法，而无从施治。不读金元四大家，则无以通补泻温凉之用，而不知变化"（费建平，2007）。"和缓"正是费伯雄在古人和今人的力量交织与碰撞之中形成的一种稳定结果。

4. 病人的塑造

蒋熙德发现，与地域性的体制差异相关的身份政治也构成了塑造"和缓"医学实践的力量。他认为，北方和江南之间存在差异，江南人认为自己与北方满族体质不同，他们体质纤弱，不适宜服用疗效大的药物。上流社会的病人把自己看作是"最雅致的南方人"，因而最需要这种"和缓"的用药策略。费伯雄的"和缓"治疗方案和用药模式与江南人自身的信念相互加强，在这种互动中既塑造了"江南身份"，又塑造了"和缓"的医学实践。这样的结果还使得医生与病人之间形成一种良好的关系，它能让病人对治疗产生信任，而不是恐惧和怀疑（尽管也存在必须使用有效的经典配方的情况）。

除了病人的体质和身份，这种医学实践也与病人的生计所相互塑造。费伯雄治疗病人时，通过号脉估计他们的生活情形，依据他们的经济状况相应地开处方，相对不贵和作用温和的处方在实际中是有效的。因此，"把费伯雄的临床风格理解为一种对地方性实践语境的简单回应，或理解为一种用来增加病人的顺从，这将是一个错误。它不仅是这两者而且更多"（施尔德，2016：116）。

5. 草药的力量

草药的力量体现在它的药效上，它内在地参与并塑造了"和缓"的实践。在中医语境下，这种物质力量显示出与人的力量之间的和谐舞蹈，融合在灵活变通的实践中。蒋熙德认为，与西方寻求将自身强加于自然的人类力量相比，中华文化则试图掌握和利用由一系列力量造成的自然之势，顺应并引导自然的力量，顺势利导地利用各种力量。首先，"和缓"治疗依靠病人维持身体阴阳平衡的能力进行用药，药物的力量体现在调节身体的生理平衡上，而不是抑制明显的症状，以达到脏腑阴阳气血调和、机体康复之目的。在这里，寻常之药以"四两拨千斤"的力量取得了最大的效果。其次，药物和药物之间也存在力量的交织与相互作用。蒋熙德指出，费伯雄并不回避使用猛药和速效的处方。在这种情况下，"配方的艺术在于驾驭和引导药物强有力和显著的性质以让这些药物取得超出普通药物的效果。通过这种方式，不好的性质能引导为好的，不纯的性质能引导为纯的"（施尔德，2016：116）。再次，在中国的语境下，力量的表现并非遵循可见性原则。当某病患不愿服猛药麻黄时，江南医生马元忆便将大豆浸泡在麻黄中煎煮，然后将这些大豆而不是麻黄放入处方中让其服用。在很多时候，"对其他力量的操作越有效，它就变得越不可见"（施尔德，2016：122）。

6. 对"道"的追求

在蒋熙德看来，对"道"的追求和体悟也促成了"和缓"医学实践的形成。"在晚期中华帝国，一个君子就是一个受过广泛教育的学者，对他而言医学不过是一种寻求理解世界的方式。其他的方式还包括对哲学和文学的研究、沉思、自我反思和对绘画、诗和其他艺术的追求。"（施尔德，2016：109）18 世纪的中国江南，一些医生崇尚"诗性医学观"，将医学视为一种艺术。医生需要全面地自我修养，进行学习，以成为一个有洞察力和了解"道"的人。因此，当蒋熙德分析费伯雄与官员的关系时，并没有将这种社会关系单一地解释为利益的结盟。他认为，这种关系不限于医患关系，"共有的君子之风"使他们形成了一种旨在自我修养的交流圈。这种社交圈蕴含着当时知识分子对"道"的追求的共鸣，是对"道"的知行合一的表现。

蒋熙德指出，费伯雄的"和缓"涉及老子的"无为"概念、孙子的军事战略、佛教中的"无造作而为"，以及儒家经典对"和"的强调。这种类似于诗歌之醇的医学主张医者把握佛教的禅原理，强调神悟和"无文之文"在医学发展中的重要性。蒋熙德注意到了中医里"心悟"的学习机制，它是一种达到更高层次的机制，是在经过学习和应用之后，能够知常达变地处理任何情况，"惟能知常，方能知变"（费伯雄，1982：3）。对医学理解和实践的妙悟类似于佛教的禅。心悟可以渗透在实际临床实践中的无数表现中，知常达变。蒋熙德注意到了中国传统中那些"可意会但难以言传"的知识，这与佛教的禅和儒家学习观联系在一起。他认为，对意会知识的重视使得费伯雄找到了一条既不挑战前人又不受其束缚的创新之路。

（二）去中心的历史叙事

通过采用一种去中心的后人类主义的编史学立场，蒋熙德展示了各种因素编织孟河学派"和缓"医学实践的图景。清朝的社会秩序、政治动荡、独特的文化传统等因素内生性地参与到医学实践的建构过程中，它们作为某种特定的因素无法承载对历史的完备说明。正是在这个意义上，蒋熙德批评道，"人类学家和历史学家乐意承认中医的历史多元化和医学体系的开放性。但是描述层次的异质性时常在'求助于独特文化、实践、美学或推理风格'的解释层次上再一次被同质化"（施尔德，2016：108），而无从把握中国医学的真实实践过程。

对于"和缓"风格的历史生成，蒋熙德认为，"没有单一的原因或力量来决定费伯雄的医学实践风格……当每个原因固定在其它原因上时，它自身也被重构"（施尔德，2016：120）。"和缓"的治疗风格是在一个创造的过程中突现的，费伯雄个人的天赋、社会因素、政治背景等都只是其中的一个因素。同时，每一种力量或要素间彼此影响、相互塑造，病人的经济约束、文化焦虑和对发病率的关注，以及对实践美学的追求、师古的期望、清朝的身份政治与南方汉人和北方满族人之间的差异等因素共同塑造了温和而廉价的用药风格，反过来，这些广泛的经济、政治和文化力量的产物又塑造了疾病和医疗的可能性。在这种去中心的科学史研究中，社会因素"只是历史分析的对象，而不是一种预先就存在的解释性范畴……它们是通过（历史）参与者自身在科学与社群的形成与合法化的竞争中的贡献而获得的"（哈特，2002：616）。

三　算筹与筹算：蕴含实践品质的物质文化

中国传统的自然观强调天人合一，但并不否认物的重要性。我国先秦时代对于工具在技术活动中的作用给予充分肯定，孔子曾说"工欲善其事，必先利其器"，管子学派也提出"立器械以使万物"。中国传统科学和技术中存在大量技术性、操作性的物质基础，体现出强烈的实践品质。同时，这种具有物质性基础的技巧与工具高度协调融合，庖丁的刀、木匠的斧锯、畴人的算筹均成为中国传统科学技术中游刃有余、得心应手的工具。这些物质基础为我们摆脱二元论框架指出了可能的方向。本研究从中国传统数学的物质性操作基础——算筹和以此为基础的筹算操作为例，尝试性地对此做一初步探讨。

（一）算筹：中算的物质基础

中国传统数学在近 2000 年的进程中从未出现过笔算，这始终与算具的应用密不可分。中国传统数学是一种以算筹为算具的筹算活动，"从一定意义上说，中国古代数学史就是中国筹算史"（王渝生，2006：168）。将视角从理论表征转向实践操作，将会发现筹算活动具有极强的操作性和技能性，同时，在筹算实践中理论与物质文化相互引导，形成了独特的机械化的算法传统。

数学在中国古代历来被称为"算术"，即"算数之术"，指利用算筹这种计算工具进行筹算的技术。算筹由古人占卜的筮草演变而来，是一种形似筷子的棍状物。古代黄河流域气候温暖，遍地多竹，人们就地取材，以竹为筹，置筹于盘，进行各种运算（吴文俊，1995：34）。算筹大多用竹子制作，也有铁、骨头等质料。与算筹相关的还包括作为算板的毛毡等物，这些都为中算实践提供了重要而基本的物质基础。

《周髀算经》、《九章算术》中就已出现"置"（放上去）和"列"（排开来）等操作术语，这意味着当时算筹已开始普遍使用，直到明代，2000 多年间，算筹一直是我国的主要计算工具（蒋术亮，1991：63）。算筹最基本的作用是可以记数，基本数目是由算筹按照基本规范（纵横两式）摆放出来的。如图 4-1 所示。

	1	2	3	4	5	6	7	8	9
纵式	丨	丨丨	丨丨丨	丨丨丨丨	丨丨丨丨丨	丅	丅丨	丅丨丨	丅丨丨丨
横式	一	二	三	亖	亖一	丄	丄一	丄二	丄三

图 4-1　数字 1~9 的算筹记数方法

（二）算筹的操作特征

用算筹在算板上摆放成数字进行操作运演的计算方式称为筹算。

筹算的基本步骤包括放筹和运筹（王渝生，2006：169）。以乘法为例，分上、中、下三层，上层和下层放乘数，下层的末位与上层的首位对齐，中层放积。运算时从上层最左一位开始，遍乘下层的各位，置积于中层，但积要再向左移一位。乘完之后，把上层最左一位取掉，并把下层向右移动一位，直到上层的筹用完为止（李迪，1997：58）。举例来说，$78 \times 56 = 4368$，筹算过程如图4-2所示。

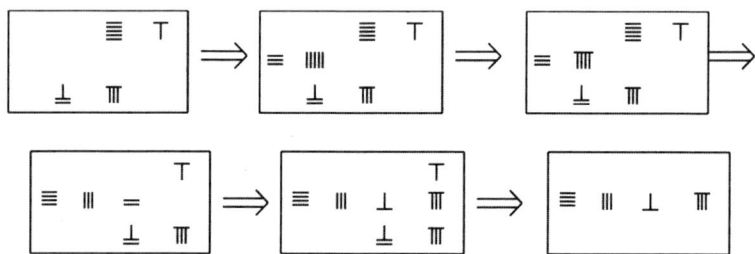

图4-2　78×56的运筹过程

　　除了满足十进位值制的要求并进行简单的计算，"筹算的最大优越性是为数学家提供了应用分离系数法的途径，从而使一些数学关系的表达和有关的运算得以大大地简化"（刘钝，1995：42）。如三元一次方程，或多元高次方程等都可进行表示和运算。以《九章算术·方程章》第一问为例[①]，对应的术文具有鲜明的操作特征："置上禾三秉，中禾二秉，下禾一秉，于右方。中、左禾列如右方。以右行上禾遍乘中行，而以直除。又乘其次，亦以直除。然以中禾不尽者遍乘左行，而以直除。左方下禾不尽者，上为法，下为实。实即下禾之实……"（李继闵，1998：625）该筹算即在算板上用算筹摆出左、中、右三行，利用"直除法"反复进行边乘边减的运筹，最后得到答案。以前两步为例，运筹过程如图4-3所示。

---

　　① 《九章算术·方程章》第一问：今有上禾三秉，中禾二秉，下禾一秉，实三十九斗；上禾二秉，中禾三秉，下禾一秉，实三十四斗；上禾一秉，中禾二秉，下禾三秉，实二十六斗。问上中下禾实一秉各几何？（李继闵，1998：624）

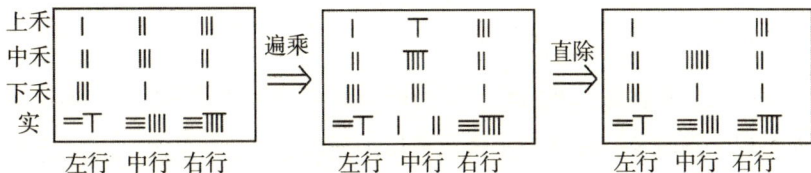

图4-3 《九章算术·方程章》第一问的运筹过程

筹算在时间中的运演和空间中的流动使得其具有独特的操作性。"利用算筹的纵横捭阖，中算家可以方便地解决许多计算问题。中国古代数学中一些脍炙人口的成果，诸如开平方和开高次方、解高次方程、解线性方程组和高次方程组、计算圆周率、解一次同余式组、造高阶差分表等等，都得利于筹算体系的采用。"（刘钝，1995：42）

筹算的这种操作性、技能性使其具有独特的实践品质，它要求实践性的技能和长期的训练。"运筹是一个过程，是不断把算筹取下添上的动作，特别是在别出心裁的各种各样的筹式上进行运筹，非得有高度的实用技巧不可。"（孙宏安，2008：70）北宋学者卫朴"每算历，布算满桉，以手略抚之。人有窃取一算，再抚之即觉"（李俨，1954：139），沈括也在《梦溪笔谈》中称他"运筹如飞，人眼不能逐"（胡道静等，1998：579），足见古代算学家布算运筹能力之高。"如果没有这样娴熟的技巧，很难设想祖冲之可以把圆周率正确地计算到七位有效数字，秦九韶能够解出高达10次的数字方程。"（刘钝，1995：40）因而，中国古代数学的成就不是建立在概念、定义之上，也没有遵循公理化的演绎路径，而是在算筹的操作、运演、计算中得到彰显，并由此产生了各种数学成果。这种对数学的"理解不是对世界的概念化，而是对如何与世界打交道的施行性把握"（劳斯，2004：66）。

（三）筹算有自己的生命

借用哈金"实验有自己的生命"，在这里可以说"筹算也有自己的生命"，一是指筹算实践中存在理论与物质性相互引导和推进，二是因为筹算本身所具有的生成特征。

首先，筹算在时间流转中进行操作运演时，常常自发地、无预期地突现出新现象，促使理论做出或增加新的解释。筹算实践相对于数学理论具有自主性。在利用"直除法"解决线性联立方程组的筹算过程中，需要在各行中边乘边减，势必会在某个情境中出现零减正数，或是小数减大数的情况。这个新的情况并不是当时对数的认识和使用所默认的内容，然而为了运筹继续下去，就必须对此做出反应和适应，负数的名称和规定在筹算的要求下应运而生。刘徽说："今两算得失相反，要令正负以名之"（李继闵，1998：639），这是关于正负数的明确提出，同时他还提出了相当于正负数加减运算法则的"正负术"。十进位值制、分数、小数、负数的引入，使整个实数系统得以完成。在这种情况下，作为实践活动的筹算往往不为明确的数学理论假设所引导，而是时常沿着自己的方向发展，它由自身在时间中一整套操作实践的展开所引导，去探索理论还没有论及的领域。筹算也有着自己独特的生命。

不仅如此，概念的发展变化又导致了算筹实践中物质性的改变。负数的出现自然而然地使算筹这一操作工具不断改进，原先较为统一的算筹以不同的方式对负数的出现做出了回应和调整。或以"正算赤，负算黑，否则以邪正为异"（李继闵，1998：635），即在算筹上涂上不通的颜色，红筹表示正数，黑筹表示负数；又或以不同形状的截面以示区别，如隋书中，正筹的截面为三角形，负筹的截面为方形，宋代杨辉以后，又在筹中加上邪筹，用来表示负数，如表示 –3，表示 –6 等（李俨，1954：65）。算筹的改造及放筹规则的改进与调整，使筹算实践更适应理论并更有效地解决问题。

其次，筹算是一系列在时间和空间中展开的过程，布筹列式以及对筹式变换具有一种可操作的时间特性。例如，"'方程'这一筹式以遍乘、直除为基本变换，而'方程术'便是反复施行这两种变换而逐个消元求解的运筹操作。中算家善于运用演算的对称性、循环性等特点，将运筹操作设计得十分简捷而巧妙。例如开方术、增乘开方术、大衍求一术等在算筹程序的设计方面都达到很高的水平"（李继闵，1998：37）。在中国传统的算经中，"更相"、"递互"、"连环"更是极具代表性的词语，即在算法中将某一规则不断重复迭代，直至得出相应的解答，具有明显的机械化、算法化的特征。在某种程度上，相比于西方公理化演绎体系，基于筹算的中国数学更加适合描述在时间中生成演化的过程，并可通过计算机程序进行模拟。正如下节所要讨论的，吴文俊先生正是基于此对中国古代数学进行了创造性的工作。

综上，以算筹等物质文化为基础的筹算实践，深深地造就了中国独特的数学传统。可以说，当中国古代的先辈们拿起竹棍操作运演并将其传承之时，就预示了中国传统数学是一种扎根于实践的科学。将中国传统科学的物质文化及其具有操作性、实践性的筹算实践纳入考察范围，将会对理解中国传统数学的构造性、算法化、机械化的特点提供新的理解。

四 吴文俊案例："地方性知识"的互动与创新

著名数学家、数学史家吴文俊在深刻领悟与继承中国传统数学的基础上，融合西方数学和当代科技资源，一举解决了几何定理的机器证明问题，国际上把吴文俊这种利用计算机证明几何定理的有效方法称为"吴方法"。这一工作被誉为自动推理领域的先驱性工作，开启了具有浓郁中国特色和强烈时代气息的新的研究领域——数学机械化。"吴方法"不仅根本改变了机械化证明的面貌，而且还被应用到智能计算机、机器人学、计算机图形学、工程设计等多个不同领域（张维，2007）。世界上许多国家的学术机构纷纷邀请吴教授讲学，美国和英国的国家基金组织还专项资助举办学习"吴方法"的研讨会（吴文达，

1991）。经过 20 多年的努力，"吴方法"及在其影响下产生的一系列重要的新方法，已发展为在国际上领先的数学机械化理论，形成了自动推理与方程求解的"中国学派"（高小山，2001）。吴文俊具有中国传统特色的当代科技自主创新，为中国数学的复兴开辟了一条切实可行的有效途径，同时他也成为开拓中国传统科学自主创新之道的先驱。

（一）过去、当下与未来的对话

对于作为"地方性知识"的中国传统数学，吴文俊首先力图恢复其历史语境，并在与另一种重要的"地方性知识"——西方数学的对照中，使本土数学知识的味道得以彰显和把握。在历史的维度上，他对现代数学的潮流和计算机时代这一主题的洞悉，使其将传统数学带出本土之语境，成为自主创新得以可能的关键。

1. 方法论的批判：恢复本土知识之语境

20 世纪 70 年代，吴文俊通过对中国古代数学史料的研究和前人资料的分析发现，对于中国数学史的研究，长期以来存在一些比较严重的方法论错误，即常常在西方数学的框架内，使用现代方法，"以西释中，以今议古，致使面目全非，掩盖甚至歪曲了中国传统数学的真实面目"（吴文俊，1995：30）。鉴于此，吴文俊指出，"要真正了解中国的传统数学，首先必须撇开西方数学的先入之见，直接依据目前我们所能掌握的我国固有数学原始资料，设法分析和复原我国古时所用的思维方式和方法，才有可能认识它的真实面目"（吴文俊，1995：31）。基于这样的认识，吴文俊明确提出了研究中国古代数学需要严格遵守的两条原则：第一，所有研究结论应该在幸存至今的原著基础上得出；第二，所有结论应该利用古人当时的知识、辅助工具和惯用的推理方法得出（吴文俊，1995：83）。就原则一而言，必须依据所能掌握的我国数学原始资料进行研究，而秦汉时代的《九章算术》与魏晋时期的《九章算术注》作为中国最早、最完整的历史记录，是研究传统数学之历史和现状的"钥匙"（吴文俊，1995：197）。就原则二来说，由于中国古代数学中没有使用代数符号演算和添加平行线证明几何题的传统，因此我们应该强调在代数和几何的推理中禁止使用诸如此类的"现代"方法（吴文俊，1995：83）。吴文俊对刘徽的《海岛算经》九题做了古证复原，只反复使用了"出入相补原理"的一条简单推论——"矩形等积关系"就完成了证明，整个证明简单明了、自然而然。由此吴文俊又提出了古证复原的三项原则[①]，这些研究方法"很快被证明是探索中国古代数学史的正确途径，同时也适用于一般的数学史研究……成为数学史界乃至整个科学史界的宝贵财富"（李文林，2001）。

由此，通过恢复本土知识之语境，作为一种"地方性知识"的中国数学，其自身的传统和规范得以呈现。吴文俊发现，我国的传统数学有它自身的发展途径与独到的思想体系，不能以西方数学的模式生搬硬套（吴文俊，1995：200）。西方欧式体系和中国传统数学是沿着不同的思路经过不同的轨迹发展的，从而形成了不同的研究传统。西方欧氏体系重抽象概念与逻辑思维及概念与概念间的逻辑关系，以定义、公理、定理、证明构成表达方式，是公理化的演绎体系；而中国传统数学则从实际问题出发，经过分析提高而提炼出一般的原理、原则与方法，最终解决一大类问题，是机械化的算法体系。这两种数学知识系统"一尚优美，一尚实效，二者旨趣各异，代表了两种不同风格"（吴文俊，1995：38）。不仅如此，吴文俊还指出，中国古代不但存在与古希腊数学体系完全不同的独立发展的数学，而且中国古代数学的机械化算法是世界数学的主流之一，为世界数学的发展做出了重要贡献；《九章算术》与《几何原本》是数学史上的两大传世名著，东

[①] 这三项古证原则是：第一，证明应当符合当时本地区数学发展的实际情况，而不能套用现代或其他地区的数学成果与方法；第二，证明应有史实史料上的依据，不能凭空臆造；第三，证明应自然地导致所求证的结果或公式，而不应为了达到预知结果以至出现不合情理的人为雕琢痕迹（吴文俊，1995：151）。

西辉映，是现代数学的两大源泉（吴文俊，1995：53，189）。恢复本土知识之历史语境的方法论实践使吴文俊突破了西方中心主义的一元数学史观，对世界数学史的重建做出了积极贡献。

2. 古为今用：现代意义上的传统

吴文俊明确指出，"我们崇拜中国传统数学，绝非泥古迷古，为古而古，复古是没有出路的。我们的目的不仅是要显示中国古算的真实面貌，也不仅是为了破除对西算的盲从，端正对中算的认识，我们主要的也是真正的目的，是在于古为今用"（吴文俊，1995：43）。因此，史学上的恢复语境是为了深刻领悟其味道，展示其生气，而以当代之发展和未来之趋势的观照则又将其带出原有之语境，使其获得新的生机。越是领悟之深刻，则越清楚如何将其带出，以及带出些什么。吴文俊以现代数学和当代科学技术作为传统数学创新性转化的发酵剂，使传统数学走出本土之语境，走向新的可能性。吴文俊指出，中国代数学完全可以等同于方程求解，《九章算术》中就给出了线性联立方程组的解法，其详细计算过程类似于现在的矩阵算法，其解法在现代通称为高斯消元法（吴文俊，1995：37）。在解方程过程中，负数的名称和规定在筹算的要求下应运而生，其中的"正负术"则相当于正负数运算法则。在筹算过程中，十进位值制、分数、小数、负数的引入，使整个实数系统得以完成。在代数学方面，《九章算术》中不仅有开方、立方的详细算法，还有涉及较一般形式的二次方程，称为开带从平方。宋元时期创立的"天元术"引入了"天元"、"地元"、"人元"、"物元"等相当于现代未知数的概念，把许多问题特别是几何问题转化成代数方程与方程组的求解问题。"与之相伴而生，又引进了相当于现代多项式的概念，建立了多项式的运算法则和消元法的有关代数工具，使几何代数化的方法得到了有系统的发展"（吴文俊，1995：364）。吴文俊认为，这种几何代数化方法的逐渐成熟，为解析几何的创立开辟了道路（吴文俊，1995：113），这同时也构成了其他数学机械化理论的重要思想来源。

在此基础上，吴文俊对中国古代数学的特点和当代世界潮流做了考查，以敏锐的眼光发现了这二者的契合点。他指出，"现在是所谓'第三次浪潮'，是计算机、信息时代。我国古代数学的精髓是一种机械化的思想，一种机械化的方法，正好符合于现时代的要求和状况，……这一点在希腊欧几里得体系里是找不到的"（吴文俊，1995：204）。而汉初的《九章算术》就详细说明了开方、立方的机械化过程，魏晋时刘徽的《九章算术注》中也记载了几种机械的消去法及其详细的机械化算法过程，至宋代，又发展到高次方程求数值解的机械化算法。对此，吴文俊以现代科学技术的大视野总结道，中国的"解方程它是这样子的，是一步一步地做，第二步怎么样，第三步怎么样，要用现代的语言来讲就是程序。根据算法，用现在的话，你就可以变成程序，输到机器里面，让它一步一步去做，最后给它要求的解答，这是中国的数学"（《大家》，2006）。由于传统数学这种算法化、机械化的特点，大多数的"算法"可以无困难地转化为程序并用计算机来实现（吴文俊，1995：95），而这正是本土数学知识在当代创新的关键突破所在。

3. 本土知识创新：贯穿古今、融会中西

吴文俊的创新源自对一个由来已久的问题的解决。数值计算与定理证明是数学中两项最主要的活动形式。数值计算的特点是简单但过程烦琐，刻板而枯燥，其原因是它已经机械化；而定理证明则较难但过程简易，灵活而美妙，这之中要靠直觉、洞察、经验及其他模糊不清的原则，其原因是它还没有机械化（吴文俊，1995：359）。从17世纪开始，莱布尼茨就提出了机械化证明的设想——能否将定理的证明像计算那样机械化，使定理证明化难为易，甚至不惜弃简就繁？这一设想激发了几代人的创造力。19世纪末之后，希尔伯特及其追随者建立并发展了数理逻辑，使这一设想有了明确的数学形式。20世纪40年代，计算机的出现又使得这一设想有了现实意义。几十年来，数理逻

辑学家为这一问题付出了大量努力，但总体上多劳而少功，始终没有在真正意义上完全解决这一问题，尤其是定理证明的机械化则更为困难。

正如前文所述，几何问题的代数化与用代数方法系统求解，是中国数学家主要成就之一。吴文俊受到这一启发，提出了自己的解决方案，形成了利用计算机实现数学机械化的思想，这种"计算的量的复杂性过去是人力所不可及的，而现在由于计算机的产生和迅速发展，已经变得越来越微不足道了"（吴文俊，1995：366）。1976年和1977年之交，吴文俊开始定理证明机械化的研究，并取得初步成果，证明了初等几何主要一类定理的证明可以机械化。1978年初，吴文俊又证明了初等微分几何中的主要一类定理证明也可以机械化，并且这种机械化方法也是切实可行的。自吴文俊关于几何定理证明的机械化方法问世以来，数学家们，已经成功地证明了600多条定理，同时还发现了许多重要的新规律和定理（吴文达，1991）。

对于这项原创性工作，吴文俊特别说明了其由来："我们从事机械化定理证明工作获得成果之前，对塔斯基的已有工作并无接触，更没有想到希尔伯特《几何基础》会与机械化有任何关系。事实上，我们是在中国古代数学的学习与启发之下提出问题并想出解决办法来的。"（吴文俊，1995：364）吴文俊曾明确指明这项创新工作是中国传统数学自《九章算术》以迄宋元时期数学的直接继承，而关于初等几何定理机械化证明所用的算法则是12~14世纪宋元时期中国数学家的创造（吴文俊，1995：365，416）。

吴文俊的史学实践充分说明，科学史的研究不仅在于理解过去，更应指向当下、面向未来。古代的"地方性知识"与现代的地方性科技之间并非截然存在难以逾越的历史分界线，"传统与现代之间乃是一生生不断的'连续体'，是剪不断，斩不开的"（金耀基，2010：148）。在科学史的研究中，若完全执迷于本土的文化情境中，而无视现代科学的优秀成果，中国数学就失去了走向全球、融入世界的可能，基于本土知识的自主创新更无从谈起。

（二）"地方性知识"：相互依存、分而不离

多元文化的科学观主张每种文化、每个民族都有自己独特的科学，这为文化相对主义的科学观立场提供了辩护的理由。这种文化相对主义使得一种文化固守自己的历史传统，表现为文化保守主义，在面对多元的世界时，"地方的"、"本土的"则成为封闭的民族主义追捧的时髦词语。吴文俊案例为我们反思"地方性知识"和文化相对主义提供了重要启示。

1.西方数学的观照：彰显本土知识之味道

吴文俊认为，西方数学作为优秀的文化资源，"理应兼收并蓄，不可有所偏废"（吴文俊，1995：62）。因此在挖掘本土数学知识的过程中，他始终保持着开放的地方性态度，在与另一种重要的"地方性知识"——西方数学的对照中，将本土数学知识的味道得以彰显和把握，并试图为中国的地方性数学知识找到一个可靠的根基。正是在与西方欧几里得的公理化数学的参照与比较中，中国数学独特的"味道"得以彰显。

第一，中国传统数学从未出现过笔算，这始终与算具的应用密不可分，也因此，数学在古代历来被称为"算术"，一不能无算，二必须有术，正负术、开方术、方程术等各种"术"都涉及具体详细的算法。"这正好反映了中国古算构造性、计算性、机械化的特点。"（吴文俊，1995：43）第二，与西方数学以定理求证为中心正相对照，我国传统数学把各种问题都归结为方程求解，因此方程求解就成为《九章算术》以来中国传统数学发展的一条主线。其着眼点是求出答案，至于解答是否存在唯一性、解答的性质、解答与系数间的关系等都不在关注范围内（吴文俊，1995：35）。第三，"中国古代数学家善于从简明的事

实得出深刻的结论，并总结成简洁的原理。正是这些简单易明，而应用广泛的原理，形成了中国古代数学的独特风格。"（吴文俊，1995：95）如出入相补原理、体积理论中的刘徽原理及刘祖原理等，其"简单易明正可和它们的应用之广互相辉映，……同样的风格也可见于几何的代数化、位值制、记数法等等。这和西方数学之偏重于概念和概念之间的相互逻辑关系，是异其旨趣的"（吴文俊，1995：188）。第四，与西方数学数形分离正相对照，"在我国古代几何学的整个发展过程中，始终形数合一，互助互益"（吴文俊，1995：42），开方、立方与解二次方程，都以出入相补原理为几何背景。欧氏几何中平行线占据中心位置，但中国则以垂直性为其特征的勾股形为发展重点。欧式几何考虑角度，而中国古代几何则把距离和长度放在首要地位（吴文俊，1995：40）。因此，中西两种数学可谓是两种不同的"路子"和"味道"。

2. 中西数学的"等价性"："地方性知识"的相互质询

如前所述，尽管吴文俊深知中西两种数学迥然不同的地方性品质，但吴文俊并没有放弃追求二者的统一性，而是自觉地采取建设性的做法沟通二者。他指出，虽然传统数学没有采用欧几里得的演绎形式，但这并不妨碍中国发展自己的数学，并达到同样正确的结论（吴文俊，1995：97）。吴文俊带着对西方数学乃至全球数学史的观照，证明了中西两种地方性数学的"等价性"，为不同的地方性知识体系之间的沟通和本土知识创新做了重要准备。吴文俊认为，我国传统数学中从未出现过素数与因子分解一类的概念，却不能说没有数论；从未出现过平行线概念的明显痕迹，却不能说没有几何；从未出现过用文字代表数字及讨论根的性质，却不能说无代数；从未出现过演绎证明方式，却不能说没有逻辑思维，不用逻辑推理；从未考虑过无理数或实数概念，更无复数概念，却不等于没有数系甚至没有数学（吴文俊，1995：30）。实际上，中国是以自己独有的方式建立了整个实数系统。尽管关注的问题不一样，但中国代数学完全可以等同于方程求解，《九章算术》中就给出了线性联立方程组的解法，其详细计算过程类似现在的矩阵算法，其解法在现代通称为高斯消元法（吴文俊，1995：37），移项方法使得负数及相当于正负数运算法则的"正负术"被引入。《九章算术》中不仅有开平、立方的详细算法，还有涉及较一般形式的二次方程，称为开带从平方。相当于现代数学未知数的"天元"的引入提供了依题意建立方程的简便而系统的方法，它的表达式相当于现代的多项式，其实质是把几何问题变为求解方程组问题。由此发展至元朱世杰的四元术，已可解多至四个未知数的高次联立方程组（吴文俊，1995：94）。同时，我国古代数学往往"寓理于算，不证自明"，尽管其独特的表达方式与欧几里得方式大相径庭，"却同样能起到一定的演绎推理与证明的作用"（吴文俊，1995：97）。吴文俊这种求同存异的建设性做法，为不同的知识体系之间的相互质询做了重要而有益的准备。

（三）超越文化分水岭

在与西方数学对译的基础上，几何定理机械证明的中国式解决方案则更加主动地将中国数学带入欧氏数学的领地，凸显了传统"地方性知识"的独特生命力。中国传统数学不再囿于国家、民族和文化的边界，而是在实践性的互动中获得了生长和活动的可能空间，并在这一空间中，找到了中西数学之间换算与会通的途径，对不同文化中科学的不可通约性提出了有力挑战。

1. "吴方法"：对不可通约性的挑战

针对几何证明的机械化问题，吴文俊受到中国古代数学几何问题代数化与用代数方法系统求解的启发，提出了利用计算机证明几何定理的有效方法，在国际上被称为"吴方法"。这一方法主要分两步：第一步是几何的代数化，即引进坐标，把需要证明的定理中的假设部分与终结部分都用坐标间的代数关系来表示，这一步是将几何学问题化为多项式问题；第二步是用多项式的消元法验证，这一步完全是代数的，即通过代表假设的多项式关系把终结多项式中的坐标逐个消去，如果消去的结果为零，即表明定理成立，否则再做进一步的检查。这两步都可以机械与刻板地进行，如果把它们编成程序在计算机上实施机器证明，也并没有实质的困难。与通常既简且妙的证明形成对照，这种利用计算机来进行定理证明的机械化方法往往极度繁复，以量的复杂来换取质的困难（吴文俊，1995：362），实现定理证明的自动化。

"吴方法"对反思当前科学史界过于强调封闭的地方性单元提供了方法论启示。中国传统数学和西方数学的侧重恰好对应了数学这种脑力劳动的两种形式——数值计算和定理证明，而这正是数学机械化所关注的一个核心问题。对于几何定理实现机械化证明来说，"吴方法"融会中西数学，用中国传统数学的繁而易的机械化算法，代替了西方式的巧而难的定理证明，成功地找到了机械化算法体系与公理化演绎体系的换算方法，为不同文化中的科学之会通找到了方法论上的可能。这一工作对不同文化中科学的不可通约性提出了有力挑战，拯救了文化相对主义下那种封闭的"地方性知识"，将"地方性知识"带出狭隘的领域，实现了"地方性知识"的自我超越。中国传统数学因而不再囿于国家、民族和文化的边界，而是在实践性的互动中获得了生长和活动的可能空间，走向了一种新的普遍性。

实际上，在现实的科学研究及其文化实践中，各文明中的科学也并非如保守的多元文化论者认为的那样拒绝外部的评估与相互质询，各个文化的知识体系总是试图在实践中拓展空间，寻求相互理解。在当前技科学的研究中，韩国医学等一些"地方性知识"也采用类似的策略（尽管与中国传统数学的情况存在不同）（Kim，2006），逐渐进入与西方科学的对话中，使各种"地方性知识"与西方知识在科学实践中互动，这对于达成一种真正意义上的普遍性科学来说，走出了很有意义的一步。因此，全球化的时代，我们更多的是需要冲破中西文化的分水岭，弄清楚科学和技术是如何穿越文化边界的，而不是过分关注它们是否属于某一种文化，尤其应该关注的是传统"地方性知识"与西方科学以及现代科学的新趋势之间的当代互动。

2. 超越文化相对主义

就历史维度而言，吴文俊敏锐地察觉出中国数学算法化特点与现代计算机科学之联系；以文化维度而论，又将西方式的证明代之以中国式算法，而几何定理的机器证明之成功则成全了这两个面向，可谓"贯穿古今，沟通中西"。吴文俊的本土创新在时间和空间的维度中让我们看到科学技术如何在全球范围内的不同文化中转译和流动。在这种多元文化的融合与冲撞中，传统 / 现代、地方性 / 全球性、本土 / 西方、多元 / 一元、中心 / 边缘等传统二分法被瓦解，全球性的普遍性知识成为可能。吴文俊的自主创新为我们反思文化相对主义所引发的文化保守主义和封闭的民族主义提供了启示。

首先，文化传统是我们的民族之根。在中国现代化转型的历史进程中，我们需要的是"传统意义上的传统"，还是一种"现代意义上的传统"？（何成洲主编，2011：66）吴文俊的工作给我们做了极好的回答，他本人也曾精辟地总结道，"我很欣赏一句话，'百花齐放'，还有一句话叫作'推陈出新'，我非常赞成这句话。没有'陈'哪来的'新'？一定要下工夫，懂得陈，然后才可以提出新的看法来，得到新的成果，得到重大的创新"（吴文俊，2006）。"为有源头活水来"，吴文俊本人对"新"字的史学实践既表明了对多元文化的包容、尊重和理解，也突出了基于历史的时代创新，为中国科学史研究提供了宝贵的经验，也为中华科学的复兴开出了一条切实可行的道路。

其次，面对多元文化的世界，以传统文化和西方文化中的优秀元素作为构建资源，实现中西文化的创造性转化和二者的交融，以创造中国现代的新文化（金耀基，2008）。正如吴文俊所说，西方的公理化和以中国为代表的机械化的思想和方法，都曾经并仍将继续对数学发展做出巨大的贡献。"我们既不能厚此薄彼，更不能重彼而轻此。为了实现数学的现代化，我们必须吸收渊源于西方的公理化方法的长处，也应珍视我国古代的遗产，从有着历史渊源的机械化方法中吸取力量。这两种方法的融合，或许能为数学的未来发展提供一些新的摸索途径。"（吴文俊，1995：377）中国古代数学有其自身的长处，也有传统的不足，我们既不能妄自菲薄，漠视我们祖先所取得的成就，亦不可妄自尊大，拒绝接受外国的先进技术。"只要我们充分认识我们传统思想方法的威力，同时吸收外国的先进科学技术，可以预见中国数学将进入一个辉煌灿烂的新时代。"（吴文俊，1995：95）

因此，正如吴文俊的地方性创新案例所显示的那样，多元文化的科学观与文化相对主义并非存在必然的对应。多元文化的科学观对科学的多元价值的确认，恰恰是走向普遍的基本要求，而并不必然走向文化相对主义。当多元文化仅仅将科学束缚在情境中时，科学史的研究将陷入地方性的海洋之中，现实上将可能走向封闭的民族主义。吴文俊这种建设性的多元文化科学观通过超越自身，实现多元与一元、相对主义与普遍主义之间的融合与辩证，在传统与现代、地方性和全球性的互动与实践的分析框架中走向一种真正意义上的普遍性科学。因此，本研究认为，对本土知识的确认和多元文化的尊重并非天然地与文化相对主义联系在一起，文化相对主义也并非多元文化科学观的必然归宿。

综上，在对中国传统数学的研究中，吴文俊既入乎其内，充分地领悟传统数学自身的特质和趋向并从中吸取力量和养分；又出乎其外，以西方文化和现代科技发展趋势中的优秀元素为资源，不断加强传统数学在当代的自主能力，为中国传统数学乃至传统科学的未来发展提供了新的摸索途径。同时，在吴文俊这一践行"文化自觉"的过程中，中西、古今各种维度兼收并蓄、融会贯通，为生成一种普遍意义的科学进行了有益的探索。

* * * * *

在科学编史学的意义上，走向生成本体论的后人类主义与中国自然观及中国科学的整体生成论存在相通之处，正如皮克林所说，它们都主张一种"永无止境的流动与生成的世界之图景"（郝新鸿，2011）。后人类主义编史学对中国科学史的研究有重要的方法论启示。无论是中国的封建官僚的"社会"，还是"自然"，都不再是一种预先的解释框架，而是各种异质性要素之一。当我们用历史的内在生成与演化的观点去考察中国科学技术史时，中国科学技术史就不会被书写成探索文明之兴起与衰亡的关于自然或社会的宏大叙事，而是致力于去理解中国科学史中自然与社会、非人类与人类的交融共生过程，从而展现出中国科学的真正内涵与历史发展。

第四节　本章小结

后人类主义为反思中国科学史的研究，开拓可能的研究路径提供了重要启示。当然，本研究也并非主张对后人类主义科学观无反思地采用"拿来主义"的态度。相反，用中国传统的观点反观后人类主义则会使我们的史学研究受益更多。后人类主义编史学是从社会建构论的批判性内省中走出的，社会建构论追寻事物背后解释的教训使后人类主义更加坚定了一种经验主义的研究路径，主张对可见现象本身的关注，而不试图寻找背后的原因。例如，皮克林提出可见性的经验研究路线，要求研究者停留在可见的范围内，而不要利用任何不可见的原因（Pickering，1997）。行动者网络理论也采取了类似的研究策略，"蚂蚁宣言"为可见性路线做了生动注释。拉图尔认为，行动者的世界是自足的，我们只须成为一只近视而疯狂工作的蚂蚁（ant），追踪痕迹并展现行动者构造世界的过程便足矣，"我们这些小蚂蚁，无法（为其他蚂蚁）确立天地"（Bruno，2005：9，140，175）。在这种纯粹的追踪中，"蚂蚁"看到了行动者之间的谈判与征募，科学事实的确立取决于论证的力量、修辞，甚至是行动者的权威，巴斯德成为一个善于算计的政治家，游走于不同的行动者之中。这种追求可见物的彻底而简单的研究方法及基于符号学的形式主义倾向，使人完全退化为感官动物，既无精神世界也排除了道德的可能。一些西方学者反思道，通过这种方式所描绘的科学图景是荒凉而不祥的，充满互相拼杀、野蛮争斗（格罗斯、莱维特，2008：67）。后人类主义编史学注重外在的可见现象，与生命脱节，在某种程度上说仍带有西方认识论传统的烙印。同时，后人类主义编史学强调各种异质性要素的内在生成过程，但其对瞬时突现的强调也使得历史过程的展现充满偶然性。这些潜在的问题导致了由此走出的生成本体论难以具有价值论的含义。而在这方面，中国内涵价值的生成论将为中国科学史研究提供启示。通过今后进一步的探讨，中国传统文化和科学关注生命世界，具有价值导向的特质将会为后人类主义提供必要的修正与推进，以构成一种反思性的借鉴，并最终形成一种更为完备的编史学方案。

结 语

　　1902 年梁启超发表《新史学》，试图在近代中国的社会转型中为中国史学寻找适当的位置。100 多年过去了，中国的史学研究发生了巨大变化，也在接受西方史学理论的过程中取得了巨大成就。今天，在 21 世纪中国崛起的现代转型中，传统文化如何推陈出新、继续发展，又成为摆在我们面前的时代课题。在中国科学史的研究中，以李约瑟和席文为代表的两代科学史家的研究不仅折射出当代中国对传统科学的治学变化，也透射出当前科学史研究本身的自我思考。回顾中国科学史的过去，展望中国科学、科学史乃至中国文化的发展前景，反思性的理论探索是十分必要的。

一　鉴往还须知来，返本不忘开新

　　在今天的科学史研究中，反辉格史的编史学立场已成为普遍共识。这种立场反对采用今天的科学观点解释过去发生的事情，要求研究者将自己置于当时的历史情境，力图恢复科学史自身的解释规范。毋庸置疑，这是科学史研究的重要进步。后李约瑟时代，这种反辉格史的治史态度已超出了内史研究的范围而走向了文化与社会的历史研究，社会学、人类学、女性主义、后殖民主义等多种方法的交织与合流，构成了实现反辉格史的新路径，进一步丰富和发展了反辉格的编史立场。在反"西方中心论"的旗帜下，文化相对主义科学观倡导的编史学，则采纳了一种全方位的反辉格史的研究立场，提倡情境主义的科学史研究方法，强调关注当时科学家的"自我理解"，试图重建"那时"的人们是如何理解自己的概念和实践的。这些新的编史理念和多样方法一经运用到中国科学史研究中，便豁然打开了新的局面和研究空间，极大地繁荣了学术，取得了丰硕的研究成果。

不过，本研究认为，这种在方法上过分趋新的风气却是值得反思和警惕的。与极端的反辉格史立场密切相关的是隐藏在其背后的对进步论和目的论的反对，当将其运用于具体的科学史实践时，这种立场便在过去与现在、古代与现代之间立上了一堵无法穿越的墙，不再试图寻求人类在漫长历史中对自然认识活动的连贯性和可理解性。在这种文化相对主义的史学实践中，科学史的文化和社会研究固然多姿多彩，却与当下和未来失去了关联。

因此，我们要问的是，反辉格史究竟是一种进入历史方法，还是一条不归之路？当我们回到过去恢复历史面貌之后，接下来还要做什么？科学史研究的目的和作用何在？

当前文化相对主义科学观下的编史学立场，全然采取一种情境的视角，将会面临走到另一个极端而自身难以察觉的危险。这种方法将历史研究完全停留在过去的某个时空，让历史的箭头停滞不前，驻足"河岸风光"而流连忘返。正如克拉夫所说："为了恰当地评价过去，科学史学家必须知道当下；他必须尽全力学习他打算撰写其历史的那门科学……正是在科学史家入门了解科学的现代性的时候，他才能够揭示科学的历史性中更多、更微妙的细微差别。现代性意识和历史性意识在这儿是严格成比例的。"（克拉夫，2005：99）对此，吴文俊先生对中国古代数学的史学实践和当代创新做出了极好的诠释，即"科学史给我们提供一种经验工具，用它，我们在不同程度上可以清楚地辨别潮流和关系。从这些东西当中，我们可以学会为了加强或削弱当前的趋势该如何行动"（克拉夫，2005：43）。

鉴往知来，温故知新，科学史研究的目标是理解过去，指向当下，并涉及未来的。一方面，不熟悉传统，很难有真正的创新；另一方面，"忽视了现有的科学知识，就等于放弃了不能由其他任何方式获得的通向过去的线索。"（温格伯，2004：124）在当前中国科学编史学的文化相对主义倾向中，尽管极端的情境主义使这条"不归路"显得格外新鲜和精彩，但无法否认的是，它们就此与中国科学的当代创新保持了永久的绝缘。

由于历史的连续性，古与今、过去与现在之间是相通的，传统与现代之间是一生生不断的"连续体"，古代的地方性知识与现代的地方性科技之间并非截然存在难以逾越的历史分界线。如果完全执迷于过去的本土文化情境，而无视现代科学的优秀成果，中国传统科学便很可能失去走向全球、融入世界的可能，基于本土知识的自主创新更是无从谈起。在"地方性知识"的时空旅行中，传统与现代的碰撞与融合可能会使传统科学在当下甚至未来大放异彩。尤其是，中国传统科学以道德实践为基础的知识形态特征，对探索一种科学与人文统一、认知与价值统一的文化与科学具有重要启发意义（李曙华，2002）。

在中国社会文化现代转型的历史进程中，我们的科学史研究需要"过去与现在的对话"（dialogue between past and present），使传统通过现代的更新而得以存续，从而创造一种"现代意义上的传统"。同时，各种文化复兴之努力"应首先考虑如何复兴才能促进现代化"，文化复兴固然"有返本开新之义，也即找回、发掘业已埋葬隐没的思想与事物，使之重现与光耀人间。但是，其重点绝不仅是返本，而必须在开新，而要返本开新必须通过今日我们的需要以及批判的意识与眼光。亦即通过今日现代化的目标之衡准，以决定返怎样的本，开怎样的新！"（金耀基，2010：178）

二 "碎片"无法遮蔽整体,"偶然"不能掩盖主流

以社会史的兴起为标志,20世纪60年代的西方史学界发生了明显变化,后现代主义史学开始大行其道。在后现代主义史学看来,现代主义历史研究以揭示历史演变的大趋势为目的,即历史一线发展的进步论,以中心、精英为主要研究对象。后现代主义的历史研究以打破历史一线进化,注重非中心、非精英和非理性的活动为主要特点,对"大写的历史"(History)所包含的一线进化模式报以深深的怀疑。如福柯建议用"考古学"(Archaeology)和"系谱学"(Genealogy)来代替"大写的历史",以显示历史的偶然性和非整体性,研究对象也由社会精英转向一般大众,包括下层民众、妇女等,对"大写的历史"产生了强烈冲击(王晴佳,2004)。在西方的人文社会科学界逐渐摆脱"西方中心论"的过程中,以强调"地方性知识"为显著特点的微观史学(Microhistory)逐渐兴起。这种研究旨趣也反映在了中国科学史的研究中。后李约瑟时代的一些科学史家采用西方的后现代方法,把中国科学解读为政治话语,将科学消弭在巨大的文化情境中。这些研究通过展示复杂的利害动机和模糊交错的历史画面,质疑《黄帝内经》、《九章算术》等现有的传统科学经典文本的整体性,突出其间的分歧与冲突,展示科学理论的破碎性、分歧性、假想性与偶然性,中国传统科学成为政治的附庸、人们刻意维持的"假象"。在这种解构中,中国传统科学的客观性、连续性受到挑战。后现代论者不承认文本之外存在客观的真实,实际上已自行封闭了任何通向历史研究的道路,其主要工作只限于解读那些被他们斥为"传统史学家"的著作,从而暴露出全部史学的虚构性(余英时,2004:542)。

不过,历史并不是无数彼此不相关联的事实碎片的偶然集结,而是具有连续性的发展过程,在各个不同的历史阶段表现为一种趋向、

趋势或潮流，因此，我们应该相信，通过史学研究，历史上的趋势和潮流能够被发现，并得到合理的解释（余英时，2004：378）。同样，中国科学的传统与世界上的任何传统一样，都不是一个和谐的整体，都在历史中持续发生着变化，其间存在许多分支、分歧乃至冲突，但作为一个传统，中国科学几千年来又始终存在不变的东西。在关注破碎性和偶然性的同时，我们应认清中国科学传统的历史主流。有关"科学主流"的观点对我们在新的历史时期辩证地将后现代主义史学理论及与此相关的理论和方法，运用到中国科学史的研究，推进中国科学史健康发展有着重要的意义。医学史家马伯英先生的研究为我们提供了一个典范。

马伯英先生在对中医的研究中，并不拒斥历史研究的新方法，他倡导人类学方法在中医文化研究中的应用，利用巫术原理、神话分析、部落文化考察、文献资料研究等方法对中医的著书形式、起源等进行研究。他认为，凡是存在过的，就有其存在的根据和理由，巫术、宗教、迷信确实曾在历史上乃至当下治病，因此是医学文化的一部分。利用文化人类学中的巫术原理对一些现象进行分析，便会对在特定时代和环境中的文化现象给予恰当的解释。与当前的文化相对主义倾向的科学编史学立场不同，马伯英认为使用这些方法的最终目的是发现那些以前被忽略的民间习俗、巫术等事实，重新理解、阐释中医文化的根结和中医理论的本质，以建构中医学现代化的新的理论体系。马伯英指出，我们用人类学方法研究中医文化，就是要厘分出科学文化和一般文化，把包裹科学文化内核的外衣剥除，"是要使中医学彻底从巫术丛林中走出，而不是相反，让中医科学的前途重新布满荆棘"（马伯英，1995）。他认为，目前的中医文化热泛化到包括一些巫术、迷信等是不恰当的。相比于一些研究着重寻找中医经典的"巫源"，马伯英则致力于阐释中医学理论是如何从一般的、民俗的、巫术迷信、宗教色彩的医药文化中逐渐生长出来的。

在《中国医学文化史》中，马伯英特别谈到了生殖文化与医学中的"产图"、"符咒"等具有巫术迷信色彩的文化内容。与费侠莉的观点不同，马伯英认为，这些现象足见当时的分娩之难，死亡率或难产率之高，因此人们才有求于神明或巫术（马伯英，2010：576）。他引用隋唐名医崔知悌的观点，指出"只要能恢复到自然临产，则'日游、反支之类，复何豫哉！'在巫术与医学之间，还是有正确选择的"（马伯英，2010：577）。他认为，接生和难产处理的主流仍是沿着科学的道路进行发展，唐代的《产宝》、宋代的《十产论》都是优秀的产科专著，后者的难产手法处理令人赞叹，如肩产式转胎手法、脐带绕颈处理手法，几乎与今日西医的方法相同，各种催生药种类颇多，《千金要方》用针灸，并服赤小豆、阿胶或皂荚子等治滞产等（马伯英，2010：580）。正是在这个意义上，马伯英指出，医学史研究要认清中医文化的"主流"问题，所谓的主流便是指在中国医学史上占据着主要地位，标志着中国医学文化潮流的发展方向的医学文化。不能否认，巫术医学、迷信活动确实存在，甚至在英美等科学和医学现代化程度很高的国家也屡见不鲜，但那些部分毕竟只是支流（马伯英，2010：709）。

三 多元分离导致"以论代史"，交融互鉴创造生长空间

李约瑟之后，新的科学编史学强调社会与文化的研究向度，将科学置于文化背景中加以研究，从社会、文化、性别、种族等角度，将对科学的理解锁定在社会文化因素上，面对不同文化在认识论上的多样性和不协调性，选择各自的文化作为解释资源，放弃寻找它们之间的一致性。文化因素决定了科学的划界，不同科学分支的一般概念由文化因素决定。这样的研究吸收和借鉴了人类学的方法和原则，认为各种民族在文化上是平等的，各文化的科学也是平等的。多元文化科学观对一元科学观的批判反思具有重要的进步意义，但若因此对地方

性科学过度推崇，毫无批判地接受文化相对主义的立场，则会对编史学造成潜在的不良影响。

首先，由于假定地域性的文明与其外部文明是无法协调的，重新评价地域知识就需要排除一切外部专家，这造成了彼此分离的科学单元。地方性叙事过于强调知识的本土特征，放弃了对现代科学与世界科学的观照，孤立地谈论多元性，通过对特殊认同的诉求，甚至引向隔离区化和文化原教旨主义（周宪编著，2007：285）。同时，这种多元文化观在科学编史学中将各种"地方性知识"不加反思地纳入科学，使科学泛化。这种情况使合理性减弱到了批判性评价功能失效的程度，历史的文化研究变成了一种讲述分裂的地方性故事的活动。

其次，在地方性科学的文化叙事中，以社会建构论为先锋的后现代研究将科学置于文化社会的情境中，把文化、社会作为单一的普遍性解释因素，导致"时间无所作为，历史徒劳无功"（拉图尔语），史学实践走向了"以论代史"的困境。这种历史叙事使得科学史完全附属于人类社会史，没有了自己独特的生命与历史；科学成为地方性文化的被动产物，地方性文化单向性地决定着科学，规定着地方性科学的身份与界线（肖雷波、蔡仲，2011），有什么样的文化，就会有什么样的科学，科学成为"文化傀儡"。这种科学的社会与文化研究承认科学的异质性，却由于求助于独特文化而在解释层次上再一次被同质化，通过鼓吹知识与文化的同一性，"地方性知识"成为空洞的话语。

多元文化为尊重不同文明做出了开创性的努力，但若持一种毫无反思的多元文化科学观，则会因矫枉过正而加深各个文化间的分离，走向文化相对主义。西方的"地方性路径"为我们提供了科学史研究的新契机，使中国科学获得了合法性，但在"西方知识也只是一种地方性知识而已"的论调中，狭隘的本土建议通过忽视甚至否定西方而走向另一种本质主义，地方性的排他性制造出了一种民族主义和本土主义，使科学史的研究成为一种"自说自话"。

当然，本研究绝不否认"地方性知识"与多元文化的重要价值，相反，地方性的丰富资源和多元的可能性是人类文化的宝贵财富。本研究赞同这样的观点，"一切文化都是相对的，但文化相对主义作为一种哲学立场是错误的。一切文化都有终极关怀和终极价值，但文化普遍主义作为一种哲学立场也是不对的"（周宪编著，2007：92）。对本土知识的确认和多元文化的尊重不应成为支持文化相对主义立场的理论依据。多元文化的科学观对科学的多元价值的确认，恰恰是走向普遍的基本要求。吴文俊先生的史学实践表明，建设性的多元文化科学观通过超越自身，实现多元与一元、相对主义与普遍主义的融合与辩证，在传统与现代、地方性和全球性的互动中走向一种真正意义上的普遍性科学。

因此，对于中国科学史的研究，"地方性知识"是分裂的文化单元，还是分而不离的相互参照？包括西方在内的其他文明或文化在中国文化重建中处于怎样的位置？对这些问题的回答取决于我们的"文化自觉"意识。"如果我们所期待的文化重建无可避免地要包含着新的内容，那么西方的价值和观念势将在其中扮演重要的角色。事实上，由于近百年来各种西方的价值与观念一直不断侵蚀着中国，中国文化早已不能保持它的本来面目了。现在的问题只是我们怎样通过自觉的努力以导使文化变迁朝着最合理的方面发展而已。"（余英时，2004：435）在科学史的研究中，我们不仅应成为传统科学的守护者，更应与以西学在内的其他文明或文化互相比较参证，努力在与西方的批判性的融合中将中国科学史的研究向前推进。

综上，无论是科学还是科学史，西方的影响都是深远而广泛的，目前的研究不仅不可能无视西方相关研究的新方法、新观点和新成果，而且这些西方当代的成果对于我们总结传统科学的遗产、开发传统的资源有重要的启发作用。但我们同时也应该看到，与后现代主义相关的各种方法和观念作为现代西方文化的产物，其产生与特征都有其特殊的社会历史条件，过分趋新而忽视其潜在的不足是危险的。与此同时，我们还应注意，"近代西方史学的突飞猛进绝不能完全归功于新观点、新方法，其基本功力的长期积累更值得我们注意。……事实上，正是由于这一坚定基础的存在，新观点、新方法才能有施展的余地"（余英时，2004：384）。面对伴随全球化蜂拥而至的诸多西方社会思潮和方法，我们不仅需要仔细甄别，更需要扎实地做好"摸清家底"的工作，不能自乱方寸（马伯英，2007）。在中国日渐崛起的今天，具有丰富内涵的中国传统科学文化将能够为文化强国提供有力的支撑。面对中国传统科学文化的现代重建，如何调整思路、担此重任，是我们必须面对的重大现实问题，也是科学史研究的重要意义所在。包括传统科学在内的中国文化是一个持续生长的过程，通过兼容并蓄、择善而从，不断丰富与发展着自己。正如余英时所说，尽管民主和科学不是文化的所有内容，但就中国文化重建的方向而言，民主与科学的确代表现代文明的主要趋势，是中国文化重建的基本保证。因此，既要肯定"五四"的启蒙精神，又要超越"五四"的思想境界，这就是中国文化重建在历史现阶段所面临的基本情势。中国科学史的当代重建应采取一种"文化自觉"的态度，真正深入中国传统科学内部梳理其内在线索，保持开放的姿态，不断加强适应新时代文化选择的自主能力，以期最终达到费孝通先生所倡导的"文化自觉"，即"各美其美，美人之美，美美与共，天下大同"。

参考文献

[1] 埃岑加，2002，《重估"李约瑟难题"》，载于刘钝、王扬宗编《中国科学与科学革命——李约瑟难题及其相关问题研究论著选》，辽宁教育出版社。

[2] 巴里·巴恩斯，2001，《科学知识与社会学理论》，鲁旭东译，东方出版社。

[3] 巴里·巴恩斯、大卫·布鲁尔、约翰·亨利主编，2004，《科学知识：一种社会学的分析》，邢冬梅、蔡仲译，南京大学出版社。

[4] 白馥兰，2006，《技术与性别——晚期帝制中国的权力经纬》，江湄、邓京力译，江苏人民出版社。

[5] 卜风贤，2005，《后李约瑟时代中国科技史的发展趋向》，《农业考古》第 3 期。

[6] 卜鲁，2002，《科学、文明与历史：与李约瑟的后继对话》，载于刘钝、王扬宗编《中国科学与科学革命——李约瑟难题及其相关问题研究论著选》，辽宁教育出版社。

[7] 蔡仲，2003，《后现代反科学思潮》，《自然辩证法通讯》第 2 期。

[8] 蔡仲，2004，《后现代相对主义与反科学思潮：科学、修辞与权力》，南京大学出版社。

[9] 蔡仲，2008，《马克思主义与当代科学论》，《淮阴师范学院学报》

274

（哲学社会科学版）第 4 期。

[10] 蔡仲、郝新鸿，2012，《"百川归海"与"河岸风光"——对当代中国科学史学的方法论反思》，《科学技术哲学研究》第 5 期。

[11] 蔡仲、肖雷波，2011，《STS：从人类主义到后人类主义》，《哲学动态》第 11 期。

[12] 蔡仲、邢冬梅编译，2002，《"索卡尔事件"与科学大战——后现代视野中的科学与人文的冲突》，南京大学出版社。

[13] 常秉义，1998，《〈周易〉与历法》，中国华侨出版社。

[14] 陈方正，2009，《继承与叛逆——现代科学为何出现于西方》，三联书店。

[15] 陈鼓应、赵伟建注译，2005，《周易今注今释》，商务印书馆。

[16] 陈静梅，2007，《医学史中的性别政治——读费侠莉〈繁盛之阴：中国医学史中的性（960—1665）〉》，《妇女研究论丛》第 5 期。

[17] 陈荣捷，1999，《评李约瑟〈中国科学史思想史〉》，载于王钱国忠编《李约瑟文献 50 年（1942—1992）》，贵州人民出版社。

[18] 陈炜，2006，《拉卡托斯科学编史学思想述评》，《科学技术与辩证法》第 8 期。

[19] 陈瑶，2007，《技术史与妇女史结合的力作——评白馥兰〈技术与性别——晚期帝制中国的权力经纬〉》，《妇女研究论丛》第 2 期。

[20] 《大家》，2006，《数学家吴文俊：我的不等式》，http：// www. cctv. com /program/dajia/20060721/103905.shtml。

[21] 大卫·布鲁尔，2001，《知识和社会意象》，艾彦译，东方出版社。

[22] 丁立群，2007，《中国语境下的文化相对主义批判》，《中国人民大学学报》第 6 期。

[23] 董光壁，1993，《易学科学史纲》，武汉出版社。

[24] 董丽丽，2014，《图像与交易区的双重变奏：彼得·伽里森科学编史学研究》，中国社会科学出版社。

［25］董英哲、康凯、石建孝、吴国源，2003，《对"李约瑟难题"质疑的再反思》，《自然科学史研究》第 3 期。

［26］杜严勇，2004，《SSK 与科学史》，《江苏社会科学》第 12 期。

［27］杜严勇、吴江，2005，《社会建构主义与科学史》，《科学技术与辩证法》第 6 期。

［28］范岱年，2002，《关于中国近代科学落后原因的讨论》，载于刘钝、王扬宗编《中国科学与科学革命——李约瑟难题及其相关问题研究论著选》，辽宁教育出版社。

［29］范莉，2017，《亚历山大·柯瓦雷的科学编史学思想研究》，科学出版社。

［30］菲利普·基彻，2003，《为科学元勘辩护》，载于诺里塔·克瑞杰主编《沙滩上的房子——后现代主义者的科学神话曝光》，蔡仲译，南京大学出版社。

［31］费伯雄，1982，《医醇剩义》，王新华校点，江苏科学技术出版社。

［32］费建平，2007，《费伯雄学术思想探讨》，《江苏中医药》第 10 期。

［33］费侠莉，2006，《繁盛之阴：中国医学史中的性（960—1665）》，甄橙主译，江苏人民出版社。

［34］费孝通，2007，《费孝通论文化与文化自觉》，群言出版社。

［35］高小山，2001，《数学机械化进展综述》，《数学进展》第 5 期。

［36］格罗斯、莱维特，2008，《高级迷信：学术左派及其关于科学的争论》（第二版），孙雍君、张锦志译，北京大学出版社。

［37］葛瑞汉，2002，《中国、欧洲和近代科学的起源：李约瑟的〈大滴定〉》，载于刘钝、王扬宗编《中国科学与科学革命——李约瑟难题及其相关问题研究论著选》，辽宁教育出版社。

［38］郭贵春，1992，《科学史学的若干元理论问题》，《科学技术与辩证法》第 3 期。

［39］哈金，2006，《实验室科学的自我辩护》，载于皮克林编著《作为

实践和文化的科学》，柯文、伊梅译，中国人民大学出版社。

[40] 哈特，2002，《超越科学与文明：一个后李约瑟的批判》，载于刘钝、王扬宗编《中国科学与科学革命——李约瑟难题及其相关问题研究论著选》，辽宁教育出版社。

[41] 韩晓玲、陈忠华、周国辉，2004，《文化人类学流派及其文化观分野》，《烟台大学学报》（哲学社会科学版）第 2 期。

[42] 郝书翠，2010，《真伪之际：李约瑟难题的哲学文化学分析》，山东大学出版社。

[43] 郝新鸿，2011，《走向辩证的新本体论——安德鲁·皮克林教授访谈录》，《哲学动态》第 11 期。

[44] 郝新鸿，2013，《中国科技史研究中的后殖民女性主义——从〈技术与性别——晚期帝制中国的权力经纬〉谈起》，《自然辩证法研究》第 11 期。

[45] 郝新鸿，2014，《历史想象与社会建构——评女性主义对中国科学史的解构与建构》，《新疆大学学报》（哲学·人文社会科学版）第 4 期。

[46] 何成洲主编，2011，《跨学科视野下的文化身份认同：批评与探索》，北京大学出版社。

[47] 何凯文，2010，《评析席文的"文化整体"——生成整体论的视角》，《科学技术哲学研究》第 12 期。

[48] 赫尔奇·克拉夫，2005，《科学史学导论》，任定成译，北京大学出版社。

[49] 胡道静、金良年、胡小静译注，1998，《梦溪笔谈全译》，贵州人民出版社。

[50] 胡桂香，2008，《女性主义视野中的妇科、性别与身体——关于〈繁盛之阴：中国医学史中的性（960—1665）〉》，《山西师大学报》（社会科学版）第 6 期。

[51] 霍尔，1994a，《科学史可以是历史吗？》，载于吴国盛编《科学思

想史指南》，四川教育出版社。

[52]霍尔，1994b，《再谈默顿或17世纪的科学与社会》，载于吴国盛编《科学思想史指南》，四川教育出版社。

[53]江晓原，2001，《被中国人误读的李约瑟——纪念李约瑟诞辰100周年》，《自然辩证法通讯》第1期。

[54]江晓原，2007，《关注当代问题：新世纪以来国内科学史研究专题回顾——以五种重要刊物为主》，《上海交通大学》（哲学社会科学版）第2期。

[55]江晓原、刘兵主编，2007，《科学败给迷信?》，华东师范大学出版社。

[56]江晓原、刘兵主编，2010，《科学的越位》，华东师范大学出版社。

[57]蒋术亮，1991，《中国在数学上的贡献》，山西教育出版社。

[58]金耀基，2008，《文化自觉、全球化与中国现代性之构建》，http：//bbs. hefei. cc/viewthread. php？ tid=1823724。

[59]金耀基，2010，《从传统到现代》，法律出版社。

[60]卡隆，2004，《科学动力学的四种模型》，载于希拉·贾撒诺夫等编《科学技术论手册》，盛晓明等译，北京理工大学出版社。

[61]卡隆、拉图尔，2006，《不要借巴斯之水把婴儿泼掉：答复柯林斯与耶尔莱》，载于皮克林编著《作为实践和文化的科学》，柯文、伊梅译，中国人民大学出版社。

[62]柯瓦雷，1994a，《我的研究倾向与规划》，载于吴国盛编《科学思想史指南》，四川教育出版社。

[63]柯瓦雷，1994b，《伽利略与17世纪科学革命》，载于吴国盛编《科学思想史指南》，四川教育出版社。

[64]柯瓦雷，1994c，《哲学倾向对制定科学理论的影响》，载于吴国盛编《科学思想史指南》，四川教育出版社。

[65]柯瓦雷，2002，《伽利略研究》，李艳平、张昌芳、李萍萍译，江

西教育出版社。

[66] 柯瓦雷，2003，《从封闭世界到无限宇宙》，邬波涛、张华译，北京大学出版社。

[67] 柯文，2011，《让历史重返自然——当代 STS 的本体论研究》，《自然辩证法研究》第 5 期。

[68] 柯文慧，2007，《首届"科学文化研讨会"学术宣言——对科学文化的若干认识》，载于江晓原、刘兵主编《科学败给迷信？》，华东师范大学出版社。

[69] 科恩，2002，《为什么科学革命绕过了中国？》，载于刘钝、王扬宗编《中国科学与科学革命——李约瑟难题及其相关问题研究论著选》，辽宁教育出版社。

[70] 科恩，2012，《科学革命的编史学研究》，张卜天译，湖南科学技术出版社。

[71] 克利福德·吉尔兹，2000，《地方性知识：阐释人类学论文集》，王海龙、张家瑄译，中央编译出版社。

[72] 拉卡托斯，2005，《科学研究纲领方法论》，上海译文出版社。

[73] 拉图尔，2005，《科学在行动：怎样在社会中跟随科学家和工程师》，刘文旋、郑开译，东方出版社。

[74] 拉图尔，2008a，《答复 D. 布鲁尔的〈反拉图尔论〉》，张敦敏译，《世界哲学》第 4 期。

[75] 拉图尔，2008b，《事物的历史真实性——巴斯德之前微生物在哪里？》，载于孟悦、罗钢主编《物质文化读本》，北京大学出版社。

[76] 拉图尔，2010，《我们从未现代过：对称性人类学论集》，刘鹏、安涅思译，苏州大学出版社。

[77] 拉图尔、伍尔加，2004，《实验室生活——科学事实的建构过程》，张伯霖、刁小英译，东方出版社。

[78] 劳埃德，2008，《古代世界的现代思考：透视希腊、中国的科学与

文化》，钮卫星译，上海科技教育出版社。

[79]劳丹，1998，《进步及其问题》，刘新民译，华夏出版社。

[80]乐黛云，1997，《后殖民主义时期的比较文学》，《社会科学战线》
第1期。

[81]雷斯蒂沃，2002，《李约瑟与中国科学与近代科学的比较社会学》，
载于刘钝、王扬宗编《中国科学与科学革命——李约瑟难题及其
相关问题研究论著选》，辽宁教育出版社。

[82]李迪，1997，《中国数学通史》(上古到五代卷)，江苏教育出版社。

[83]李继闵，1998，《〈九章算术〉导读与译注》，陕西科学技术出版社。

[84]李世辉，2005，《科技自主创新与中西文化互补之我见——六个典
型实例的思考》，《中国工程科学》第4期。

[85]李曙华，2002，《中华科学的基本模型与体系》，《哲学研究》第3期。

[86]李曙华，2009，《周易象数算法与象数逻辑——中国文化之根探源
的新视角》，《杭州师范大学学报》(社会科学版)第2期。

[87]李曙华，2010，《中国自然哲学及其现代意义》，载于《问道》(第
四辑)，福建教育出版社。

[88]李文林，2001，《古为今用的典范——吴文俊教授的中国数学史研
究》，《北京教育学院学报》第2期。

[89]李俨，1954，《中国古代数学史料》，中国科学图书仪器公司。

[90]李永东，2007，《"后学"与新启蒙主义的话语对抗》，《吉首大学
学报》(社会科学版)第3期。

[91]李约瑟，1975，《中国科学技术史》(第一卷，总论)，科学出版社、
上海古籍出版社。

[92]李约瑟，1984，《大滴定——东西方的科学与社会》，范庭育译，
帕米尔书店。

[93]李约瑟，1986a，《〈中国科学技术史〉编著工作情况》，载于潘吉
星主编《李约瑟文集——李约瑟博士有关中国科学技术史的论文

和演讲集（1944—1984）》，辽宁科学技术出版社。

[94] 李约瑟，1986b，《世界科学的演进——欧洲与中国的作用》，载于潘吉星主编《李约瑟文集——李约瑟博士有关中国科学技术史的论文和演讲集（1944—1984）》，辽宁科学技术出版社。

[95] 李约瑟，1986c，《对东亚、希腊和印度蒸馏酒精与醋酸的蒸馏器的实验比较》，载于潘吉星主编《李约瑟文集——李约瑟博士有关中国科学技术史的论文和演讲集（1944—1984）》，辽宁科学技术出版社。

[96] 李约瑟，1986d，《〈中国科学技术史〉编写计划的缘起、进展与现状》，载于潘吉星主编《李约瑟文集——李约瑟博士有关中国科学技术史的论文和演讲集（1944—1984）》，辽宁科学技术出版社。

[97] 李约瑟，1986e，《中国社会的特征——一种技术性解释》，载于潘吉星主编《李约瑟文集——李约瑟博士有关中国科学技术史的论文和演讲集（1944—1984）》，辽宁科学技术出版社。

[98] 李约瑟，1986f，《中国古代的科学与社会》，载于潘吉星主编《李约瑟文集——李约瑟博士有关中国科学技术史的论文和演讲集（1944—1984）》，辽宁科学技术出版社。

[99] 李约瑟，1986g，《中国与西方的科学与社会》，载于潘吉星主编《李约瑟文集——李约瑟博士有关中国科学技术史的论文和演讲集（1944—1984）》，辽宁科学技术出版社。

[100] 李约瑟，1986h，《中国对科学和技术的贡献》，载于潘吉星主编《李约瑟文集——李约瑟博士有关中国科学技术史的论文和演讲集（1944—1984）》，辽宁科学技术出版社。

[101] 李约瑟，1986i，《中国与西方的科学与农业》，载于潘吉星主编《李约瑟文集——李约瑟博士有关中国科学技术史的论文和演讲集（1944—1984）》，辽宁科学技术出版社。

[102] 李约瑟，1986j，《中国科学技术与社会的关系》，载于潘吉星主编

编《李约瑟文集——李约瑟博士有关中国科学技术史的论文和演讲集（1944—1984）》，辽宁科学技术出版社。

[103] 李约瑟，1986k，《科学与中国对世界的影响》，载于潘吉星主编《李约瑟文集——李约瑟博士有关中国科学技术史的论文和演讲集（1944—1984）》，辽宁科学技术出版社。

[104] 李约瑟，1987，《四海之内：东方和西方的对话》，劳陇译，三联书店。

[105] 李约瑟，1990，《中国科学技术史》（第二卷，科学思想史），科学出版社、上海古籍出版社。

[106] 李约瑟，2002，《东西方的科学与社会》，载于刘钝、王扬宗编《中国科学与科学革命——李约瑟难题及其相关问题研究论著选》，辽宁教育出版社。

[107] 李约瑟，2006，《中国科学技术史》（第六卷，生物学及相关技术，第一分册，植物学），袁以苇等译，科学出版社、上海古籍出版社。

[108] 李约瑟，2008，《中国科学技术史》（第四卷，物理学及相关技术，第三分册，土木工程与航海技术），汪受琪等译，科学出版社、上海古籍出版社。

[109] 李约瑟，2010，《中国科学技术史》（第五卷，化学及相关技术，第二分册，炼丹术的发现和发明：金丹与长生），周曾雄等译，科学出版社、上海古籍出版社。

[110] 廖育群，2010，《不卑不亢读"洋书"，平心静气论得失——有关〈繁盛之阴〉及所见评论的综合讨论》，《中国科技史杂志》第2期。

[111] 林德宏，2000，《关于科学史研究的几个问题》，《科学技术与辩证法》第4期。

[112] 林奇，2006，《从"理论意志"到话语的拼凑：答复布鲁尔的"左派与右派的维特根斯坦"》，载于皮克林编著《作为实践和文化的科学》，柯文、伊梅译，中国人民大学出版社。

［113］刘兵，2003，《若干西方学者关于李约瑟工作的评述——兼论中国科学技术研究的编史学问题》，《自然科学史研究》第1期。

［114］刘兵，2009，《克里奥眼中的科学：科学编史学初论》（增订版），上海科技教育出版社。

［115］刘兵，2014，《关于STS领域中对"地方性知识"理解的再思考》，《科学与社会》第3期。

［116］刘兵，2015，《科学史与相对主义》，《科学与社会》第4期。

［117］刘兵等，2015，《科学编史学研究》，上海交通大学出版社。

［118］刘兵、卢卫红，2006，《科学史研究中的"地方性知识"与文化相对主义》，《科学学研究》第1期。

［119］刘兵、章梅芳，2006，《科学史中"内史"与"外史"划分的消解——从科学知识社会学的立场看》，《清华大学学报》（哲学社会科学版）第1期。

［120］刘长林，2008a，《中国象科学观——易、道与兵、医》（修订版），社会科学文献出版社。

［121］刘长林，2008b，《中国系统思维——文化基因探视》（修订本），社会科学文献出版社。

［122］刘钝，1995，《大哉言数》，辽宁教育出版社。

［123］刘钝、王扬宗编，2002，《中国科学与科学革命——李约瑟难题及其相关问题研究论著选》，辽宁教育出版社。

［124］刘凤朝，2003，《历史主义学派对科学编史学的贡献》，《自然辩证法通讯》第2期。

［125］刘海霞，2014，《走向科学实践史——夏平科学编史学思想研究》，中国社会科学出版社。

［126］刘华杰，2000，《关于"科学元勘"的称谓》，《探索与争鸣》第4期。

［127］刘珺珺，1999，《科学技术人类学：科学技术与社会研究的新领域》，《南开学报》第5期。

［128］刘鹏、蔡仲，2007，《从"认识论的鸡"之争看社会建构主义研究进路的分野》，《自然辩证法通讯》第 4 期。

［129］刘鹏、李雪垠，2010，《拉图尔对实践科学观的本体论辩护》，《自然辩证法通讯》第 5 期。

［130］刘胜利，2017，《后李约瑟时代中国科技通史的编史学变革》，《科学文化评论》第 1 期。

［131］刘巍，2005，《带上人类学的眼镜看医学史——从席文对中国古代医学史的研究谈开去》，《广西关系民族学院学报》（自然科学版）第 4 期。

［132］刘巍，2006，《从〈中国科学技术史·医学卷〉看李约瑟与席文医学史观之差异》，《中国医学史杂志》第 1 期。

［133］刘祖慰，2002，《李约瑟问题和席文的批评》，《上海交通大学学报》（社会科学版）第 1 期。

［134］卢嘉锡总主编，1998~2007，《中国科学技术史》，科学出版社。

［135］卢卫红，2014，《科学史研究中人类学进路的编史学考察》，同济大学出版社。

［136］卢央，2008，《中国古代星占学》，中国科学技术出版社。

［137］路甬祥主编，2005，"中国近现代科学技术史研究丛书"，山东教育出版社。

［138］路甬祥主编，2007，"中国古代工程技术史大系"，山西教育出版社。

［139］罗钢、刘象愚主编，1999，《后殖民主义文化理论》，中国社会科学出版社。

［140］马佰莲，2009，《适度坚持科学知识的地方性》，《哲学研究》第 2 期。

［141］马伯英，2007，《中医科学性的内涵——兼论科学、非科学和伪科学》，《科学文化评论》第 2 期。

［142］马伯英，2010，《中国医学文化史》，上海人民出版社。

［143］马尔凯，2001，《科学与知识社会学》，林聚任等译，东方出版社。

[144] 蒙本曼，2010，《科学知识地方性的当代求索》，《广西民族大学学报》(哲学社会科学版) 第 5 期。

[145] 孟强，2009，《科学可以不客观吗？评达斯顿和伽里森的〈客观性〉》，《科学文化评论》第 5 期。

[146] 孟悦、罗钢主编，2008，《物质文化读本》，北京大学出版社。

[147] 米拉·兰达，2003，《科学的社会建构主义批评家的认识恩赐——为什么第三世界应该拒绝它？》，载于诺里塔·克瑞杰主编《沙滩上的房子——后现代主义者的科学神话曝光》，蔡仲译，南京大学出版社。

[148] 莫汉蒂，1999，《在西方的注视下：女性主义与殖民话语》，载于罗钢、刘象愚主编《后殖民主义文化理论》，中国社会科学出版社。

[149] 默顿，2000，《十七世纪英格兰的科学、技术与社会》，范岱年等译，商务印书馆。

[150] 默顿，2004a，《科学社会学——理论与经验研究》，鲁旭东、林聚任译，商务印书馆。

[151] 默顿，2004b，《科学社会学散忆》，鲁旭东译，商务印书馆。

[152] 诺里塔·克瑞杰主编，2003，《沙滩上的房子——后现代主义者的科学神话曝光》，蔡仲译，南京大学出版社。

[153] 诺里塔·克瑞杰，2003a，《后现代主义与科学素质的问题》，载于诺里塔·克瑞杰主编《沙滩上的房子——后现代主义者的科学神话曝光》，蔡仲译，南京大学出版社。

[154] 诺里塔·克瑞杰，2003b，《审视科学元勘》，载于诺里塔·克瑞杰主编《沙滩上的房子——后现代主义者的科学神话曝光》，蔡仲译，南京大学出版社。

[155] 潘吉星主编，1986，《李约瑟文集——李约瑟博士有关中国科学技术史的论文和演讲集（1944—1984）》，辽宁科学技术出版社。

[156] 皮克林，2004，《实践的冲撞——时间、力量与科学》，邢冬梅

译，南京大学出版社。

［157］皮克林，2006，《从作为知识的科学到作为实践的科学》，载于皮克林编著《作为实践和文化的科学》，柯文、伊梅译，中国人民大学出版社。

［158］皮克林编著，2006，《作为实践和文化的科学》，柯文、伊梅译，中国人民大学出版社。

［159］秦九韶著、王守义释，1992，《数术九章新释》，李俨校，安徽科学技术出版社。

［160］萨顿，1984，《科学史的研究》，《科学与哲学（研究资料）》（纪念乔治·萨顿诞辰一百周年专辑）第4期。

［161］萨顿，2007a，《科学的历史研究》，刘兵、陈恒六、仲维光编译，上海交通大学出版社。

［162］萨顿，2007b，《科学的生命》，刘珺珺译，上海交通大学出版社。

［163］萨顿，2007c，《科学史和新人文主义》，陈恒六、刘兵、仲维光译，上海交通大学出版社。

［164］萨克雷，1994，《科学史》，载于吴国盛编《科学思想史指南》，四川教育出版社。

［165］桑德拉·哈丁，2002，《科学的文化多元性——后殖民主义、女性主义和认识论》，夏侯炳、谭兆民译，江西教育出版社。

［166］瑟乔·西斯蒙多，2007，《科学技术学导论》，许为民等译，上海世纪出版社。

［167］尚志钧校点，1981，《神农本草经校点》，皖南医学院科研处。

［168］舍格斯特尔编，2006，《超越科学大战——科学与社会关系中迷失了的话语》，黄颖等译，中国人民大学出版社。

［169］盛晓明，2000，《地方性知识的构造》，《哲学研究》第12期

［170］施尔德，2016，《实践的冲撞与中医实践：一个来自19世纪中国的案例研究》，载于张一兵主编《社会批判理论纪事》（第八辑），

江苏人民出版社。

[171] 施璐霞、沈思钰、蔡辉，2006，《费伯雄〈医醇剩义〉学术思想撷英》，《中国中医急症》第12期。

[172] 史蒂芬·科尔，2001，《科学的制造——在自然界与社会之间》，林建成、王毅译，上海人民出版社。

[173] 史蒂文·温格伯，2004，《仰望苍穹——科学反击文化对手》，黄艳华、江向东译，上海科技教育出版社。

[174] 史蒂文·夏平，2002，《真理的社会史——17世纪英国的文明与科学》，赵万里等译，江西教育出版社。

[175] 史蒂文·夏平，2004，《科学革命：批判性的综合》，徐国强、袁江洋、孙小淳译，上海科技教育出版社。

[176] 史蒂文·夏平、西蒙·谢弗，2008，《利维坦与空气泵——霍布斯、波义耳与实验生活》，蔡佩君译，上海人民出版社。

[177] 疏志芳、汪志国，2005，《近十年来"李约瑟难题"研究综述》，《池州师专学报》第2期。

[178] 苏玉娟，2016，《科恩的科学编史思想与方法研究》，科学出版社。

[179] 苏玉娟、魏屹东，2006，《1979—2000年中国科学史研究状况及趋向计量研究》，《中国科技史杂志》第1期。

[180] 孙海通译，2007，《庄子》，中华书局。

[181] 孙宏安，2008，《中国古代数学思想》，大连理工大学出版社。

[182] 孙小淳，2004，《从"百川归海"到"河岸风光"——试论中国古代科学的社会、文化史研究》，《自然辩证法通讯》第3期。

[183] 孙小淳，2007，《中国技术史研究的新视野——评白馥兰著〈明代技术与社会〉》，《中国科技史杂志》第2期。

[184] 陶东风，1999a，《从呼唤现代化到反思现代性》，《二十一世纪》6月号。

[185] 陶东风，1999b，《全球化、文化认同与后殖民批评》，《东方丛

刊》第 1 期。

[186] 藤村，2006，《编制科学：标准化整合、边界对象与"转换"》，载于皮克林编著《作为实践和文化的科学》，柯文、伊梅译，中国人民大学出版社。

[187] 田松，2007，《话语权：传统的价值——以传统纳西族的"署"自然观为例》，载于江晓原、刘兵主编《科学败给迷信？》，华东师范大学出版社。

[188] 田松，2010，《我们就是不需要蛋白质》，载于江晓原、刘兵主编《科学败给迷信？》，华东师范大学出版社。

[189] 托马斯·库恩，1988，《科学知识作为历史产品》，纪树立译，《自然辩证法通讯》第 5 期。

[190] 托马斯·库恩，1996，《科学历史哲学的烦恼》，鲁旭东译，《哲学译丛》第 1 期。

[191] 托马斯·库恩，2003，《科学革命的结构》，金吾伦、胡新和译，北京大学出版社。

[192] 托马斯·库恩，2004，《必要的张力——科学的传统和变革论文选》，范岱年、纪树立译，北京大学出版社。

[193] 万笑男，2011，《科技图景中的性别建构——白馥兰〈技术与性别——晚期帝制中国的权力经纬〉一书评介》，《山西师大学报》（社会科学版）第 2 期。

[194] 王前，2009，《"道""技"之间——中国文化背景的技术哲学》，人民出版社。

[195] 王钱国忠，1999，《李约瑟文献 50 年（1942—1992）》，贵州人民出版社。

[196] 王晴佳，2004，《后现代主义与中国史学的前景》，《东岳论丛》第 1 期。

[197] 王荣江，2016，《库恩与科学史》，《自然辩证法通讯》第 5 期。

［198］王树人，2005，《回归原创之思——"象思维"视野下的中国智慧》，江苏人民出版社。

［199］王树人，2006，《中国的"象思维"及其原创性问题》，《学术月刊》第1期。

［200］王渝生，2006，《中国算学史》，上海人民出版社。

［201］王岳川，2001，《后殖民主义与文化批评话语》，《求索》第6期。

［202］王哲，2003，《李约瑟问题近十年研究综述》，《内蒙古科技与经济》第3期。

［203］王哲，2008，《〈利维坦与空气泵：波义耳、霍布斯与实验生活〉——一部经典的建构主义科学史》，《中国科技史杂志》第1期。

［204］王哲、刘兵，2007，《对〈利维坦与空气泵〉的编史学分析》，《自然辩证法研究》第6期。

［205］韦拉恩、特恩布尔，2004，《科学与其他本土知识体系》，载于希拉·贾撒诺夫等编《科学技术论手册》，盛晓明等译，北京理工大学出版社。

［206］魏屹东编著，2017，《科学思想史：一种基于语境论编史学的探讨》，科学出版社。

［207］闻人军，2008，《考工记译注》，上海古籍出版社。

［208］吴国盛编，1994，《科学思想史指南》，四川教育出版社。

［209］吴彤、郑金连，2007，《新实验主义：观点、问题与发展》，《学术月刊》第12期。

［210］吴文达，1991，《吴文俊的数学机械化理论及方法》，《中国科学院院刊》第1期。

［211］吴文俊，1995，《吴文俊论数学机械化》，山东教育出版社。

［212］吴文俊，2006，《计算机时代的东方数学》，http：//www.southcn.com/nflr/zhongxinzu/zlwk/gdjj/200603150610.htm。

［213］希拉·贾撒诺夫等编，2004，《科学技术论手册》，盛晓明等译，

北京理工大学出版社。

[214] 习近平，2015，《习近平致第二十二届国际历史科学大会的贺信》，《人民日报》8 月 24 日，第 1 版。

[215] 席文，2002a，《为什么科学革命没有在中国发生——是否没有发生？》，载于刘钝、王扬宗编《中国科学与科学革命——李约瑟难题及其相关问题研究论著选》，辽宁教育出版社。

[216] 席文，2002b，《中国、希腊之科学和医学的比较研究》，《中国学术》（第九辑）第 1 期。

[217] 席文，2005a，《文化整体：古代科学研究之新路》，《中国科学史杂志》第 2 期。

[218] 席文，2005b，《沈括》，段耀勇、郝建设译，《广西民族学院学报》（自然科学版）第 3 期。

[219] 席文，2009，《为什么〈授时历〉受外来的影响很小？》，《中国科技史杂志》第 1 期。

[220] 席文，2010a，《科学史和医学史正在发生着怎样的变化》，《北京大学学报》（哲学社会科学版）第 1 期。

[221] 席文，2010b，《社会学和人类学方法之对于科学史和医学史的应用》，《清华大学学报》（哲学社会科学版）第 6 期。

[222] 席文，2010c，《通过大众文化研究科学史》，《南开学报》（哲学社会科学版）第 5 期。

[223] 席文，2010d，《科学史中的比较》，《浙江大学学报》（人文社会科学版）第 6 期。

[224] 席文，2011a，《论文化簇》，《复旦学报》（社会科学版）第 6 期。

[225] 席文，2011b，《科学史方法论讲演录》，任安波译，北京大学出版社。

[226] 席泽宗，2003，《科学史十问》，复旦大学出版社。

[227] 夏基松、沈斐凤，1996，《历史主义科学哲学》，高等教育出版社。

[228] 肖雷波，2010，《技科学视角下的两种科学史之争——哈伍德人类

主义解释与皮克林后人类主义解释》，《自然辩证法研究》第 5 期。

[229] 肖雷波、蔡仲，2011，《科技知识的地方性与全球性》，《自然辩证法研究》第 1 期。

[230] 邢冬梅，2008，《实践的科学与客观回归》，科学出版社。

[231] 邢冬梅、蔡仲，2007，《从表征到操作：科学的社会建构困境及出路》，《南京工业大学学报》（社会科学版）第 3 期。

[232] 徐竹，2006，《中国医学史与技术史中的父权制意蕴——评〈性别视角中的古代科学技术〉》，《中国科技史杂志》第 2 期。

[233] 杨春时，2009，《论中国现代性》，《厦门大学学报》（哲学社会科学版）第 2 期。

[234] 杨浩菊、甘向阳，2003，《世界背景下的中国科技史研究》，《山西高等学校社会科学学报》第 1 期。

[235] 叶舒宪，2001，《"地方性知识"》，《读书》第 5 期。

[236] 叶小青，1986，《科学史研究中的文化观》，《自然辩证法通讯》第 6 期。

[237] 余英时，2004，《文史传统与文化重建》，三联书店。

[238] 袁江洋，1997，《科学史编史思想的发展线索——兼论科学编史学学术结构》，《自然辩证法研究》第 12 期。

[239] 袁江洋，2003，《科学史的向度》，湖北教育出版社。

[240] 袁江洋、方在庆主编，2006，《科学革命与中国道路》，湖北教育出版社。

[241] 约瑟夫·劳斯，2004，《知识与权力——走向科学的政治哲学》，盛晓明、邱慧、孟强译，北京大学出版社。

[242] 约瑟夫·劳斯，2010，《涉入科学——如何从哲学上理解科学实践》，戴建平译，苏州大学出版社。

[243] 詹志华，2010，《中国科学史学史概论》，科学出版社。

[244] 湛群，2007，《〈考工记〉五行思想与传统工艺美术》，《安徽农业

大学学报》（社会科学版）第 5 期。

[245] 张柏春，2001，《对中国学者研究科技史的初步思考》，《自然辩证法通讯》第 3 期。

[246] 张维，2007，《不断创新的著名数学家——吴文俊》，《自然杂志》第 4 期。

[247] 张一兵主编，2016，《社会批判理论纪事》（第八辑），江苏人民出版社。

[248] 张志会，2015，《第 14 届国际东亚科学史会议综述》，《中国科技史杂志》第 4 期。

[249] 张祖林，2003，《从"李约瑟难题"到席文的中国 17 世纪科学革命说》，《华中师范大学学报》（自然科学版）第 9 期。

[250] 章梅芳，2007，《另类视角的技术史研究——〈技术与性别：晚期帝制中国的权力经纬〉述评》，《中国科技史杂志》第 2 期。

[251] 章梅芳，2008，《人类学与女性主义：科学编史学层面的同异研究》，《广西民族大学学报》（哲学社会科学版）第 4 期。

[252] 章梅芳，2014，《女性主义与 SSK 的科学编史学差异研究》，《自然辩证法通讯》第 4 期。

[253] 章梅芳，2015，《女性主义科学编史学研究》，科学出版社。

[254] 章梅芳，2016，《后建构女性主义科学编史学的理论转向》，《山西大学学报》（哲学社会科学版）第 3 期。

[255] 章梅芳、刘兵，2005，《女性主义医学史研究的意义——对两个相关科学史研究案例的比较研究》，《中国科技史杂志》第 2 期。

[256] 章梅芳、刘兵，2006，《后殖民主义、女性主义与中国科学史研究——科学编史学意义上的理论可能性》，《自然辩证法通讯》第 2 期。

[257] 赵乐静、郭贵春，2002，《科学争论与科学史研究》，《科学技术与辩证法》第 4 期。

[258] 赵万里，2002，《科学的社会建构：科学知识社会学的理论与实践》，天津人民出版社。

[259] 赵万里，2004，《科学知识的科学史——夏平的建构主义编史学述评》，《科学文化评论》第 3 期。

[260] 赵毅衡，1995，《"后学"与中国新保守主义》，《二十一世纪》2月号。

[261] 中共中央宣传部，2016，《习近平总书记系列重要讲话读本》，学习出版社、人民出版社。

[262] 中国科学院《自然辩证法通讯》杂志社编，1983，《科学传统与文化——中国近代科学落后的原因》，陕西科学技术出版社。

[263] 周宪编著，2007，《文化研究关键词》，北京师范大学出版社。

[264] 朱亚宗，1995，《中国科技批评史》，国防科技大学出版社。

[265] Abraham, Itty. 1998. *The Making of the Indian Atomic Bomb: Science, Secrecy and the Postcolonial State.* Zed Books.

[266] Abraham, Itty. 2006. "The Contradictory Spaces of Postcolonial Technoscience." *Economic and Political Weekly* 21: 210–217.

[267] Adams, Vincanne and Stacy Leigh Pigg (eds.). 2005. *Sex in Development: Science, Sexuality, and Morality in Global Perspective.* Duke University Press.

[268] Agassi, Joseph. 2008. *Science and Its History: A Reassessment of the Historiography of Science.* Springer.

[269] Anderson, Warwick and Vincanne Adams. 2008. "Pramoedya's Chickens: Postcolonial Studies of Technoscience." In *The Handbook of Science and Technology Studies* (Third Edition), edited by Hackett, Edward, Olga Amsterdamska, Michael Lynch and Judy Wajcman, pp. 181−204. The MIT Press.

[270] Anderson, Warwick. 2000. "The Possession of Kuru: Medical Science

and Biocolonial Exchange." *Comparative Studies in Society and History* 42: 713−744.

[271] Anderson, Warwick. 2002. "Postcolonial Technoscience." *Social Studies of Science* 32: 643−658.

[272] Anderson, Warwick. 2008. *The Collectors of Lost Souls:Turning Kuru Scientists into Whitemen*. The Johns Hopkins University Press.

[273] Anderson, Warwick. 2009. "From Subjugated Knowledge to Conjugated Subjects: Science and Globalisation, or Postcolonial Studies of Science?" *Postcolonial Studies* 12(4) : 389−400.

[274] Asberg, Cecilia and Nina Lykke. 2010. "Feminist Technoscience Studies." *European Journal of Women's Studies* 17(4) : 299−301.

[275] Barnes, Barry. 1991. "How Not to Do Sociology of Knowledge." *Annals of Scholarship* 8: 321−336.

[276] Cartwright, Nancy. 1983. *How the Laws of Physics Lie*. Oxford University Press.

[277] Chambers, David Wade. 1987. "Period and Process in Colonial and National Science." In *Scientific Colonialism: A Cross−Cultural Comparison*, edited by Reingold, Nathan and Marc Rothenburg, pp. 297−321. Smithsonian Institution Press.

[278] Daston, Lorraine and Peter Galison. 2007. *Objectivity*. Zone Books.

[279] Fan, Fa−ti. 2012. "Global Turn in the History of Science." *East Asian Science, Technology and Society* 6(2): 249−258.

[280] Feest, Uljana and Thomas Sturm. 2011. "What (Good) is Historical Epistemology? " *Erkenntnis* 75: 285−302.

[281] Fine, Arthur. 1986. *The Shaky Game: Einstein, Realism, and the Quantum Theory*. University of Chicago Press.

[282] Fortun, Kim. 2001. *Advocacy after Bhopal: Environmentalism,*

Disaster, New Global Orders. University of Chicago Press.

[283] Freitas, Renan Springer De . 2002. "What Happened to the Historiography of Science?" *Philosophy of the Social Sciences* 32(1): 92−106.

[284] Fujimura, Joan H. 2000. "Transnational Genomics: Transgressing the Boundary between the 'Modern/West' and the 'Premodern/East'." In *Doing Science+Culture*, edited by Reid, Roddey and Sharon Traweek, pp. 71−92. Routledge.

[285] Galison, Peter. 1997. *Image and Logic: A Material Culture of Microphysics*. University of Chicago Press.

[286] Garfield, Eugene. 1985. "George Sarton: The Father of the History of Science." *Current Comment* 8: 248−253.

[287] Golinski, Jan. 1998. *Making Natural Knowledge: Constructivism and the History of Science*. Cambridge University Press.

[288] Grosz, Elizabeth. 1994. *Volatile Bodies: Toward a Corporeal Feminism*. Indiana University Press.

[289] Habib, Irfan and Dhruv Raina (eds.) . 1999. *Situating the History of Science: Dialogues with Joseph Needham*. Oxford University Press.

[290] Hackett, Edward, Olga Amsterdamska, Michael Lynch and Judy Wajcman(eds.). 2008. *The Handbook of Science and Technology Studies* (Third Edition). The MIT Press.

[291] Hacking, Ian. 1983. *Representing and Intervening: Introductory Topics in the Philosophy of Natural Science*. Cambridge University Press.

[292] Hacking, Ian. 2002. *Historical ontology*. Harvard University Press.

[293] Harding, Sandra. 1986. *The Science Question in Feminism*. Cornell University Press.

[294] Harding, Sandra. 1996. *"Rethinking Standpoint Epistemology:What*

is 'Strong Objectivity'? " In *Feminism and Science*, edited by Keller, Evelyn Fox and Helen E. Longino. Oxford University Press.

［295］Hecht, Gabrielle. 2002. "Rupture Talk in the Nuclear Age: Conjugating Colonial Power in Africa." *Social Studies of Science* 32: 691– 727.

［296］Kim, Jongyoung. 2006. "Beyond Paradigm: Making Transcultural Connections in a Scientific Translation of Acupuncture." *Social Science & Medicine* 62: 2960–2972.

［297］Latour, Bruno. 1992. "Pasteur on Lactic Acid Yeast: A Partial Semiotic Analysis." *Configurational* 1: 129–145.

［298］Latour, Bruno. 1999. *Pandora's Hope:Essays on the Reality of Science Studies*. Harvard University Press.

［299］Latour, Bruno. 2005. *Reassembling the Social: An Introduction to Actor-Network Theory*. Oxford University Press.

［300］Lloyd, Geoffrey and Nathan Sivin. 2002. *The Way and the Word: Science and Medicine in Early China and Greece*. Yale University Press.

［301］Low, Morris (ed.). 1998. *Beyond Joseph Needham: Science, Technology, and Medicine in East and Southeast Asia*. University of Chicago Press.

［302］Lynch, Michael (ed.). 2012. *Science and Technology Studies: Critical Concepts in the Social Sciences*. Routledge.

［303］Nakayama, Shigeru and Nathan Sivin(eds.). 1973. *Chinese Science: Explorations of An ancient Tradition*. MIT Press.

［304］Needham, Joseph. 1976. *Moulds of Understanding: A Pattern of Natural Philosophy*. George Allen &Unwin Ltd.

［305］Needham, Joseph. 2004. *Science and Civilisation in China* (Vol. 7,*The*

Social Background, Part 2, General Conclusions and Reflections). Cambridge University Press.

[306] Pickering, Andrew and Keith Guzik (eds.). 2008. *The Mangle in Practice: Science, Society and Becoming.* Duke University Press.

[307] Pickering, Andrew. 1997. "Time and a Theory of the Visible." *Human Studies* 20: 325–333.

[308] Pickering, Andrew. 2001. "Science as Alchemy." In *Schools of Thought: Twenty-five Years of Interpretive Social Science*, edited by Scott, Joan and Debra Keates, pp. 194–206. Princeton University Press.

[309] Pickering, Andrew. 2005a. "From Dyes to Iraq: A Reply to Jonathan Harwood." *Perspectives on Science* 13(3): 416–425.

[310] Pickering, Andrew. 2005b. "Decentering Sociology: Synthetic Dyes and Social Theory." *Perspectives on Science* 13(3) : 352–405.

[311] Pickering, Andrew. 2008a. "Culture: Science Studies and Technoscience." In *The SAGE Handbook of Cultural Analysis*, edited by Bennett, T. and J Frow. pp. 291–310. SAGE Publications Ltd.

[312] Pickering, Andrew. 2008b. "New Ontologies." In *The Mangle in Practice: Science, Society and Becoming*, edited by Pickering, Andrew and Keith Guzik, pp. 1–14. Duke University Press.

[313] Pigg, Stacy Leigh. 2001. "Languages of Sex and AIDS in Nepal: Notes on the Social Production of Commensurability." *Cultural Anthropology* 16: 481–541.

[314] Raj, Kapil. 2006. *Relocating Modern Science: Circulation and the Construction of Scientific Knowledge in South Asia and Europe.* Permanent Black.

[315] Rheinberger, Hans–Jörg. 1997. *Toward a History of Epistemic Things:*

Synthesizing Proteins in the Test Tube. Stanford University Press.

[316] Rheinberger, Hans-Jörg. 2005. "A Reply to Bloor: 'Toward a Sociology of Epistemic Things'." *Perspectives on Science* 13: 406–410.

[317] Roger Hart. 2012. "On the Problem of Chinese Science." In *Science and Technology Studies: Critical Concepts in the Social Sciences*, edited by Lynch, Michael, pp. 29–46. Permanent Black.

[318] Scheid, Volker. 2008. "The Mangle of Practice and the Practice of Chinese Medicine: A Case Study from 19th Century China." In *The Mangle in Practice: Science, Society and Becoming*, edited by Pickering, Andrew and Keith Guzik, pp. 1–14. Duke University Press.

[319] Secord, James. 2004. "Knowledge in Transit." *Isis* 95(4): 654–672.

[320] Seth, Suman. 2009. "Putting Knowledge in Its Place: Science, Colonialism, and the Postcolonial." *Postcolonial Studies* 12(4): 389–400.

[321] Shapin, Steven. 1985. "What is a History of Science." *History Today* 35: 50–51.

[322] Shapin, Steven.1975. "Phrenological Knowledge and the Social Structure of Early Nineteenth-Century Edinburgh." *Annals of Science* 32: 219–243.

[323] Shapin, Steven.1982. "History of Science and Its Sociological Reconstructions." *History of Science* 20(3): 157–211.

[324] Shapin, Steven. 1992. "Discipline and Bounding: The History and Sociology of Science as Seen through the Externalism-internalism Debate." *History of Science* 30: 333–369.

[325] Sivin, Nathan(ed.).1977. *Science and Technology in East Asia*. Science History Publication.

[326] Sivin, Nathan. 1977. "Social Relations of Curing in Traditional China: Preliminary Considerations." *Nihon Ishigaku Zasshi* 23(4): 505–532.

[327] Sivin, Nathan. 1991. "Over the Borders: Technical History, Philosopy, and the Social Sciences." *Chinese Science* 10 (6): 9−80.

[328] Sivin, Nathan. 1995. *Medicine, Philosophy and Religion in Ancient China: Researches and Reflections* . Variorium.

[329] Sivin, Nathan. 2000. "Editor's Introduction." In *Science and Civilisation in China* (Vol.6), edited by Needham, Joseph , pp. 1−37. Cambridge University Press.

[330] Sivin, Nathan. 2005. "Science and Civilisation in China. Volume 7, The Social Background. Part 2, General Conclusions and Reflections (Review)." *China Review International* 16 (2) : 297−307.

[331] Soderqvist, Thomas. 2006. *The Historiography of Contemporary Science, Technology, and Medicine: Writing Recent Science (Routledge Studies in the History of Science, Technology and Medicine*). Routledge.

[332] Westfall, Richard S., Kostas Gavroglu, Jean Christianidis and Efthymios Nicolaidis (eds.). 1994. *Trends in the Historiography of Science*. Springer Netherlands.

后记

本书由我的博士学位论文修改而成，也是我的第一部学术著作。我对它的情感犹如母亲之于孩子，倾注了近些年的所学所思，如今，它即将付梓，我心里自然欣喜。当然，我也深知，对于当代中国科学史研究这一宏大而持久的课题，许多前辈学者都做过深刻而富有启迪的研究，而我一学界后辈，斗胆著书论道，难免存在浅薄不周、错漏偏颇之处，故而内心也是忐忑的，真诚期待专家与读者批评指正。作为一个初步的探讨，本书既想追随前辈的足迹探寻学问，亦期望从不同视角提供一些思路，以求能为推进这一课题的研究略尽心力。正因如此，我想，这本书的出版既是我一直以来努力与坚持的见证，也是我今后在此基础上继续前行的一个坚实起点。

本书的完成离不开南京大学的诸位恩师。首先要感谢我的博士生导师蔡仲教授。先生渊博的专业知识、严谨的治学态度、敏锐的学术洞察力令学生折服，更让学生深受感染的是先生热情、幽默、洒脱、务实、可亲可敬的人格魅力，使人如沐春风。先生一点一滴落在实处的指点和调教使我逐渐成长起来，走上工作岗位之后，先生依然是我学术和生活上的良师益友。在南大收获一辈子的恩师，此生幸莫大焉！其次要感谢我的硕士生导师李曙华教授。李老师高远纯粹的学术追求、诲人不倦的高尚师德深深感染着我，她对中国传统科学思想的深刻领悟为我打开了一个世界，本书对相关内容的有限理解便得益于李老师的教导。

衷心感谢郑毓信教授。每一次上他的课都是一个享受精神美餐的过程，他对哲学之反思性的践行深深感染了我，成为我的专业启蒙。感谢肖玲教授对我的悉心教导和鼓励关心。肖老师严谨细致、一丝不苟的敬业精神是我工作、学习的榜样。感谢沈骊天教授对我一直以来的教导和关心。没有他的帮助，我不可能顺利地开启求学之路。感谢戴建平老师，他的"科学史原著选读"课程为我打开了科学编史学的大门，为本书打下了良好的基础。感谢刘鹏老师，昔日的师兄总是有求必应，现为人师仍继续给予我各种帮助，心中十分感激。

感谢悉尼大学哲学与历史研究学院的安德森（Warwick Anderson）教授，他的悉心指导和耐心交流使我汲取到 STS 研究丰富的思想养分。感谢皮克林（Andrew Pickering）教授，与他的相处和交流使我对 STS 学界强调实践性生成的学术前沿有了较为准确的把握，为本书的方法论研究提供了理论支撑。

感谢何凯文师兄、谢莉莉师姐、李冬生师兄、叶立国师兄、石城师兄、肖雷波师兄对我一直以来的帮助和鼓励。感谢赵喜凤师妹、周礼乾师弟、梁文博师弟、田静师妹、韦敏师妹对我的热情帮助和支持。感谢我的好友高麦爱、刘莉、宋涛、孙坚、戚卫红、李奇玉等，五湖四海，南大结缘，真挚的友谊让我们成为一生的朋友。

特别感谢恩师韩锋教授，他是我当之无愧的引路人。大学期间，韩老师精彩的"量子力学"课程及"物理哲学"课程给了我科学哲学的最初启蒙。在精神贫瘠的岁月中，是韩老师为我点亮明灯，使我鼓起理想的风帆，再次起航。感恩韩老师从未放弃过我，学生心里感激不尽！

感谢新疆大学中亚研究院李中耀院长、孟楠院长、周轩教授、潘志平教授，马克思主义学院杨丽院长，教育部文科基地吴琼主任、赵琴老师等领导和同事的支持与帮助。感谢新疆大学马克思主义学院"全国高校思想政治理论课教学科研团队择优支持计划"对本书的大力支持。

感谢社会科学文献出版社刘荣副编审和其他工作人员的细致校稿和耐心沟通，正是他们敬业又专业的辛勤劳动，本书才得以呈现在读者面前。由于一些不可控的个人原因，本书的出版并不顺利，刘荣老师始终给予我莫大的理解和支持，在此特别感谢！

感谢父亲母亲给予我生命、哺育我成长，多年来无怨无悔的关爱和支持，无尽的牵挂和操劳，让我有机会翱翔，却也让我内心愧疚。父母的期盼与关爱，永远是我前进的动力！时光如白驹过隙，伴我一天天成长的父母也一天天老去，作为女儿的我却难挽逝去的岁月，唯愿他们安享晚年、康安幸福、长命百岁。感谢姐姐一直以来对我的关爱和支持，姐姐常年担负着照顾父母的重任，既让我惭愧，也给我激励。没有不计回报的姐姐，我绝难安心学习，完成学业，更无法静心工作。感谢爱人对我的支持与帮助，他对生命的体悟和对生活的热爱让我增强了生活的信心和勇气，他的相伴使研究和著书不再是一件痛苦的事情。感谢众多亲朋好友对我的关爱与帮助，你们是我前行路上坚强的后盾。感谢所有曾经帮助、鼓励过我的人，没有你们，就不会有现在的我。感激之情无以回报，唯有心怀感恩，继续前行。

郝新鸿

2017 年 10 月 18 日于红湖湖畔

图书在版编目（CIP）数据

当代中国科学史的方法论研究／郝新鸿著 . -- 北京：
社会科学文献出版社，2017.12
ISBN 978 - 7 - 5201 - 1428 - 8

Ⅰ.①当…　Ⅱ.①郝…　Ⅲ.①科学史 - 研究方法 - 中
国　Ⅳ.①G322.9

中国版本图书馆 CIP 数据核字（2017）第 233111 号

当代中国科学史的方法论研究

著　　者／郝新鸿

出 版 人／谢寿光
项目统筹／刘　荣
责任编辑／刘　荣　孙智敏

出　　版／社会科学文献出版社·独立编辑工作室（010）59367011
　　　　　　地址：北京市北三环中路甲 29 号院华龙大厦　邮编：100029
　　　　　　网址：www.ssap.com.cn
发　　行／市场营销中心（010）59367081　59367018
印　　装／三河市尚艺印装有限公司

规　　格／开本：787mm×1092mm　1/16
　　　　　　印张：19.5　字数：262 千字
版　　次／2017 年 12 月第 1 版　2017 年 12 月第 1 次印刷
书　　号／ISBN 978 - 7 - 5201 - 1428 - 8
定　　价／79.00 元

本书如有印装质量问题，请与读者服务中心（010 - 59367028）联系